U0234758

高等学校工程管理类本科指导性专业规范配套教材

编审委员会名单

编委会主任： 任　宏　　重庆大学

编委会副主任： 李启明　　东南大学

乐　云　　同济大学

编委会成员： 陈起俊　　山东建筑大学

乐　云　　同济大学

丁晓欣　　吉林建筑大学

李启明　　东南大学

李忠富　　大连理工大学

郭汉丁　　天津城建大学

刘亚臣　　沈阳建筑大学

任　宏　　重庆大学

王立国　　东北财经大学

王孟钧　　中南大学

赵金先　　青岛理工大学

周天华　　长安大学

高等学校工程管理类本科指导性专业规范配套教材

高等学校土建类专业“十三五”规划教材

给排水工程造价

（第2版）

朱永恒　王宏　编著

化学工业出版社

·北京·

本书为高等学校工程管理类本科指导性专业规范配套教材，高等学校土建类专业“十三五”规划教材。

本书以国家现行的《建设工程工程量清单计价规范》(GB 50500—2013)、《通用安装工程工程量计算规范》(GB 50856—2013)、《市政工程工程量计算规范》(GB 50857—2013) 以及建筑业全面推开的营业税改征增值税的相关规定为依据，系统阐述了给排水工程造价的构成、工程造价的计价依据、给排水工程工程量清单编制和投标报价的确定方法等内容。本书附有多个典型实例，供读者参阅。本书集理论和实务于一体，具有较强的针对性、实用性和通读性。

本书可作为高等学校给排水科学与工程专业、环境工程专业的本科教材，同时也适用于工程造价管理、建筑安装工程等专业的教学用书，还可供从事工程造价的预算员、造价工程师、监理工程师及相关技术人员参考。

图书在版编目（CIP）数据

给排水工程造价/朱永恒，王宏编著．—2版．北京：化学工业出版社，2016.12（2024.2重印）
高等学校工程管理类本科指导性专业规范配套教材 高等学校土建类专业“十三五”规划教材
ISBN 978-7-122-28477-8

Ⅰ．①给…　Ⅱ．①朱…②王…　Ⅲ．①给水工程-工程造价-高等学校-教材②排水工程-工程造价-高等学校-教材　Ⅳ．①TU991

中国版本图书馆CIP数据核字（2016）第267987号

责任编辑：陶艳玲　　文字编辑：颜克俭
责任校对：边　涛　　装帧设计：韩　飞

出版发行：化学工业出版社（北京市东城区青年湖南街13号　邮政编码100011）
印　　装：北京盛通数码印刷有限公司
787mm×1092mm　1/16　印张19¼　字数475千字　2024年2月北京第2版第4次印刷

购书咨询：010-64518888　　售后服务：010-64518899
网　　址：http://www.cip.com.cn
凡购买本书，如有缺损质量问题，本社销售中心负责调换。

定　　价：39.00元

版权所有　违者必究

丛书序

Preface

我国建筑行业经历了自改革开放以来20多年的粗放型快速发展阶段，近期正面临较大调整,建筑业目前正处于大周期下滑、小周期筑底的嵌套重叠阶段，在“十三五”期间都将保持在盘整阶段，我国建筑企业处于转型改革的关键时期。

另一方面，建筑行业在“十三五”期间也面临更多的发展机遇。国家基础建设固定资产投资持续增加，“一带一路”战略提出以来，中西部的战略地位显著提升，对于中西部地区的投资上升；同时，“一带一路”国家战略打开国际市场，中国建筑业的海外竞争力再度提升；国家推动建筑产业现代化，“中国制造2025”的实施及“互联网＋”行动计划促进工业化和信息化深度融合，借助最新的科学技术，工业化、信息化、自动化、智能化成为建筑行业转型发展方式的主要方向，BIM应用的台风口来临。面对复杂的新形式和诸多的新机遇，对高校工程管理人才的培养也提出了更高的要求。

为配合教育部关于推进国家教育标准体系建设的要求，规范全国高等学校工程管理和工程造价专业本科教学与人才培养工作,形成具有指导性的专业质量标准。教育部与住建部委托高等学校工程管理和工程造价学科专业指导委员会编制了《高等学校工程管理本科指导性专业规范》和《高等学校工程造价本科指导性专业规范》(简称“规范”)。规范是经委员会与全国数十所高校的共同努力，通过对国内高校的广泛调研、采纳新的国内外教改成果，在征求企业、行业协会、主管部门的意见的基础上，结合国内高校办学实际情况，编制完成。规范提出工程管理专业本科学生应学习的基本理论、应掌握的基本技能和方法、应具备的基本能力，以进一步对国内院校工程管理专业和工程造价专业的建设与发展提供指引。

规范的编制更是为了促使各高校跟踪学科和行业发展的前沿，不断将新的理论、新的技能、新的方法充实到教学内容中，确保教学内容的先进性和可持续性；并促使学生将所学知识运用于工程管理实际，使学生具有职业可持续发展能力和不断创新的能力。

由化学工业出版社组织编写和出版的“高等学校工程管理类本科指导性专业规范配套教材”，邀请了国内30多所知名高校，对教学规范进行了深入学习和研讨，教材编写工作对教学规范进行了较好地贯彻。该系列教材具有强调厚基础、重应用的特色，使学生掌握本专业必备的基础理论知识，具有本专业相关领域工作第一线的岗位能力和专业技能。目的是培养综合素质高，具有国际化视野，实践动手能力强，善于把

BIM、“互联网＋”等新知识转化成新技术、新方法、新服务，具有创新及创业能力的高级技术应用型专门人才。

同时，为配合做好“十三五”期间教育信息化工作，加快全国教育信息化进程，系列教材还尝试配套数字资源的开发与服务，探索从服务课堂学习拓展为支撑网络化的泛在学习，为更多的学生提供更全面的教学服务。

相信本套教材的出版，能够为工程管理类高素质专业性人才的培养提供重要的教学支持。

高等学校工程管理和工程造价学科专业指导委员会 主任

任宏

2016 年 1 月

前言

Foreword

本书以国家现行的《建设工程工程量清单计价规范》(GB 50500—2013)、《通用安装工程工程量计算规范》(GB 50856—2013)、《市政工程工程量计算规范》(GB 50857—2013)以及建筑业全面推开的营业税改征增值税的相关规定为依据，根据多年的工作和教学经验，对《给水排水工程造价》第1版进行了重新编写，主要内容作了较大的增补和修改。一是根据建标［2013］44号住房和城乡建设部、财政部关于印发《建筑安装工程费用项目组成》的通知规定，调整了建筑安装工程费用项目组成，删减了现已作废的建标［2003］206号住房和城乡建设部、财政部关于印发《建筑安装工程费用项目组成》的通知相关内容。二是根据现行的《通用安装工程工程量计算规范》(GB 50856—2013)、《市政工程工程量计算规范》(GB 50857—2013)的规定，对给排水工程工程量清单项目的项目编码、项目名称、项目特征、计量单位、工程量计算规则及工程内容进行了相应的调整，增补了第7章刷油、防腐蚀、绝热工程的内容，并相应调整了计价依据和方法。三是结合财税［2016］36号财政部 国家税务总局关于全面推开营业税改征增值税试点的通知要求，将缴纳营业税改为缴纳增值税，调整了税金的组成及计算方法。

由于建设项目工程造价的确定和省市建设主管部门颁发的计价定额和办法有关，本书所举例题均参照在《全国统一安装工程预算定额》《全国统一市政工程预算定额》的基础上编制的《江苏省安装工程计价定额》《江苏省市政工程计价定额》及有关取费标准编制，书中例题仅作参考。

本书第2、4~8章由扬州大学朱永恒编写，第1、3章由徐州工程学院王宏编写，全书由朱永恒统稿。

由于编者水平所限，加之时间仓促，书中难免有不足之处，恳切地希望读者批评指正。

编著者

2016年10月

第1版前言

Foreword

给水排水工程造价是给水排水工程专业的专业技术课程之一，其主要任务是通过本课程的学习，掌握给水排水工程造价的基本概念、基本原理和基本的计算方法，能够做到合理确定和有效控制给水排水工程造价，最大限度地提高投资收益。

自2000年《招标投标法》实施以来，建设工程招投标制度已在建设市场中占主导地位，特别是国有资金投资和国有资金为主体的建设工程实行公开招标，通过招标投标竞争，形成价格成为确定工程造价的主要形式。工程量清单计价是目前国际上通行的做法，许多国家、地区和世界银行等国际金融组织均采用这种模式。我国加入WTO后，建设市场进一步对外开放，为了与国际接轨，自2004年开始，国家住房和城乡建设部、国家质量监督检验检疫总局联合发布了《建设工程工程量清单计价规范》，招标工程实行了一种全新的计价模式—工程量清单计价。相对于传统定额计价方式，工程量清单计价是通过市场公平、公正、公开竞争形成价格，能更加准确地反映工程成本。

本书结合现行的建设工程招投标制度和《建设工程工程量清单计价规范》GB 50500—2008，重点介绍了给排水工程工程量清单计价。由于建设项目工程造价的确定和省市建设主管部门颁发的计价定额和计价依据有关，本书所举例题均参照在《全国统一安装工程预算定额》、《全国统一市政工程预算定额》的基础上编制的《江苏省安装工程计价表》、《江苏省市政工程计价表》及有关取费标准编制，其他省市的院校在讲授时，例题仅作参考，同时应结合本省建设主管部门颁布的有关计价定额和取费标准及时补充完善，各位老师授课的重点应是教会学生掌握确定给水排水工程造价的一种方法。

本书第5章、第6章、第7章、第8章由扬州大学朱永恒编写，第1章、第2章、第4章由徐州工程学院王宏编写，第3章由朱永恒、王宏共同编写，全书由朱永恒统稿。

由于编者水平所限，加之时间仓促，书中难免有错误和不足之处，恳切地希望读者批评指正。

编　者

2011年4月

目录

Contents

1 工程造价概述 1

1.1 建设工程 …… 1
1.2 工程概预算 …… 6
1.3 建设项目的构成 …… 9
1.4 概预算文件的组成 …… 12

2 建设项目工程造价构成 14

2.1 建设项目总投资的构成 …… 14
2.2 建筑安装工程费用项目组成 …… 22
2.3 工程量清单计价 …… 27
2.4 工程造价计算程序 …… 43

3 施工资源的消耗量及价格 45

3.1 建设工程定额 …… 45
3.2 施工资源的价格 …… 56

4 给排水工程 64

4.1 给排水管道 …… 64
4.2 支架及其他 …… 70
4.3 管道附件 …… 73
4.4 卫生器具 …… 78
4.5 给排水设备 …… 85
4.6 计取有关费用的规定 …… 87
4.7 措施项目 …… 88
4.8 给排水工程造价实例 …… 91

5 消防工程 125

5.1 水灭火系统 …… 125
5.2 火灾自动报警系统 …… 130

5.3 消防系统调试 …… 133
5.4 计取有关费用的规定 …… 134
5.5 措施项目 …… 135

6 工业管道工程 137

6.1 低压管道 …… 138
6.2 低压管件 …… 142
6.3 低压阀门 …… 145
6.4 低压法兰 …… 147
6.5 板卷管制作 …… 149
6.6 管件制作 …… 150
6.7 管架制作安装 …… 152
6.8 无损探伤与热处理 …… 154
6.9 其他项目制作安装 …… 156
6.10 计取有关费用的规定 …… 158
6.11 措施项目 …… 158
6.12 工程实例 …… 159

7 刷油、防腐蚀、绝热工程 195

7.1 刷油工程 …… 195
7.2 防腐蚀涂料工程 …… 200
7.3 绝热工程 …… 205
7.4 计取有关费用的规定 …… 211
7.5 措施项目 …… 211

8 市政给排水工程 213

8.1 土方工程 …… 213
8.2 管道铺设 …… 226
8.3 管件、阀门及附件安装 …… 238
8.4 支架制作及安装 …… 242
8.5 管道附属构筑物 …… 243
8.6 水处理构筑物 …… 249
8.7 水处理专用设备 …… 255
8.8 通用设备安装 …… 260
8.9 钢筋工程 …… 262
8.10 措施项目 …… 264
8.11 工程实例 …… 272

附录 投资概算表 295

参考文献 297

1

工程造价概述

1.1 建设工程

1.1.1 建设工程概念

建设工程是实现固定资产再生产的一种经济活动及过程，是建筑、购置和安装固定资产的一切活动及与之相联系的有关工作。简单地说建设工程就是形成新的固定资产的过程，如住宅、医院、城市净水厂、城市污水厂的建设等。它是实现国民经济和社会发展，增强综合国力和提高人民群众物质文化生活的重要途径，也是实现资金积累不可缺少的重要环节。

建设工程的最终成果表现为固定资产的增加。固定资产是指使用期限较长、单位价值较高，并且能在使用过程中保持原有实物形态的资产。对于生产经营中使用的固定资产，只要使用期限在一年以上，就可以认为是固定资产，而对单位价值不加以限制；对于非生产经营领域中使用的固定资产，期限要长于两年、单位价值在 2000 元以上，两个条件同时满足才能被认定为固定资产。

固定资产的建设活动一般通过具体的建设项目实施。在实践中我们常说的建设项目是指某一具体的建设工程。如一座污水厂建设工程可以称为污水厂建设项目。

建设工程的特定含义是通过“建设”来形成新的固定资产，单纯的固定资产购置，比如购置机器设备，虽然新增了固定资产，但一般不视为建设工程。建设工程是指建设项目从预备、筹建、勘察设计、设备购置、建设安装、试车调试、竣工投产，直到形成新的固定资产的全部过程。

1.1.2 建设工程项目分类

建设工程项目的分类有多种不同的标准。

1.1.2.1 按建设性质划分

按建设性质划分为新建项目、扩建项目、改建项目、迁建项目、重建项目。

(1) 新建项目　指从无到有，“平地起家”，新开始建设的项目，或在原有建设项目基础上扩大 3 倍以上规模的建设项目。

(2) 扩建项目　指企业为扩大产品的生产能力或增加经济效益而增建的生产车间、独立的生产线或工程的项目，事业和行政单位扩充规模，在原有建设项目基础上扩大3倍以内规模的建设项目。

(3) 改建项目　指为提高生产效率，改进产品质量，或改变产品方向，对原有设备、工艺流程进行技术改造的项目。

(4) 迁建项目　指现有企业、事业单位，根据自身生产经营和事业发展的要求，为调整生产力布局或出于环境保护等其他特殊要求，搬迁到异地而建设的项目。

(5) 重建项目　指原固定资产因在自然灾害或人为灾害中遭受全部或部分报废，投资重新建设的项目。这类项目，不论是按原有规模恢复建设，还是在恢复过程中同时进行扩建，都属于恢复项目。但对尚未建成投产或交付使用的项目，受到破坏后，若仍按原设计重建的，原建设性质不变；如果按新设计重建，则根据新设计内容来确定其性质。

建设项目的性质是按照整个建设项目来划分的，一个建设项目只能有一种性质，在项目按总体设计全部建成以前，其建设性质是始终不变的。

1.1.2.2　按建设工程投资用途划分为生产性建设项目和非生产性建设项目

(1) 生产性建设项目　是指直接用于物质资料生产或直接为物质资料生产服务的工程建设项目，如工业建设、农林水利建设、基础设施建设、商业建设等。

(2) 非生产性建设项目　是指用于满足人民物质和文化、福利需要的建设和非物质资料生产部门的建设项目，如住宅建设、文教卫生体育设施建设、社会福利事业、公共事业建设和其他建设。

1.1.2.3　按项目规模划分

一般可分为大型、中型、小型三类。其划分标准因建设项目的用途和行业不同而有所区别，常根据建设项目的建设总规模（生产能力或效益）或计划总投资进行划分。工业建设项目和非工业建设项目的大、中、小型划分标准，国家有明确规定。

1.1.2.4　按计划年度划分

按计划年度划分为筹建项目、施工项目、投产项目、收尾项目。

(1) 筹建项目　指在计划年度内只做准备，不够开工条件的建设项目。

(2) 施工项目　指正在施工的项目。

(3) 投产项目　指全部竣工，并已投产或交付使用的项目。

(4) 收尾项目　指已投产验收或交付使用，设计能力全部达到，但留有少量收尾工程的项目。

1.1.3　建设工程的内容

建设工程是一个涉及生产、流通和分配等多个环节的综合性的经济活动，其工作内容包括建筑工程，安装工程，设备、工具器具的购置及与此相联系的一切其他工作。

1.1.3.1　建筑工程

建筑工程包括以下几种。

① 各类房屋建筑工程和列入房屋建筑工程的供水、供暖、卫生、通风、燃气设备等的

安装工程以及列入建筑工程的各种管道、电力、电信和电缆导线的敷设工程。

② 设备基础、支柱、工作台、烟囱、水塔、水池、灰塔、造粒塔、排气塔（筒）、栈桥等建筑工程以及各种炉窑的砌筑工程和金属结构工程。

③ 为施工而进行的场地平整工程和总图竖向工程，工程和水文地质勘察，原有建筑物和障碍物的拆除以及建筑场地完工后的清理和绿化工程。

④ 矿井开凿、井巷延伸、露天矿剥离，石油、天然气钻井，修筑铁路、公路、桥梁、隧道、涵洞、机场、港口、码头、水库、堤坝、灌渠及防洪工程等。

给排水工程中，污水处理厂和自来水厂区范围内的厂房、办公楼、化验室、道路等各种建筑物，水池、水塔等各种构筑物都属建筑工程。

1.1.3.2 安装工程

安装工程包括以下几种。

① 生产、动力、起重、运输、传动和医疗、实验等各种需要安装的机械设备的装配，与设备相连的工作台、梯子、栏杆等装设工程以及附设于被安装设备的管线敷设工程和被安装设备的绝缘、防腐、保温、油漆等工作。

② 为测定安装工程质量，对单个设备进行单机试运行和对系统设备进行系统联动无负荷试运转而进行的调试工作。

给排水工程中，各种水泵、风机及相关电气控制设备、加氯机、加药机、各种水处理设备、工艺管道安装及管道的绝热、防腐等都属安装工程。

建筑工程和安装工程表现为固定资产的建造和安装。

1.1.3.3 设备、工具、器具的购置

包括生产应配备的各种设备、工具、器具、生产家具及实验仪器的购置，即固定资产的购置。

设备分为需要安装的设备和不需要安装的设备两大类。

需要安装设备是指必须将其装配和安装在固定的基座或构筑物支架上方能使用的设备，如给排水工程中使用的各种水泵、风机、搅拌器、加药机，静止设备中的各类塔、槽、罐、反应器等。这些设备需安装后方能使用。

不需要安装设备是指不必固定在一定地点或支架上就可以使用的设备，如运输车辆、移动式的动力设备等。

需要安装设备除了购置活动（包括订货、运输、保险、检验）外，还要列入安装工程的内容。不需要安装设备以及工具、器具（包括仪表）只单纯地表现为购置活动。

1.1.3.4 其他建设工作

其他建设工作是指与建设工程有关，但不属于上述的各类工作。如给排水工程的勘测设计、工程招标、监理、土地征购、拆迁补偿、职工培训、科研实验、建设单位管理、联合试车等工作。

1.1.4 工程建设程序

项目建设程序是指建设项目从策划、评估、决策、设计、施工到竣工验收、投入生产或交付使用的整个建设过程中，各项工作必须遵循的先后工作次序。工程项目建设程序是工程

建设过程客观规律的反映，是建设工程项目科学决策和顺利进行的重要保证。

1.1.4.1 策划决策阶段

决策阶段又称为建设前期工作阶段，主要包括编报项目建议书和可行性研究报告两项工作内容。

(1) 编报项目建议书 对于政府投资工程项目，编报项目建议书是项目建设最初阶段的工作。其主要作用是为了推荐建设项目，以便在一个确定的地区或部门内，以自然资源和市场预测为基础，选择建设项目。

项目建议书经批准后，可进行可行性研究工作，但并不表明项目非上不可，项目建议书不是项目的最终决策。

(2) 可行性研究报告 可行性研究是在项目建议书被批准后，对拟建项目在大量调查研究的基础上，从技术和经济两方面对项目进行全面的、综合的研究和论证，并对项目投产后的经济效果进行预测，从而判断出该项目是“可行”还是“不可行”；若为“可行”项目，还需对诸多可行方案进行技术经济比较，提出推荐的最佳方案，从而为项目投资决策提供可靠的依据，并编写出建设项目可行性研究报告。建设项目可行性研究是建设项目决策阶段的中心环节，是确定项目取舍的关键。最后需对项目可行性研究报告进行评价、审查和核实。

根据《国务院关于投资体制改革的决定》(国发［2004］20号)，对于政府投资项目须审批项目建议书和可行性研究报告；对于企业不使用政府资金投资建设的项目，一律不再实行审批制，区别不同情况实行核准制和登记备案制。对于《政府核准的投资项目目录》以外的企业投资项目，实行备案制。

可行性研究报告中要编制投资估算。

1.1.4.2 勘察设计阶段

一般建设项目设计过程可按扩大初步设计和施工图设计两阶段进行，对于一些技术复杂又缺少经验或资料的项目，可在初步设计之后增加技术设计阶段，即按初步设计、技术设计和施工图设计三阶段进行。对于一些小型项目也可把初步设计和施工图设计合并，不再分为两阶段进行。工程设计阶段是控制工程造价的关键环节。

(1) 初步设计 初步设计是设计的第一步，是根据已批准的设计任务书，明确建设项目的主要技术方案、工程规模、总体布置、设备选型、主要材料和设备清单，确定主要建筑物、构筑物的尺寸、占地面积、劳动定员、计算工期、主要技术经济指标、设计总概算等。

初步设计由设计说明、设计图纸和设计总概算组成。建设项目设计概算是初步设计文件的重要组成部分，概算文件应单独成册。

初步设计经主管部门审批后，作为编制技术设计或施工图设计的依据，也是确定建设项目总投资的依据。经批准的初步设计和总概算，一般不得随意变更和修改，如需有重大变更时，必须上报原审批部门重新批准。

(2) 技术设计 技术设计是针对技术上复杂或有特殊要求，又缺乏设计经验的建设项目增加的一个设计阶段，用以解决初步设计阶段尚需进一步研究解决的一些重大技术问题。技术设计根据批准的初步设计及总概算进行，编制深度应视具体项目情况、特点和要求确定。技术设计应在初步设计总概算的基础上编制修正总概算，用以替代原有的设计总概算。技术设计文件要报主管部门批准。

(3) 施工图设计 施工图设计是在批准的初步设计或技术设计的基础上进行详细而具体

的设计，其详细程度应能满足工程施工和设备制造的要求。

施工图设计由设计说明、设计图纸和施工图预算组成。施工图设计图纸主要包括平面图、立面图、剖面图、详图以及水暖电等各专业工程的施工图等。

施工图设计必须编制施工图预算。在施工招标时，施工图预算是编制招标标底的依据。施工图设计，一经审查批准，不得擅自进行修改，修改必须重新报请原审批部门，由原审批部门委托审查机构审查后再批准实施。

设计阶段要层层控制造价，保证施工图预算不突破修正总概算、修正总概算不突破总概算，并且总概算不突破投资估算。

1.1.4.3 建设准备阶段

建设准备阶段主要内容包括：组建项目法人；征地、拆迁、“三通一平”乃至“七通一平”；组织材料、设备订货；办理建设工程质量监督手续；委托工程监理；准备必要的施工图纸；组织施工招投标，择优选定施工单位；办理施工许可证等。按规定作好施工准备，具备开工条件后，建设单位申请开工，进入施工安装阶段。

1.1.4.4 施工阶段

施工是将设计意图和设计图纸付诸实现的生产活动。它是将设计变成可供使用的建筑产品的最重要环节。建设工程具备了开工条件并取得施工许可证后方可开工。

项目新开工时间，按设计文件中规定的任何一项永久性工程第一次正式破土开槽时间而定。不需开槽的以正式打桩作为开工时间。铁路、公路、水库等以开始进行土石方工程作为正式开工时间。

在施工阶段，要严格控制设计变更，以防通过设计变更扩大建设规模，增加建设内容，突破造价限额。必要的设计变更是允许的，但应经设计单位同意。设计变更超出批准限额的，必须报经原初步设计审批单位批准后方可变更。

1.1.4.5 生产准备阶段

对于生产性建设项目，在其竣工投产前，建设单位应适时地组织专门班子或机构，有计划地做好生产准备工作，包括招收、培训生产人员；组织有关人员参加设备安装、调试、工程验收；落实原材料供应；组建生产管理机构，健全生产规章制度等。生产准备是由建设阶段转入经营的一项重要工作。

1.1.4.6 竣工验收、交付使用阶段

工程竣工验收是全面考核建设成果、检验设计和施工质量的重要步骤，也是建设项目转入生产和使用的标志。一般情况下，施工单位完成施工内容后，向建设单位提交竣工报告，申请竣工验收。实行监理的工程，须总监理工程师签署意见；建设单位收到竣工报告后，对符合验收要求的工程，组织质检部门、监理单位、设计单位、施工单位和其他有关方面的专家组成验收组，制定验收方案，共同对工程进行竣工验收，验收合格才能交付使用。

竣工验收一般分为两阶段进行。

① 单项工程验收：一个单项工程完工后，由建设单位组织验收。

② 全部验收：整个建设项目的所有单项工程全部建成后，由建设单位组织验收。

建设工程验收合格后才能交付使用；未经验收，或验收不合格的工程不能交付使用。

在办理验收的同时，建设单位要及时编制竣工决算，分析概预算执行情况，考核投资效果。竣工项目经验收交接后，应及时办理固定资产移交手续，使其由基建系统转入生产系统或投入使用。

1.1.4.7 考核评价阶段

建设项目后评价是工程项目竣工投产、生产运营一段时间后，在对项目的立项决策、设计施工、竣工投产、生产运营等全过程进行系统评价的一种技术活动，是固定资产管理的一项重要内容，也是固定资产投资管理的最后一个环节。通过建设项目考核评价以达到肯定成绩，总结经验，研究问题，吸取教训，提出建议，改进工作，不断提高项目决策水平和投资效果的目的。

图 1.1 为工程建设程序示意图。

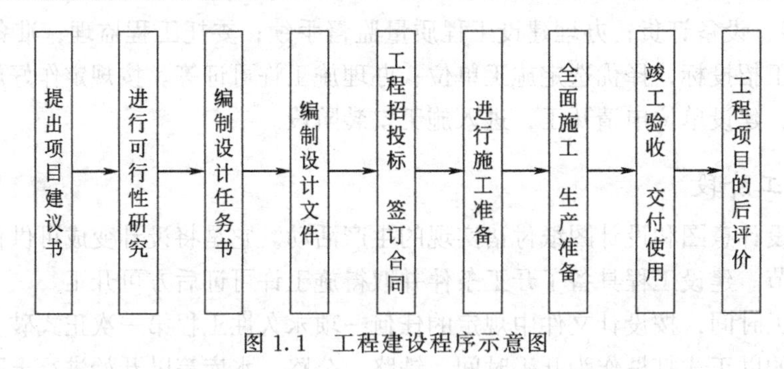

图 1.1 工程建设程序示意图

1.2 工程概预算

1.2.1 工程概预算及其分类

要搞好工程建设，必须要有科学的管理和有效的监督，而建设工程概预算是国家对建设工程实施科学管理和监督的重要手段之一。

建设工程概预算是建设工程设计文件的重要组成部分，它是根据不同设计阶段设计文件的具体内容、有关的概预算定额、指标和各项取费标准，预先计算和确定建设项目从筹建至竣工验收全过程所需投资额的经济文件。

建筑安装工程概算和预算是建设工程概算和预算的重要组成部分之一，它是根据不同设计阶段设计文件的具体内容、有关的概预算定额、指标和各项取费标准，预先计算和确定建设项目中建筑工程和安装工程所需的全部投资额的经济文件。

建设工程概预算所确定的每一个建设项目、单项工程或其中单位工程的投资额，实质上就是相应工程的计划价格。在实际工作中称其为概算造价或预算造价。

由于建设工程工期长、规模大、造价高，需要根据不同的建设阶段，按不同的对象编制不同的造价文件。

1.2.1.1 设计概算

设计概算是在初步设计或扩大初步设计阶段，由设计单位根据初步设计或扩大初步设计图纸，概算定额或概算指标，概算工程量计算规则，材料、设备的预算单价，建设主管部门颁发的有关费用定额或取费标准等资料，预先计算建设项目由筹建至竣工验收、交付使用全过程建设费用经济文件。简言之，即计算建设项目总费用。

设计概算主要作用：

① 国家确定和控制基本建设总投资的依据；

② 确定工程投资的最高限额；

③ 工程承包、招标的依据；

④ 核定贷款额度的依据；

⑤ 考核设计方案的经济合理性，选择最优设计方案的重要依据。

设计概算是设计文件的重要组成部分，不论大、中、小型建设项目，在报批初步设计或扩大初步设计的同时，必须有设计概算。设计概算文件较投资估算准确性有所提高，但又受投资估算的控制。

1.2.1.2 修正概算

修正概算是指采用三阶段设计时，在技术设计阶段，随着设计内容的具体化，建设规模、结构性质、设备类型和数量等方面内容与初步设计可能有出入，为此，设计单位应对投资进行具体核算，对初步设计的概算进行修正而形成的经济文件。

修正概算的作用与设计概算基本相同。一般情况下，修正概算不应超过原批准的设计概算。

1.2.1.3 施工图预算

施工图预算是指在施工图设计阶段，设计、咨询或施工单位在单位工程开工之前，根据已批准并经会审后的施工图纸、施工组织设计、现行预算定额或消耗量定额、工程量计算规则、材料及设备的预算单价和各项费用取费标准等资料，预先计算和确定工程建设费用的经济文件。

施工图预算主要作用：

① 考核工程成本、确定工程造价的主要依据；

② 编制标底、投标文件、签订承发包合同的依据；

③ 工程价款结算的依据；

④ 施工企业编制施工计划的依据。

施工图预算造价较概算造价更为详尽和准确，但同样要受前一阶段所确定的概算造价的控制。

1.2.1.4 施工预算

施工预算是施工单位内部为控制施工成本而编制的一种预算。它是在施工图预算的控制下，由施工企业根据施工图纸、施工定额并结合施工组织设计，通过工料分析，计算和确定拟建工程所需的工、料、机械台班消耗及其相应费用的技术经济文件。施工预算实质上是施工企业的成本计划文件。

施工预算主要作用如下。

① 施工企业对单位工程实行计划管理，编制施工作业计划的依据。

② 施工队向班组签发施工任务单，实行班组经济核算，考核单位用工；限额领料的

依据。

③ 班组推行全优综合奖励制度，实行按劳分配的依据。

④ 施工企业进行投标报价的重要依据。

因此，施工图预算和施工预算是两个不同的概念，注意区别，不要混淆。

1.2.2 其他工程造价经济文件

1.2.2.1 投资估算

投资估算，一般是指在项目建议书或可行性研究阶段，建设单位向国家或主管部门申请建设项目投资总额时，由于条件限制（主要是设计文件的深度不够），不能编制正式概算而是根据估算指标、概算指标或类似工程预（决）算等资料确定建设项目投资总额的经济文件，投资估算只是一种粗算。它是国家或主管部门审批或确定建设投资计划的重要文件。

投资估算主要作用如下。

① 项目建设单位向国家计划部门申请建设项目立项。

② 拟建项目进行决策中确定建设项目在规划、项目建议书阶段的投资总额。

在建设项目前期阶段中，投资估算是决策、筹资和控制造价的主要依据。

1.2.2.2 工程结算

工程结算是指一个工程或部分工程完工，并经建设单位及有关部门验收或验收点交后，施工企业根据合同规定，按照施工时现场实际情况记录、设计变更通知书、现场签证、现行预算定额或消耗量定额、工程量清单、工程量计算规则、材料及设备的预算单价和各项费用取费标准等资料，向建设单位办理结算工程价款、取得收入。用以补偿施工过程中的资金耗费，确定施工盈亏的经济文件。

按现行规定，工程结算的方式有三种。

① 按月结算。即实行每月结算一次工程款，竣工后清算的办法。

② 分阶段结算。即按照工程形象进度，划分不同阶段进行结算。分阶段结算可以按月预支工程款，竣工清算。

③ 竣工后一次结算。就是分期预支，竣工后一次清算的方式。

工程结算作用如下所述。

① 施工企业取得货币收入，用以补偿资金耗费的依据。

② 进行成本控制和分析的依据。

1.2.2.3 竣工决算

竣工决算是指在竣工验收阶段，当一个建设项目完工并经验收后，建设单位编制的从筹建到竣工验收、交付使用全过程实际支付的建设费用的经济文件。竣工决算实际上是建设项目的最终造价。其内容有文字说明和决算报表两部分组成。

竣工决算主要作用如下。

① 国家或主管部门验收时的依据。

② 全面反映建设项目经济效果、核定新增固定资产和流动资产价值、办理交付使用的依据。

1.2.2.4 招标控制价

招标控制价即我们常说的“拦标价”，是在工程采用招标发包的过程中，由招标人根据国家或省级建设主管部门发布的有关计价规定，按施工图纸计算的工程造价，其作用是招标人对于招标工程发包的最高限价，故是投标人投标报价的上限。

招标控制价是由招标人自行编制或委托具有编制标底资格和能力的代理机构编制的，是工程造价在招投标阶段的一种表现形式。招标控制价应该在招标文件中公开，招标控制价可以有效防止抬标，超过招标控制价的投标报价即成为废标。

1.2.2.5 合同价

合同价是在工程承发包交易完成后，由承、发包双方以合同形式确定的工程承包交易价。采用招标发包的工程，其合同价应为投标人的中标价，也即投标人的投标报价。

综上所述，建设工程概预算的各项技术经济文件均以价值形态贯穿整个建设过程之中。申请项目要编估算；设计要编概算；施工前要编预算；结合施工企业实际进行投标报价，并签订工程合同；竣工时要编结算和决算。同时要求，决算不能超过预算，预算不能超过概算。

图 1.2 为工程建设程序和计价关系示意图。

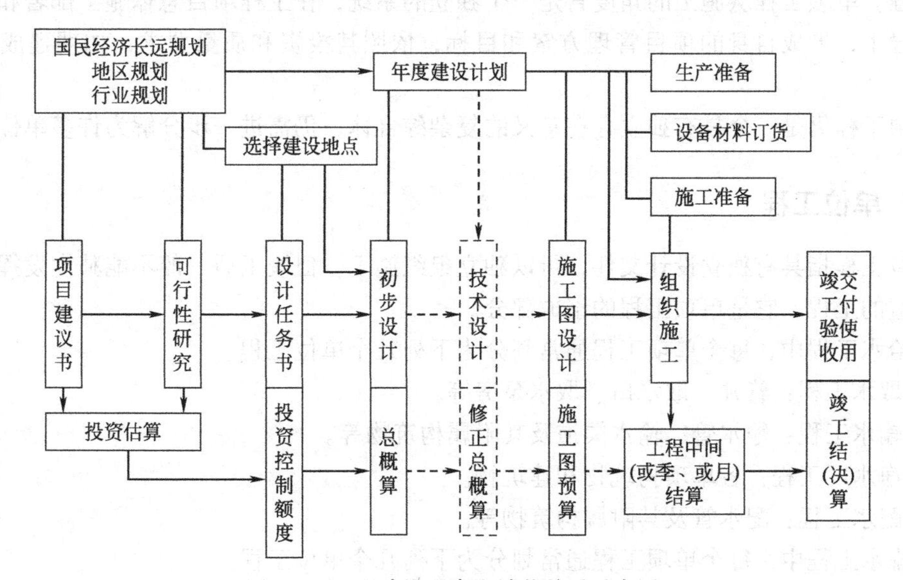

图 1.2 工程建设程序和计价关系示意图

1.3 建设项目的构成

建设工程是由许多部分组成的复杂综合体，为便于工程造价的计算，需要把建设工程分解成许多简单的、便于计算的基本组成单位，分别计算其工程量和造价。根据国内的现行规定，建设项目一般划分为以下几级。

1.3.1 建设项目

建设项目是指按一个总体设计进行建设，经济上实行统一核算，行政上有独立的组织形式的建设单位。凡属于一个总体设计中分期分批进行建设的主体工程和附属配套工程、综合利用工程等都应作为一个建设项目，不能把不属于一个总体设计的工程，按各种方式归算为一个建设项目；也不能把同一个总体设计内的工程，按地区或施工单位分为几个建设项目。在给排水工程中通常是指城镇或工矿企业的给水工程建设项目或排水工程建设项目。一个建设项目可以分为几个单项工程。

建设项目除具备一般工程项目特点外，还具备投资额巨大、建设周期长、整体性强和固定性等特征。

1.3.2 单项工程

单项工程又称“枢纽工程项目”，是指具有独立设计文件，竣工后能独立发挥生产能力或工程效益的工程。它是工程建设项目的组成部分，单项工程的价格通过编制单项工程综合预算确定。

如给水工程中的取水工程、输水管渠工程、净水工程、配水管网工程，排水工程中的雨污管网工程、截流管道工程、污水处理工程、污水排放工程，都是具有独立存在意义的一个单项工程。单项工程从施工的角度看是一个独立的系统，在工程项目总体施工部署和管理目标的指导下，形成自身的项目管理方案和目标，依照其投资和质量要求，如期建成并交付使用。

单项工程仍是一个具有独立存在意义的复杂综合体，仍需进一步分解为许多单位工程。

1.3.3 单位工程

单位工程指具有独立设计文件，可以独立组织施工，但竣工后一般不能独立发挥生产能力或效益的工程。它是单项工程的组成部分。

在给水工程中，每个单项工程通常划分为下列几个单位工程。

① 取水工程：管井、取水口、取水泵房等。

② 输水工程：输水管、输水渠道及其附属构筑物等。

③ 净水厂工程：各单项构筑物和建筑物。

④ 配水工程：配水管及其附属构筑物等。

在排水工程中，每个单项工程通常划分为下列几个单位工程。

① 雨、污水管网：排水管道、排水泵房等。

② 截流干管：截流管、截流井、污水提升泵房、溢流口等。

③ 污水处理厂：各单项构筑物和建筑物。

④ 污水排放工程：排放规定、出水口等。

单位工程一般是进行工程成本核算的对象，单位工程产品的价格通过编制单位工程施工图预算来确定。一个单位工程仍是一个较大的综合体，对其造价的计算还存在许多困难，还将进一步分解为分部工程。

1.3.4 分部工程

分部工程是单位工程的组成部分。它是按工程部位、设备种类和型号、使用材料和工种的不同进一步划分出来的工程，主要用于计算工程量和套用定额时的分类。土建工程的分部工程通常按建筑工程的主要部位划分，如基础工程、主体工程、地面工程等。按照《建筑工程施工质量验收统一标准》(GB 50300—2013) 的规定，建筑安装工程的分部工程是按专业性质、工程部位划分为五个，建筑给排水及供暖工程是五个分部工程之一。按照《工业安装工程施工质量验收统一标准》(GB 50252—2010) 的规定，工业安装工程按专业划分为七个分部工程，其中包括“工业管道工程”这一分部工程。

在每个分部工程中，因为构造、使用材料或施工方法等因素不同，完成同一计量单位的工程所需消耗的人工、材料、机械台班量相差很大，因此还需把分部工程划分为分项工程。

1.3.5 分项工程

通过较为简单的施工过程就可以生产出来，以适当的计量单位就可以进行工程量及其单价计算的建筑工程或安装工程称为分项工程。它是分部工程的组成部分，是建筑与安装工程的中最基本的构成要素。例如，建筑给水排水中的管道工程可以分为镀锌钢管、铸铁管、塑料管、不锈钢管等分项工程。分项工程一般没有独立存在的意义，只是为了便于计算工程造价而人为分解出来的假定“产品”。不同建筑物和构筑物工程中，完成相同计量单位的分项工程所需的人工、材料、机械台班消耗量基本上是相同的，因此，不同步距的分项工程单价是概预算定额最基本的组成单位，即预算定额中的子目。

图 1.3 为建设项目分解示意图。

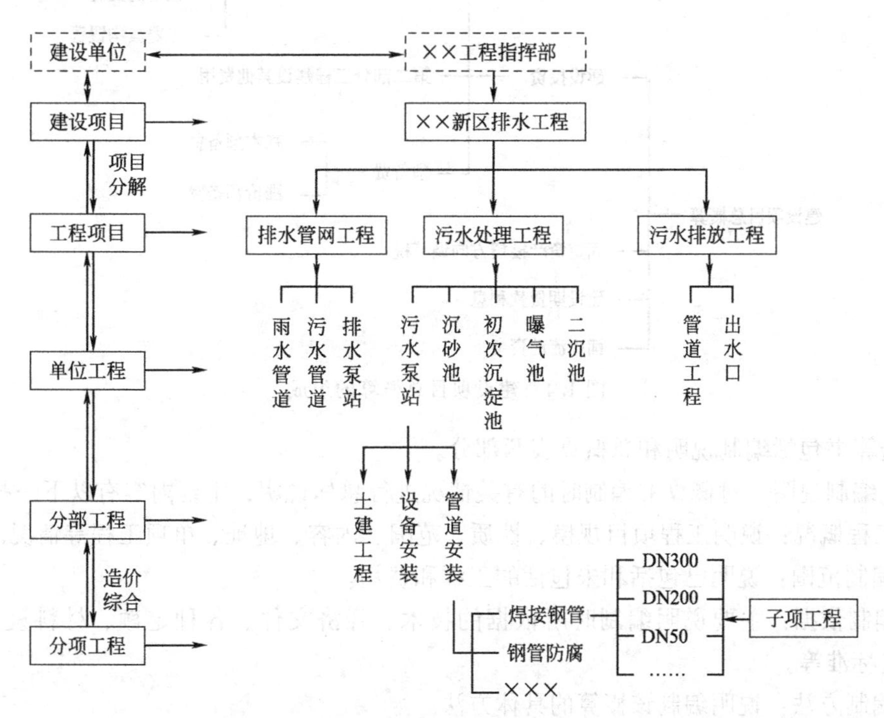

图 1.3 建设项目分解示意图

若干个分项工程合在一起就形成一个分部工程，若干个分部工程合在一起就形成一个单位工程，若干个单位工程合在一起就形成一个单项工程。一个单项工程或几个单项合在一起构成一个建设的项目。

工程计价时，首先对工程项目进行逐级分解，然后按构成进行分部计算，再逐层组合汇总，得到工程总造价。

1.4 概预算文件的组成

建设项目概预算按编制范围一般分为单位工程概预算、单项工程综合概预算、建设项目总概算。

1.4.1 建设项目总概算

建设项目总概算是确定一个建设项目从筹建到竣工验收全过程的全部建设费用的文件，它是设计文件的重要组成部分。由各单项工程综合概算书以及其他工程和费用概算书汇编而成，概算费用一般包括建设投资、固定资产投资方向调节税、建设期借款利息和铺底流动资金。建设投资又由第一部分工程费用、第二部分工程建设其他费用及预备费用三部分组成，总概算费用构成如图 1.4 所示。

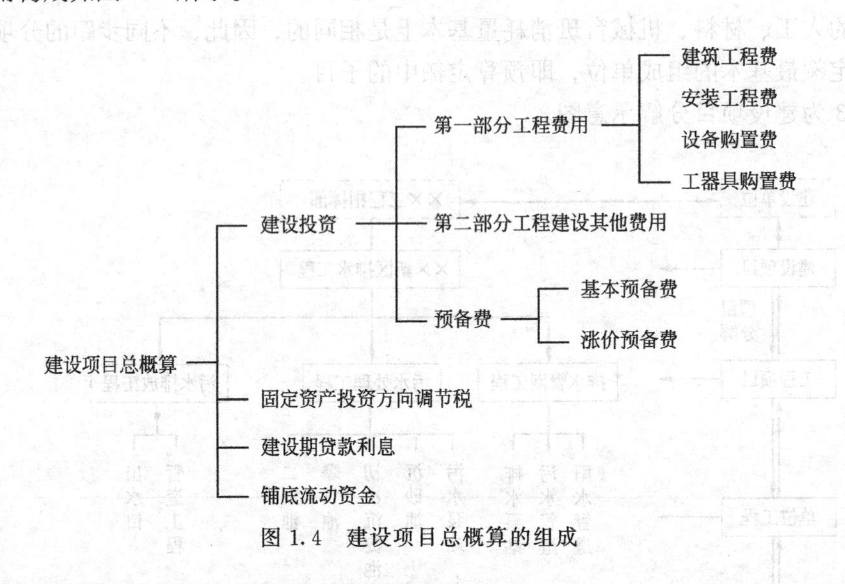

图 1.4 建设项目总概算的组成

总概算书包括编制说明和总概算表两部分。

(1) 编制说明 对概算书编制时的有关情况进行总体说明，主要内容有以下一些。

a. 工程概况：说明工程项目规模、性质、范围、内容、地址、单项工程等情况。

b. 编制范围：说明已包括和未包括的工程和费用。

c. 编制依据：主要说明编制时所依据的技术、经济文件、各种定额、材料设备价格、各种取费标准等。

d. 编制方法：说明编制该概算的具体方法。

e. 经济分析：分析各项费用、各项工程占投资额的比例，分析投资效果、说明该设计的经济合理性。

给水排水工程主要技术经济指标包括：总投资、单位生产能力经济指标、单位工程造价指标、建设工期、劳动耗用量指标、主要设备、主要材料消耗量、占用土地量等。

f. 其他问题和费用的说明。

(2) 总概算表　总概算按费用构成可分为：

a. 建筑工程费；

b. 安装工程费；

c. 设备购置费；

d. 工器具购置费；

e. 其他费用。

总概算按工程和费用性质可分为以下几类。

a. 第一部分工程费用：是指直接构成固定资产的工程项目费用。

b. 第二部分工程建设其他费用：系指工程费用以外的建设项目必须支出的费用。

c. 预备费。

d. 固定资产投资方向调节税。

e. 建设期借款利息。

f. 铺底流动资金。

工程建设其他费用一般只编制概算，不编制预算，列入总概算表中的第二部分费用，其内容应结合工程项目的实际情况予以确定，主要包括土地使用费、建设管理费、建设项目前期工作咨询费、研究试验费、环境影响咨询服务费、生产准备费（包括生产职工培训费及提前进厂费)、办公和生活家具购置费、勘察设计费、工程保险费、市政公用事实费、施工图审查费、联合试运转费、引进技术和进口设备的其他费用等。

某排水工程的初步设计总概算见本书附录。

目前按照我国习惯做法，一般不编制总预算，只在概算范围内，根据施工图预算编制单项工程综合预算。

1.4.2 单项工程综合概预算

单项工程综合概预算是确定某一单项工程所需建设费用的综合性文件，是根据该单项工程内各专业的单位工程概算及其他工程费用概算汇编而成。

一个建设项目有多少个单项工程，就应编制多少份单项工程综合概预算书。如果某建设项目只有一个单项工程，则与这个工程有关的建设工程的其他费用概预算，也应综合到这个单项工程的综合概预算中。在这种情况下，单项工程综合概预算书，实际上就是一个建设项目的总概算书。

单项工程综合概预算包括编制说明、综合概算表等部分。它是建设项目总概算的组成部分，是编制总概算的依据。

1.4.3 单位工程概预算

单位工程概预算书是确定单位工程所需建设费用的文件。它是综合概预算书的组成部分，也是编制综合概算和总概算的基础。

2 建设项目工程造价构成

2.1 建设项目总投资的构成

建设项目总投资是确定一个建设项目从筹建到竣工验收全过程的全部建设费用的文件。按照国家发改委和建设部发布的《建设项目经济评价方法与参数》(第三版)、原建设部《市政工程投资估算编制办法》(2007) 的规定，给排水工程总投资应包括：建设投资、固定资产投资方向调节税、建设期利息和铺底流动资金四个部分。建设投资由工程费用、工程建设其他费用和预备费三部分组成，如图 2.1 所示。

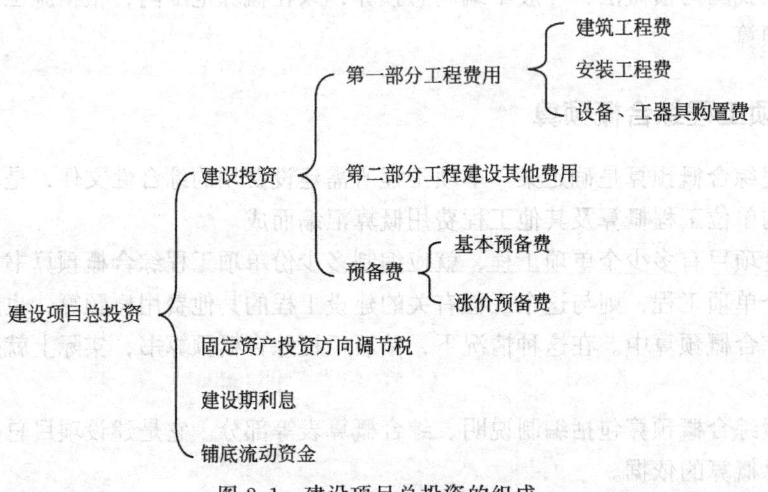

图 2.1 建设项目总投资的组成

建设项目总投资按其费用项目性质分为静态投资、动态投资和流动资金等三部分。静态投资包括建筑工程费、安装工程费、设备购置费（含工器具)、工程建设其他费用、基本预备费以及固定资产投资方向调节税。动态投资是指建设项目从估（概）算编制时间到工程竣工时间由于物价、汇率、税费率、劳动工资、贷款利率等发生变化所需增加的投资额，主要包括建设期利息、汇率变动和建设期涨价预备费。

2.1.1 工程费用（又称第一部分费用）

工程费用由建筑工程费，安装工程费，设备、工器具购置费组成。

2.1.1.1 建筑工程费

建筑工程费包括各种厂房、仓库、住宅等建筑物和矿井、铁路、公路、码头等构筑物的砌筑费用；列入建筑工程预算的各类管道、电信、电力导管的敷设工程费用；设备的基础、支柱、工作台、梯子等建筑工程的费用；水利工程及其他特殊工程（如防空、电站等）费用等。

2.1.1.2 安装工程费

安装工程费包括生产、动力、电信、起重、运输、医疗、实验等设备的安装费用；被安装设备的绝缘、保温、防腐和管线敷设工程费用，以及与设备相连的工作台、梯子、栏杆等设施安装工程费用；安装设备的单机试运转、系统设备联动无负荷试运转工作的调试费等。

建筑工程费和安装工程费合称建筑安装工程费。

2.1.1.3 设备、工器具购置费

设备、工器具购置费是指为工程项目购置或自制达到固定资产标准的设备和新、扩建工程项目配置的首套工器具及生产家具所需的费用，由设备购置费和工器具及生产家具购置费组成。

设备购置费由设备原价或进口设备抵岸价和设备运杂费构成，即：

设备购置费＝设备原价或进口设备抵岸价＋设备运杂费

设备原价系指国产标准设备、非标准设备的原价。设备运杂费系指设备原价以外的关于设备采购、运输、运输保险、途中包装、装卸及仓库保管等方面支出费用的总和。如果设备是由设备公司成套供应的，设备公司的服务费也应计入设备运杂费之中。

设备运杂费按设备原价乘以设备运杂费率计算，即：

设备运杂费＝设备原价×设备运杂费率

设备运杂费率按各部门及省、市的规定计取，也可根据实际情况估算或参考表 2.1 确定。一般来讲，沿海和交通便利的地区，设备运杂费率相对低一些；内地和交通不很便利的地区就要相对高一些，边远省份则要更高一些。进口设备由于原价较高，国内运距较短，因而运杂费比率应适当降低。

表 2.1 设备运杂费率

序号	工程所在地	费率/%
1	辽宁、吉林、河北、北京、天津、山西、上海、江苏、浙江、山东、安徽	6～7
2	河南、陕西、湖北、湖南、江西、黑龙江、广东、四川、重庆、福建	7～8
3	内蒙、甘肃、宁夏、广西、海南	8～10
4	贵州、云南、青海、新疆	11～12

工具、器具及生产家具购置费是按照有关规定，为保证初期正常生产必须购置的没有达到固定资产标准的设备、仪器、工卡模具、器具、生产家具的购置费用。一般以设备购置费为计算基数，按照部门或行业规定的工具、器具及生产家具费率计算。计算公式为：

工器具及生产家具购置费＝设备购置费×定额费率

给排水工程的工器具购置费可按设备购置费的1%～2%估算。

2.1.2 工程建设其他费用（又称第二部分费用）

工程建设其他费用，又称第二部分费用，是指应在建设项目的建设投资中开支的工程费用以外的建设项目必须支出的其他费用。其内容应结合工程项目的实际情况予以确定，通常可分为三类。第一类为建设用地费；第二类为与项目建设有关的费用；第三类为与未来企业生产经营有关的费用。如图 2.2 所示。

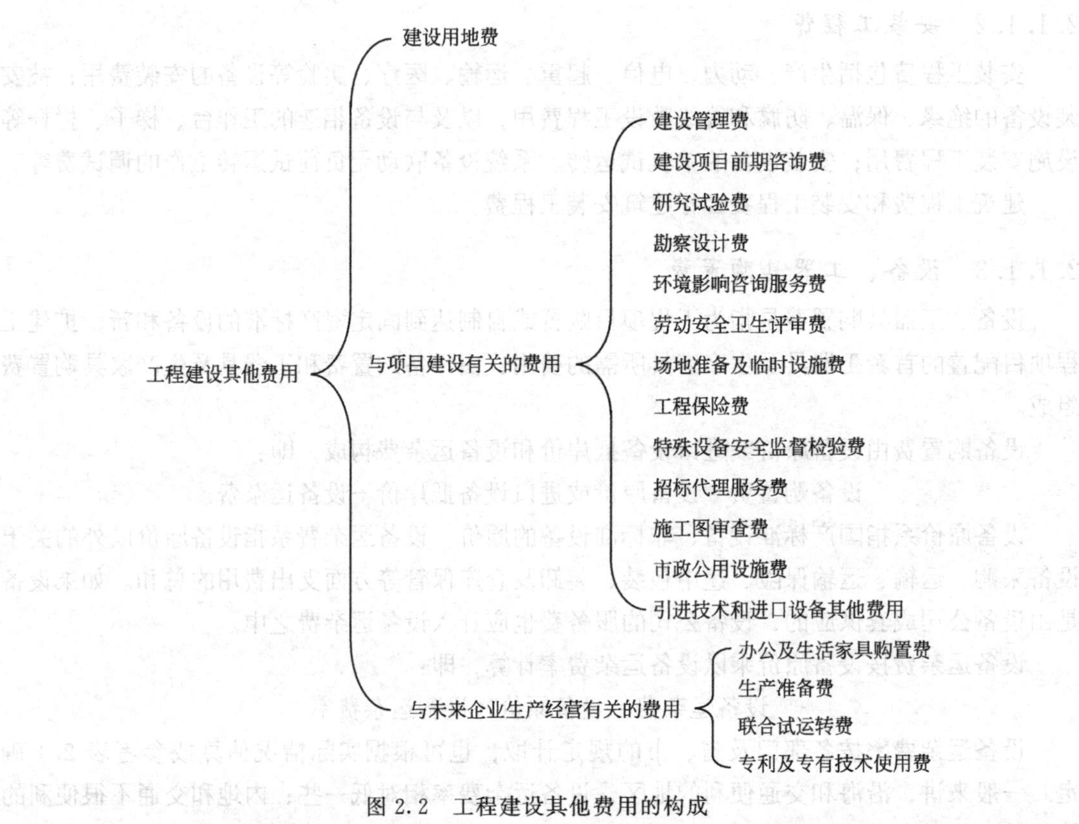

图 2.2 工程建设其他费用的构成

一般建设项目很少发生或一些具有较明显行业或地区特征的工程建设其他费用项目费用，如工程咨询费、移民安置费、水资源费、水土保持评价费、地震安全性评价费、地质灾害危险性评价费、河道占用补偿费、超限设备运输特殊措施费、航道维护费、植被恢复费、种质检测费、引种测试费等，可按照各省（市、自治区）、各部门有关政策规定计取。

2.1.2.1 建设用地费

土地使用费是指为获得工程项目建设土地的使用权而在建设期内发生的各项费用，包括通过划拨方式取得土地使用权而支付的土地征用及迁移补偿费，或通过土地使用权出让方式取得土地使用权而支付的土地使用权出让金。

(1) 土地征用及迁移补偿费 土地征用及迁移补偿费，指建设项目通过划拨方式取得无限期的土地使用权，依照《中华人民共和国土地管理法》等所支付的费用。其总和一般不得超过被征土地年产值的 20 倍，土地年产值按该地被征日前 3 年的平均产量和国家规定的价格计算，征地补偿费包括：土地补偿费；青苗补偿费和被征用土地上的房屋、水井、树木等附着物补偿费；安置补助费；缴纳的耕地占用税或城镇土地使用税、土地登记费及征地管理费；新菜地开发建设基金。拆迁补偿费包括拆迁补偿费和搬迁、安置补助费。

(2) 土地使用权出让金　土地使用权出让金是指建设项目通过土地使用权出让方式取得有限期的土地使用权，依照《中华人民共和国城镇国有土地使用权出让和转让暂行条例》规定支付的土地使用权出让金。城市土地的出让和转让可采用协议、招标、拍卖等方式。

2.1.2.2 与项目建设有关的其他费用

(1) 建设管理费　建设单位从项目筹建开始直至办理竣工决算为止发生的项目建设管理费用，包括建设单位管理费、工程监理费。

① 建设单位管理费　建设单位管理费指建设单位从项目立项、筹建、建设、联合试运转到竣工验收交付使用及后评估等全过程管理所需的费用。内容包括：工作人员的基本工资、工资性津贴、职工福利费、劳动保护费、劳动保险费、办公费、差旅交通费、工会经费、职工教育经费、固定资产使用费、工具用具使用费、技术图书资料费、生产人员招募费、合同契约公证费、工程质量监督检测费、工程咨询费、法律顾问费、审计费、业务招待费、排污费、竣工交付使用清理及竣工验收费、后评估等费用。

按财政部财建［2002］394号文的规定，建设单位管理费按照工程总概算（不包括建设单位管理费）的不同规模分档累进计算。建设单位管理费率及计算实例如表2.2所示。

表2.2　建设单位管理费率

工程总概算/万元	费率/%	算例	
		工程总概算/万元	建设单位管理费/万元
1000以下	1.5	1000	1000×1.5%=15
1001～5000	1.2	5000	15+(5000−1000)×1.2%=63
5001～10000	1.0	10000	63+(10000−5000)×1.0%=113
10001～50000	0.8	50000	113+(50000−10000)×0.8%=433
50001～100000	0.5	100000	433+(100000−50000)×0.5%=683
100001～200000	0.2	200000	683+(200000−100000)×0.2%=883
200000以上	0.1	280000	883+(280000—200000)×0.1%=963

② 工程监理费　工程监理费是指委托工程监理单位对工程实施监理工作所需的费用。根据国家发展改革委、建设部《关于印发〈建设工程监理与相关服务收费管理规定〉的通知》(发改价格［2007］670号）规定，以工程费用和联合试运转费用之和的投资额为基础，按监理工程的不同规模分别确定监理费率和有关调整系数计算。

(2) 建设项目前期咨询费　建设项目前期咨询费包括：建设项目专题研究、编制和评估项目建议书、编制和评估可行性研究报告，以及其他与建设项目前期有关的咨询费用。

建设项目前期咨询费以建设项目估算投资额为基础，参照《国家计委关于印发〈建设项目前期工作咨询收费暂行规定〉的通知》(计价格［1999］1283号）的规定，根据投资估算额在相对应的区间内用插入法计算。

(3) 勘察设计费　勘察设计费是指委托勘察设计单位进行工程水文地质勘察、工程设计所发生的各项费用。由工程勘察费和工程设计费两部分组成。

① 工程勘察费：包括测绘、勘探、取样、试验、测试、检测、监测等勘察作业，以及编制工程勘察文件和岩土工程设计文件等收取的费用。

② 工程设计费：包括编制初步设计文件、施工图设计文件、非标准设备设计文件、施工图预算文件、竣工图文件等服务所收取的费用。

勘察设计费参照《国家计委、建设部关于发布〈工程勘察设计收费管理规定〉的通知》(计价格［2002］10号）的规定，以工程费用和联合试运转费用之和的投资额为基础，根据投资额在相对应的区间内用插入法计算。施工图预算编制按设计费的10％计算，竣工图编制按设计费的8％计算。

(4) 研究试验费　研究试验费是指为本建设项目提供或验证设计参数、数据资料等进行必要的研究试验，以及设计规定在施工中必须进行的试验、验证所需的费用。这项费用按照设计单位根据本工程项目的需要提出的研究试验内容和要求计算。

(5) 环境影响咨询服务费　环境影响咨询服务费是指按照《中华人民共和国环境保护法》《中华人民共和国环境影响评价法》等规定，对建设项目对环境影响进行全面评价所需的费用。包括编制环境影响报告书（含大纲)、环境影响报告表和评估环境影响报告书（含大纲)、评估环境影响报告表等所需的费用。

环境影响咨询服务费参照《国家计委、国家环境保护总局关于环境影响咨询收费有关问题的通知》(计价格［2002］125号）的规定，以工程项目投资为基数，按照工程项目的不同规模分别确定的环境影响咨询服务费。

(6) 劳动安全卫生评审费　劳动安全卫生评审费是指为预测和分析建设项目存在的职业危险、危害因素的种类和危险危害程度，并提出先进、科学、合理可行的劳动安全卫生技术和管理对策所需的费用。包括编制建设项目劳动安全卫生预评价大纲和劳动安全卫生预评价报告书以及为编制上述文件所进行的工程分析和环境现状调查等所需费用。

劳动安全卫生评审费按照省市劳动部门的规定计算，也可按第一部分工程费用的0.1％～0.5％估算。

(7) 场地准备及临时设施费　场地准备费是指建设项目为达到工程开工条件所发生的场地平整和对建设场地余留的有碍于施工建设的设施进行拆除清理的费用。临时设施费是指为满足施工建设需要而供到场地界区的、未列入工程费用的临时水、电、路、讯、气等其他工程费用和建设单位的现场临时建（构）筑物的搭设、维修、拆除、摊销或建设期间租赁费用，以及施工期间专用公路养护费、维修费。

新建项目的场地准备及临时设施费应根据实际工程量估算，即：

场地准备及临时设施费＝工程费用×费率＋拆除清理费

也可按工程费用的（0.5％～2.0％）比例估算。

改扩建项目一般只计拆除清理费；发生拆除清理费时可按新建同类工程造价或主材费、设备费的比例计算。凡可回收材料的拆除采用以料抵工方式，不再计算拆除清理费。

此项费用不包括已列入建筑安装工程费中的临时设施费。

(8) 工程保险费　工程保险费是指建设项目在建设期间根据需要对建筑工程、安装工程、机器设备和人身安全进行投保而发生的保险费用。包括建筑安装工程一切险、引进设备财产保险和人身意外伤害险等。不包括已列入施工企业管理费中的施工管理用财产、车辆保险费。

不同工程项目可根据工程特点选择投保险种，根据投保合同计列保险费用。编制概算时可按工程费用的0.3％～0.6％估算。

(9) 特殊设备安全监督检验费　特殊设备安全监督检验费是指在施工现场组装的锅炉及

压力容器、压力管道、消防设备、燃气设备、电梯等特殊设备和设施，由安全监察部门按照有关安全监察条例和实施细则以及设计技术要求进行安全检验，应由建设项目支付的、向安全监察部门缴纳的费用。

特殊设备安全监督检验费按照建设项目所在省（市、自治区）安全监察部门的规定标准计算。无具体规定的，在编制投资估算时可按受检设备现场安装费的比例估算。

(10) 招标代理服务费　招标代理机构接受招标人委托，从事招标业务所需的费用。包括编制招标文件（包括编制资格预审文件和标底），审查投标人资格，组织投标人踏勘现场答疑，组织开标、评标、定标以及提供招标前期咨询、协调合同的签订等业务。

招标代理服务费参照《国家计委关于印发〈招标代理服务收费管理暂行办法〉的通知》(计价格［2002］1980号）的规定，按工程费用差额定率累进计算。

(11) 施工图审查费　施工图审查机构受建设单位委托，根据国家法律、法规、技术标准与规范，对施工图进行审查所需的费用，包括对施工图进行结构安全和强制性标准、规范执行情况进行独立审查。

施工图审查费按国家或主管部门发布的现行施工图审查费有关规定估列。

(12) 市政公用设施费　市政公用设施费是指使用市政公用设施的建设项目，按照项目所在地省一级人民政府有关规定建设或缴纳的市政公用设施建设配套费用，以及绿化工程补偿费用。

该费用按工程所在地人民政府规定标准计列；不发生或按规定免征项目不计取。

(13) 引进技术和进口设备其他费　引进技术和进口设备其他费用，包括出国人员费用、国外工程技术人员来华费用、技术引进费、分期或延期付款利息、担保费以及进口设备检验鉴定费。

该费用按照合同和国家有关规定计算。

2.1.2.3　与未来企业生产经营有关的其他费用

(1) 生产准备费　生产准备费是指新建企业或新增生产能力的企业，为保证竣工交付使用进行必要的生产准备所发生的费用。费用内容包括以下一些。

① 生产人员培训费，包括自行培训、委托其他单位培训人员的工资、工资性补贴、职工福利费、差旅交通费、学习资料费、学习费、劳动保护费。

② 生产单位提前进厂参加施工、设备安装、调试以及熟悉工艺流程与设备性能等人员的工资、工资性补贴、职工福利费、差旅交通费、劳动保护费等。提前进厂费也是根据提前进厂人数和当地的工资标准计算。若不发生提前进厂，不得计算此项费用。

新建项目按设计定员为基数，改扩建项目按新增设计定员为基数计算：

$$生产准备费=设计定员\times生产准备费指标(元/人)$$

(2) 办公及生活家具购置费　办公及生活家具购置费是指为保证新建、改建、扩建项目初期正常生产、使用和管理所必需购置的办公和生活家具、用具的费用。改建、扩建项目所需的办公和生活用具购置费，应低于新建项目。其范围包括：办公室、会议室、资料档案室、阅览室、文娱室、食堂、浴室、理发室、单身宿舍和设计规定必须建设的托儿所、卫生所、招待所、中小学校等家具用具的购置。这项费用按照设计定员人数乘以综合指标计算，一般为1000～2000元/人。

(3) 联合试运转费　联合试运转费是指新建企业或新增加生产能力的工程项目在竣工验

收前，按照设计文件规定的工程质量标准，进行整个车间的负荷联合试运转发生的费用支出大于试运转收入的亏损部分。费用内容包括：试运转所需的原料、燃料、油料和动力的费用，机械使用费用，低值易耗品及其他物品的购置费用和施工单位参加联合试运转人员的工资等。试运转收入包括试运转产品销售和其他收入。

需要注意的是，联合试运转费不包括应由设备安装工程费项目开支的单台设备试车调试费用；不发生试运转或试运转收入大于（或等于）费用支出的工程，不列此项费用。

当联合试运转收入小于试运转支出时：

$$联合试运转费=联合试运转费用支出-联合试运转收入$$

编制估算时也可按需要试运转车间的设备购置费的百分比估算。在给排水工程中，联合试运转费可按设备购置费的1%估算。

(4) 专利及专有技术使用费　专利及专有技术使用费是指建设项目使用国内外专利和专有技术支付的费用。包括以下几种。

① 国外技术及技术资料费、引进有效专利、专有技术使用费和技术保密费。

② 国内有效专利和专有技术使用费。

③ 商标权、商誉和特许经营权费等。

专利及专有技术使用费计算方法如下。

a. 按专利使用许可协议和专有技术使用合同的规定计列。

b. 专有技术的界定应以省、部级鉴定批准为依据。

c. 项目投资中只计需在建设期支付的专利及专有技术使用费。协议或合同规定在生产期分年支付的使用费应在生产成本中核算。

d. 一次性支付的商标权、商誉及特许经营权费按协议或合同规定计列。协议或合同规定在生产期支付的商标权或特许经营权费应在生产成本中核算。

2.1.3 预备费

预备费包括基本预备费和涨价预备费。

2.1.3.1 基本预备费

基本预备费是指在初步设计和概算中难以预料的工程和费用。具体内容包括：进行技术设计、施工图设计和施工过程中，在批准的建设投资范围内所增加的工程及费用；由于一般自然灾害所造成的损失和预防自然灾害所采取的措施费用；工程竣工验收时，为鉴定工程质量，必须开挖和修复的隐蔽工程的费用。

基本预备费是以工程费用和工程建设其他费用二者之和为取费基础，乘以基本预备费费率进行计算，即：

$$基本预备费=(工程费用+工程建设其他费用)\times 基本预备费率$$

基本预备费率常取5%～8%，具体数值应按工程具体情况在规定的幅度内确定。

2.1.3.2 涨价预备费

涨价预备费是指项目在建设期间由于价格可能上涨而预留的费用。具体内容包括：人工、设备、材料、施工机械价差，建筑安装工程费及工程建设其他费用调整，利率、汇率调整等。

测算方法：以编制项目可行性或总概算的年份为基准期，估算到项目建成年份为止的设备、材料、人工等价格上涨系数，以第一部分费用总值为基数，根据测算的物价上涨率，按建设期年度用款计划进行涨价预备费估算，即：

$$P_f=\sum_{t=1}^{n} I_t\left[(1+f)^t-1\right]$$

式中 P_f——计算期涨价预备费；

I_t——计算期第 t 年的建筑安装工程费用和设备、工器具购置费的和；

f——物价上涨指数；

n——计算期年份数，以编制报告的年份为基期，计算至项目建成的年份；

t——计算期第 t 年。

2.1.4 固定资产投资方向调节税

固定资产投资方向调节税是指国家对在中国境内进行固定资产投资的单位和个人，就其固定资产投资的各种资金征收的一种税。凡在我国境内用于固定资产投资的各种资金，均属固定资产投资方向调节税的征税范围。

固定资产投资方向调节税，计入项目总投资，不作为设计、施工和其他取费的基础。

投资方向调节税根据国家产业政策和项目经济规模实行0、5%、10%、15%、30%五个档次的差别税率，目前，为了扩大内需，此项税已暂停征收。

2.1.5 建设期贷款利息

建设期利息，国外称为资本化利息，是指建设项目贷款在建设期内发生并应计入固定资产原值的贷款利息等财务费用。

建设期利息应按资金来源、建设期年限和贷款利率分别计算。国内银行借款按现行贷款计算，国外贷款利息按协议书或贷款意向书确定的利率按复利计算。为了简化计算，在编制投资概（估）算时通常假定借款均在每年的年中支用，借款第一年按半年计息，其余各年份按全年计息。计算公式为：

$$建设期贷款利息=\sum(年初贷款本息累计+本年度贷款/2)\times 年利率$$

2.1.6 铺底流动资金

铺底流动资金指经营性建设项目为保证生产和经营正常进行，按规定应列入建设项目总投资的自有流动资金。一般按项目建成后所需全部流动资金的30%计算。根据国有商业银行的规定，新上项目或更新改造项目主必须拥有30%的自有流动资金，其余部分资金可申请贷款。非生产经营性建设项目不列铺底流动资金。

综上所述，建设项目总投资由上述六部分费用组成。建设项目总投资按其费用项目性质分为静态投资、动态投资和流动资金等三部分。静态投资包括建筑工程费、安装工程费、设备购置费（含工器具）、工程建设其他费用、基本预备费以及固定资产投资方向调节税。动态投资是指建设项目从估（概）算编制时间到工程竣工时间由于物价、汇率、税费率、劳动工资、贷款利率等发生变化所需增加的投资额，主要包括建设期利息、汇率变动和建设期涨价预备费。

2.2 建筑安装工程费用项目组成

2.2.1 按费用构成要素划分的建筑安装工程项目费用

根据住房城乡建设部、财政部联合发文“建标［2013］44号”的规定，建筑安装工程费按费用构成要素划分为人工费、材料费、施工机具使用费、企业管理费、利润、规费和税金，其中人工费、材料费、施工机具使用费、企业管理费和利润包含在分部分项工程费、措施项目费、其他项目费中，如图2.3所示。

2.2.1.1 人工费

人工费是指按工资总额构成规定，支付给从事建筑安装工程施工的生产工人和附属生产单位工人的各项费用。内容包括以下几点。

(1) 计时工资或计件工资　是指按计时工资标准和工作时间或对已做工作按计件单价支付给个人的劳动报酬。

(2) 奖金　是指对超额劳动和增收节支支付给个人的劳动报酬。如节约奖、劳动竞赛奖等。

(3) 津贴补贴　是指为了补偿职工特殊或额外的劳动消耗和因其他特殊原因支付给个人的津贴，以及为了保证职工工资水平不受物价影响支付给个人的物价补贴。如流动施工津贴、特殊地区施工津贴、高温（寒）作业临时津贴、高空津贴等。

(4) 加班加点工资　是指按规定支付的在法定节假日工作的加班工资和在法定日工作时间外延时工作的加点工资。

(5) 特殊情况下支付的工资　是指根据国家法律、法规和政策规定，因病、工伤、产假、计划生育假、婚丧假、事假、探亲假、定期休假、停工学习、执行国家或社会义务等原因按计时工资标准或计时工资标准的一定比例支付的工资。

2.2.1.2 材料费

材料费是指施工过程中耗费的原材料、辅助材料、构配件、零件、半成品或成品、工程设备的费用。内容包括以下几点。

(1) 材料原价　是指材料、工程设备的出厂价格或商家供应价格。

(2) 运杂费　是指材料、工程设备自来源地运至工地仓库或指定堆放地点所发生的全部费用。

(3) 运输损耗费　是指材料在运输装卸过程中不可避免的损耗。

(4) 采购及保管费　是指为组织采购、供应和保管材料、工程设备的过程中所需要的各项费用。包括采购费、仓储费、工地保管费、仓储损耗。

工程设备是指构成或计划构成永久工程一部分的机电设备、金属结构设备、仪器装置及其他类似的设备和装置。

2.2.1.3 施工机具使用费

施工机具使用费是指施工作业所发生的施工机械、仪器仪表使用费或其租赁费。

(1) 施工机械使用费　以施工机械台班耗用量乘以施工机械台班单价表示，即：

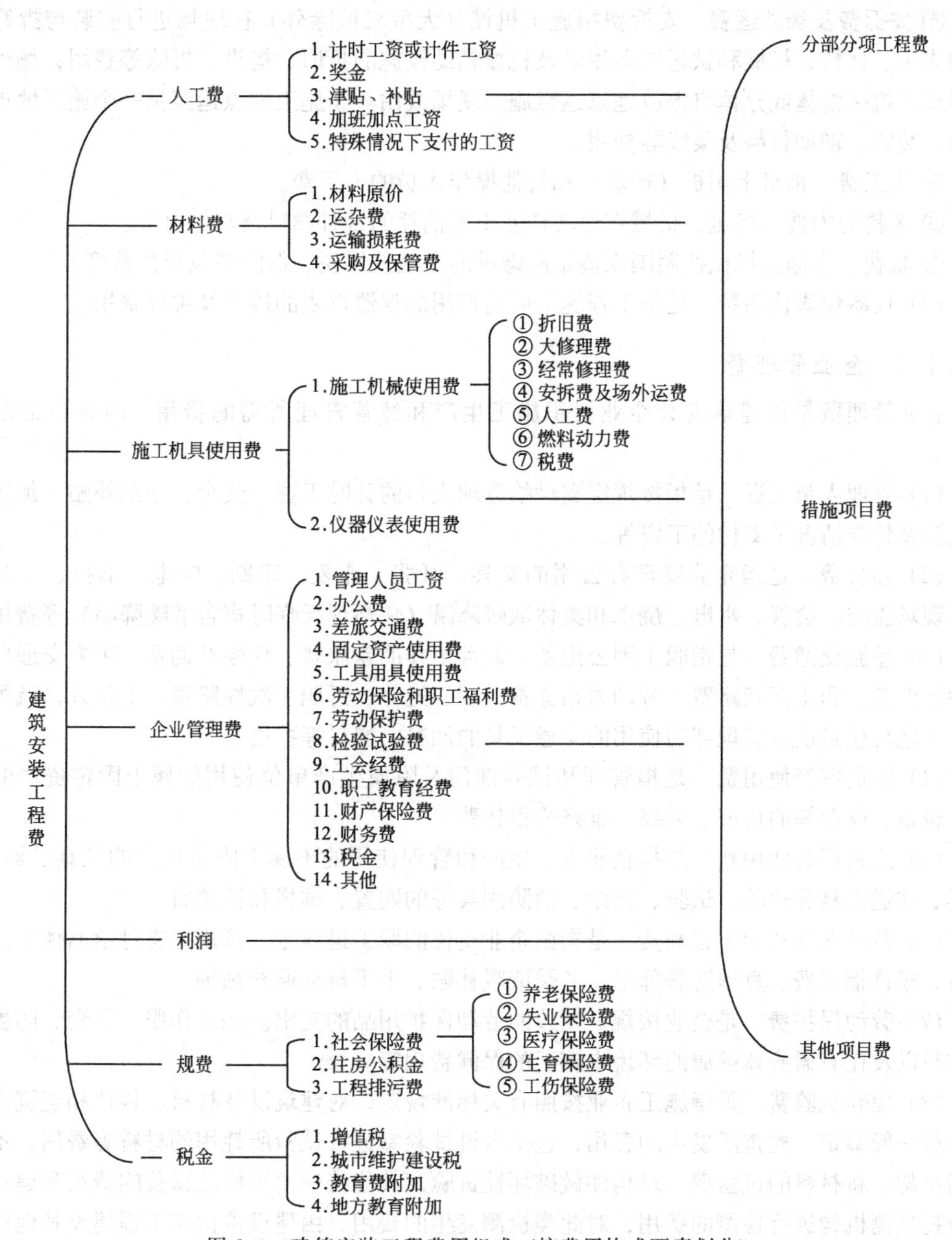

图 2.3 建筑安装工程费用组成（按费用构成要素划分）

$$施工机械使用费=\Sigma(施工机械台班消耗量\times机械台班单价)$$

施工机械台班单价应由下列七项费用组成。

① 折旧费 指施工机械在规定的使用年限内，陆续收回其原值的费用。

② 大修理费 指施工机械按规定的大修理间隔台班进行必要的大修理，以恢复其正常功能所需的费用。

③ 经常修理费 指施工机械除大修理以外的各级保养和临时故障排除所需的费用。包括为保障机械正常运转所需替换设备与随机配备工具附具的摊销和维护费用，机械运转中日常保养所需润滑与擦拭的材料费用及机械停滞期间的维护和保养费用等。

④ 安拆费及场外运费　安拆费指施工机械（大型机械除外）在现场进行安装与拆卸所需的人工、材料、机械和试运转费用以及机械辅助设施的折旧、搭设、拆除等费用；场外运费指施工机械整体或分体自停放地点运至施工现场或由一个施工地点运至另一个施工地点的运输、装卸、辅助材料及架线等费用。

⑤ 人工费　指机上司机（司炉）和其他操作人员的人工费。

⑥ 燃料动力费　指施工机械在运转作业中所消耗的各种燃料及水、电等。

⑦ 税费　指施工机械按照国家规定应缴纳的车船使用税、保险费及年检费等。

(2) 仪器仪表使用费　是指工程施工所需使用的仪器仪表的摊销及维修费用。

2.2.1.4　企业管理费

企业管理费是指建筑安装企业组织施工生产和经营管理所需的费用。内容包括以下几点。

(1) 管理人员工资　是指按规定支付给管理人员的计时工资、奖金、津贴补贴、加班加点工资及特殊情况下支付的工资等。

(2) 办公费　是指企业管理办公用的文具、纸张、账表、印刷、邮电、书报、办公软件、现场监控、会议、水电、烧水和集体取暖降温（包括现场临时宿舍取暖降温）等费用。

(3) 差旅交通费　是指职工因公出差、调动工作的差旅费、住勤补助费，市内交通费和误餐补助费，职工探亲路费，劳动力招募费，职工退休、退职一次性路费，工伤人员就医路费，工地转移费以及管理部门使用的交通工具的油料、燃料等费用。

(4) 固定资产使用费　是指管理和试验部门及附属生产单位使用的属于固定资产的房屋、设备、仪器等的折旧、大修、维修或租赁费。

(5) 工具用具使用费　是指企业施工生产和管理使用的不属于固定资产的工具、器具、家具、交通工具和检验、试验、测绘、消防用具等的购置、维修和摊销费。

(6) 劳动保险和职工福利费　是指由企业支付的职工退职金、按规定支付给离休干部的经费，集体福利费、夏季防暑降温、冬季取暖补贴、上下班交通补贴等。

(7) 劳动保护费　是企业按规定发放的劳动保护用品的支出。如工作服、手套、防暑降温饮料以及在有碍身体健康的环境中施工的保健费用等。

(8) 检验试验费　是指施工企业按照有关标准规定，对建筑以及材料、构件和建筑安装物进行一般鉴定、检查所发生的费用，包括自设试验室进行试验所耗用的材料等费用。不包括新结构、新材料的试验费，对构件做破坏性试验及其他特殊要求检验试验的费用和建设单位委托检测机构进行检测的费用，对此类检测发生的费用，由建设单位在工程建设其他费用中列支。但对施工企业提供的具有合格证明的材料进行检测不合格的，该检测费用由施工企业支付。

(9) 工会经费　是指企业按《工会法》规定的全部职工工资总额比例计提的工会经费。

(10) 职工教育经费　是指按职工工资总额的规定比例计提，企业为职工进行专业技术和职业技能培训，专业技术人员继续教育、职工职业技能鉴定、职业资格认定以及根据需要对职工进行各类文化教育所发生的费用。

(11) 财产保险费　是指施工管理用财产、车辆等的保险费用。

(12) 财务费　是指企业为施工生产筹集资金或提供预付款担保、履约担保、职工工资支付担保等所发生的各种费用。

(13) 税金　是指企业按规定缴纳的房产税、车船使用税、土地使用税、印花税等。

(14) 其他　包括技术转让费、技术开发费、投标费、业务招待费、绿化费、广告费、公证费、法律顾问费、审计费、咨询费、保险费等。

2.2.1.5　利润

利润是指施工企业完成所承包工程获得的盈利。

2.2.1.6　规费

规费是指按国家法律、法规规定，由省级政府和省级有关权力部门规定必须缴纳或计取的费用。包括以下几点。

(1) 社会保险费

① 养老保险费　指企业按照规定标准为职工缴纳的基本养老保险费。

② 失业保险费　指企业按照规定标准为职工缴纳的失业保险费。

③ 医疗保险费　指企业按照规定标准为职工缴纳的基本医疗保险费。

④ 生育保险费　指企业按照规定标准为职工缴纳的生育保险费。

⑤ 工伤保险费　指企业按照规定标准为职工缴纳的工伤保险费。

(2) 住房公积金　住房公积金指企业按规定标准为职工缴纳的住房公积金。

(3) 工程排污费　工程排污费指按规定缴纳的施工现场工程排污费。

2.2.1.7　税金

按照《财政部、国家税务总局关于全面推开营业税改征增值税试点的通知》(财税[2016] 36号) 的规定，自2016年5月1日起建筑业由缴纳营业税改为缴纳增值税。增值税是以商品 (含应税劳务) 在流转过程中产生的增值额作为计税依据而征收的一种流转税。从计税原理上说，增值税是对商品生产、流通、劳务服务中多个环节的新增价值或商品的附加值征收的一种流转税。

故税金是指应计入建筑安装工程造价内的增值税销项税额、城市维护建设税、教育费附加以及地方教育附加。

2.2.2　按工程造价形成划分的建筑安装工程费用

根据住房城乡建设部、财政部联合发文“建标[2013] 44号”的规定，建筑安装工程费按照工程造价形成由分部分项工程费、措施项目费、其他项目费、规费、税金组成。分部分项工程费、措施项目费、其他项目费包含人工费、材料费、施工机具使用费、企业管理费和利润。如图2.4所示。

2.2.2.1　分部分项工程费

分部分项工程费是指各专业工程的分部分项工程应予列支的各项费用。

(1) 专业工程　是指按现行国家计量规范划分的房屋建筑与装饰工程、仿古建筑工程、通用安装工程、市政工程、园林绿化工程、矿山工程、构筑物工程、城市轨道交通工程、爆破工程等各类工程。

(2) 分部分项工程　指按现行国家计量规范对各专业工程划分的项目。如房屋建筑与装饰工程划分的土石方工程、地基处理与桩基工程、砌筑工程、钢筋及钢筋混凝土工程等。

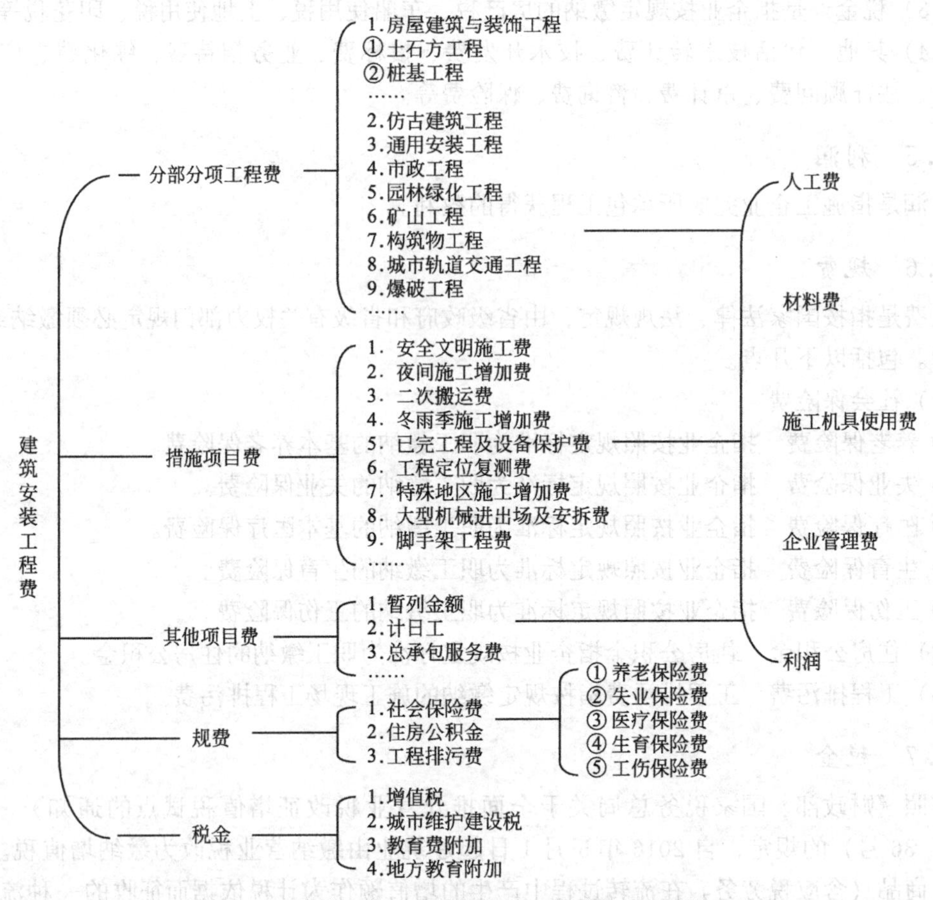

图 2.4 建筑安装工程费用组成（按造价形成划分）

各类专业工程的分部分项工程划分见现行国家或行业计量规范。

2.2.2.2 措施项目费

措施项目费是指为完成建设工程施工，发生于该工程施工前和施工过程中的技术、生活、安全、环境保护等方面的费用，内容包括以下一些。

(1) 安全文明施工费

① 环境保护费 是指施工现场为达到环保部门要求所需要的各项费用。

② 文明施工费 是指施工现场文明施工所需要的各项费用。

③ 安全施工费 是指施工现场安全施工所需要的各项费用。

④ 临时设施费 是指施工企业为进行建设工程施工所必须搭设的生活和生产用的临时建筑物、构筑物和其他临时设施费用。包括临时设施的搭设、维修、拆除、清理费或摊销费等。

(2) 夜间施工增加费 是指因夜间施工所发生的夜班补助费、夜间施工降效、夜间施工照明设备摊销及照明用电等费用。

(3) 二次搬运费 是指因施工场地条件限制而发生的材料、构配件、半成品等一次运输不能到达堆放地点，必须进行二次或多次搬运所发生的费用。

(4) 冬雨季施工增加费 是指在冬季或雨季施工需增加的临时设施、防滑、排除雨雪，人工及施工机械效率降低等费用。

(5) 已完工程及设备保护费　是指竣工验收前，对已完工程及设备采取的必要保护措施所发生的费用。

(6) 工程定位复测费　是指工程施工过程中进行全部施工测量放线和复测工作的费用。

(7) 特殊地区施工增加费　是指工程在沙漠或其边缘地区、高海拔、高寒、原始森林等特殊地区施工增加的费用。

(8) 大型机械设备进出场及安拆费　是指机械整体或分体自停放场地运至施工现场或由一个施工地点运至另一个施工地点，所发生的机械进出场运输和转移费用及机械在施工现场进行安装、拆卸所需的人工费、材料费、机械费、试运转费和安装所需的辅助设施的费用。

(9) 脚手架工程费　是指施工需要的各种脚手架搭、拆、运输费用以及脚手架购置费的摊销（或租赁）费用。

措施项目及其包含的内容详见各类专业工程的现行国家或行业计量规范。

2.2.2.3　其他项目费

(1) 暂列金额　是指建设单位在工程量清单中暂定并包括在工程合同价款中的一笔款项。用于施工合同签订时尚未确定或者不可预见的所需材料、工程设备、服务的采购，施工中可能发生的工程变更、合同约定调整因素出现时的工程价款调整以及发生的索赔、现场签证确认等的费用。

(2) 计日工　是指在施工过程中，施工企业完成建设单位提出的施工图纸以外的零星项目或工作所需的费用。

(3) 总承包服务费　是指总承包人为配合、协调建设单位进行的专业工程发包，对建设单位自行采购的材料、工程设备等进行保管以及施工现场管理、竣工资料汇总整理等服务所需的费用。

2.2.2.4　规费

定义同上。

2.2.2.5　税金

定义同上。

2.3　工程量清单计价

为了适应我国建设工程管理体制改革以及建设市场发展的需要，规范建设工程各方的计价行为，进一步深化工程造价管理模式的改革，2003年2月17日，原建设部以第119号公告发布了国家标准《建设工程工程量清单计价规范》（GB 50500—2003），简称“03规范”。“03规范”的实施，为推行工程量清单计价，建立市场形成工程造价的机制奠定了基础。但是，“03规范”主要侧重于工程招投标中的工程量清单计价，对工程合同签订、工程计量与价款支付、合同价款调整、索赔和竣工结算等方面缺乏相应的规定。为此，原建设部标准定额司从2006年开始，组织有关单位对“03规范”的正文部分进行了修订。增加了工程量清单计价中有关招标控制价、投标报价、合同价款约定、工程计量与价款支付、工程价款调整、索赔、竣工结算、工程计价争议等内容。2008年7月9日，住房和城乡建设部以第63

号公告，发布了《建设工程工程量清单计价规范》（GB 50500—2008），简称“08规范”。“08规范”实施以来，对规范工程实施阶段的计价行为起到了良好的作用，但由于附录没有修订，还存在有待完善的地方。

为了进一步适应建设市场的发展，借鉴国外经验，总结我国工程建设实践，进一步健全、完善计价规范。2009年6月5日，标准定额司组织有关单位全面开展“08规范”的修订工作。经过两年多的时间，于2012年6月完成了国家标准《建设工程工程量清单计价规范》(GB 50500—2013)，简称“13规范”和《房屋建筑与装饰工程工程量计算规范》(GB 50854—2013)、《仿古建筑工程工程量计算规范》(GB 50855—2013)、《通用安装工程工程量计算规范》(GB 50856—2013)、《市政工程工程量计算规范》(GB 50857—2013)、《园林绿化工程工程量计算规范》(GB 50858—2013)、《矿山工程工程量计算规范》(GB 50859—2013)、《构筑物工程工程量计算规范》(GB 50860—2013)、《城市轨道交通工程工程量计算规范》(GB 50861—2013)、《爆破工程工程量计算规范》(GB 50862—2013) 等10本计量规范。

2.3.1 基本概念

(1) 工程量清单　载明建设工程分部分项工程项目、措施项目、其他项目的名称和相应数量以及规费、税金项目等内容的明细清单。

工程量清单是建设工程计价的专用名词，在建设工程发承包及实施过程的不同阶段，又可分别称为“招标工程量清单”、“已标价工程量清单”等。

(2) 招标工程量清单　招标人依据国家标准、招标文件、设计文件以及施工现场实际情况编制的，随招标文件发布供投标报价的工程量清单，包括其说明和表格。

招标工程量清单是招标阶段供投标人报价的工程量清单，是对工程量清单的具体化。招标工程量清单必须作为招标文件的组成部分，其准确性和完整性应由招标人负责。招标工程量清单是工程量清单计价的基础，应作为编制招标控制价、投标报价、计算或调整工量、索赔等的依据之一。招标工程量清单应以单位（项）工程为单位编制，应由分部分项工程项目清单、措施项目清单、其他项目清单、规费和税金项目清单组成。

(3) 已标价工程量清单　构成合同文件组成部分的投标文件中已标明价格，经算术性错误修正（如有）且承包人已确认的工程量清单，包括其说明和表格。

(4) 措施项目　为完成工程项目施工，发生于该工程施工准备和施工过程中的技术、生活、安全、环境保护等方面的项目。

(5) 项目编码　分部分项工程和措施项目清单名称的阿拉伯数字标识。

工程量清单的项目编码，应采用十二位阿拉伯数字表示，一至九位应按各专业工程计算规范附录的规定设置，十至十二位应根据拟建工程的工程量清单项目名称和项目特征设置，同一招标工程的项目编码不得有重码。

项目编码的具体构成为：一、二位为专业工程代码，三、四位为《国家现行的专业工程计算规范》附录分类顺序码，五、六位为分部工程项目顺序码，七、八、九位为分项工程项目名称顺序码，十至十二位为清单项目名称顺序码。

即：第一级表示专业工程代码（分二位）。其中：房屋建筑与装饰工程为01、仿古建筑工程为02、通用安装工程为03、市政工程为04、园林绿化工程为05、矿山工程为06、构筑物工程为07、城市轨道交通工程为08、爆破工程为09。

第二级表示《计算规范》附录分类顺序码（分二位）。

第三级表示分部工程顺序码（分二位）。

第四级表示分项工程项目名称顺序码（分三位）。

第五级表示具体清单项目名称顺序码（分三位）。

以安装工程为例说明项目编码的构成如下。

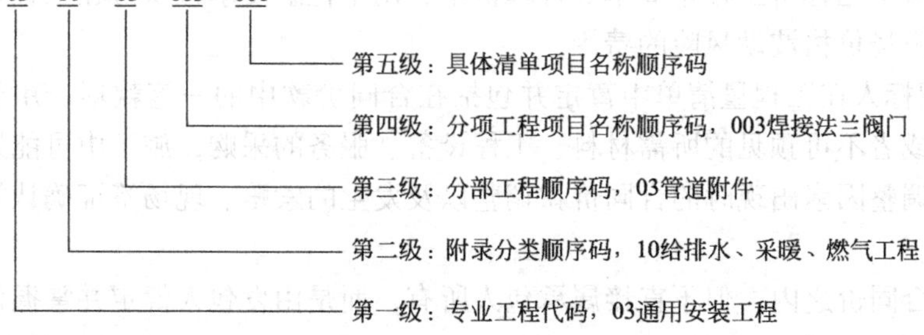

(6) 项目特征　构成分部分项工程项目、措施项目自身价值的本质特征。

工程量清单的项目特征是确定一个清单项目综合单价不可缺少的重要依据，在编制工程量清单时，必须对项目特征进行准确和全面的描述。《计价规范》规定：工程量清单项目特征应按各专业工程计算规范规定的项目特征，结合拟建工程项目的实际予以描述。

(7) 分部分项工程　分部分项工程是“分部工程”和“分项工程”的总称。分部工程是单位工程的组成部分，是按结构部位、路段长度及施工特点或施工任务将单位工程划分为若干分部的工程；分项工程是分部工程的组成部分，是按不同施工方法、材料、工序及路段长度等将分部工程划分为若干个分项或项目的工程。

建筑工程的分部工程通常按建筑工程的主要部位划分，例如基础工程、主体工程、地面工程等，安装工程的分部工程是按工程的种类划分，例如管道工程、电气工程、通风工程以及设备安装工程等。

分部分项工程项目清单必须载明项目编码、项目名称、项目特征、计量单位和工程量；分部分项工程项目清单必须根据相关工程现行国家计量规范规定的项目编码、项目名称、项目特征、计量单位和工程量计算规则进行编制。因此，“项目编码”、“项目名称”、“项目特征”、“计量单位”和“工程数量”构成了一个分部分项工程项目清单的“五个要件”，这五个要件在分部分项工程项目清单中缺一不可。分部分项工程项目清单格式如表 2.3 所示，在分部分项工程项目清单的编制过程中，由招标人负责表中前六项内容填列，金额部分在编制招标控制价或投标报价时填列。

表 2.3　分部分项工程和单价措施项目清单与计价表

工程名称：×××　　　　　　　　标段：　　　　　　　　第____页　共____页

序号	项目编码	项目名称	项目特征描述	计量单位	工程数量	金额/元		
						综合单价	合价	其中：暂估价
1	031003003001	焊接法兰阀门	1. 类型：闸阀 2. 材质：铸铁 3. 规格、压力等级：DN100、1.0MPa 4. 连接形式：法兰 5. 焊接方法：电弧焊	个	25			

(8) 综合单价　完成一个规定清单项目所需的人工费、材料和工程设备费、施工机具使用费和企业管理费、利润以及一定范围内的风险费用。

该定义是一种狭义的综合单价，规费和税金并不包括在项目单价中。

综合单价有别于传统定额计价的工料单价。《计价规范》规定：工程量清单应采用综合单价计价。

(9) 风险费用　隐含于已标价工程量清单综合单价中，用于化解发承包双方在工程合同中约定内容和范围内的市场价格波动风险的费用。

(10) 暂列金额　招标人在工程量清单中暂定并包括在合同价款中的一笔款项。用于工程合同签订时尚未确定或者不可预见的所需材料、工程设备、服务的采购，施工中可能发生的工程变更、合同约定调整因素出现时的合同价款调整以及发生的索赔、现场签证确认等的费用。

暂列金额应包括在合同价之内，但不直接属承包人所有，而是由发包人暂定并掌握使用的一笔款项。

(11) 暂估价　招标人在工程量清单中提供的用于支付必然发生但暂时不能确定价格的材料、工程设备的单价以及专业工程的金额。

(12) 计日工　在施工过程中，承包人完成发包人提出的工程合同范围以外的零星项目或工作，按合同中约定的单价计价的一种方式。

计日工是指对零星项目或工作采取的一种计价方式，包括完成该项作业的人工、材料和机械台班。

(13) 总承包服务费　总承包人为配合协调发包人进行的专业工程发包，对发包人自行采购的材料、工程设备等进行保管以及施工现场管理、竣工资料汇总整理等服务所需的费用。

(14) 安全文明施工费　在合同履行过程中，承包人按照国家法律、法规、标准等规定，为保证安全施工、文明施工，保护现场内外环境和搭拆临时设施等所采用的措施而发生的费用。

《计价规范》规定：措施项目中的安全文明施工费必须按国家或省级、行业建设主管部门的规定计算，不得作为竞争性费用。

(15) 工程设备　工程设备指构成或计划构成永久工程一部分的机电设备、金属结构设备、仪器装置及其他类似的设备和装置。

(16) 企业定额　施工企业根据本企业的施工技术、机械装备和管理水平而编制的人工、材料和施工机械台班等消耗标准。

(17) 规费　根据国家法律、法规规定，由省级政府或省级有关权力部门规定施工企业必须缴纳的，应计入建筑安装工程造价的费用。

(18) 税金　国家税法规定的应计入建筑安装工程造价内的增值税、城市维护建设税、教育费附加和地方教育附加。

(19) 招标控制价　招标人根据国家或省级、行业建设主管部门颁发的有关计价依据和办法，以及拟定的招标文件和招标工程量清单，结合工程具体情况编制的招标工程的最高投标限价。

招标控制价是招标人用于对招标工程发包规定的最高投标限价。

(20) 投标价　投标人投标时响应招标文件要求所报出的对已标价工程量清单汇总后标

明的总价。

2.3.2 工程造价的构成及计算

根据《建设工程工程量清单计价规范》(GB 50500—2013)的规定,建设工程发承包及实施阶段的工程造价应由分部分项工程费、措施项目费、其他项目费、规费和税金组成。

2.3.2.1 分部分项工程费

分部分项工程费是指完成各专业工程的分部分项工程项目清单应予列支的各项费用,包括人工费、材料费、机械使用费、管理费、利润,并考虑风险因素。

按现行国家计量规范划分的专业工程包括:房屋建筑与装饰工程、仿古建筑工程、通用安装工程、市政工程、园林绿化工程、矿山工程、构筑物工程、城市轨道交通工程、爆破工程等9类工程。各类专业工程的分部分项工程划分见现行国家相关计量规范。

分部分项工程费根据招标文件中的分部分项工程项目清单所提供的工程数量,或根据计算规范规定的工程量计算规则确认的工程数量,乘以该清单项目的综合单价,并累加得到分部分项工程费用的总和,即:

$$分部分项工程费=\Sigma(分部分项工程项目清单工程量\times相应清单项目的综合单价)$$

综合单价是完成一个规定清单项目所需的人工费、材料和工程设备费、施工机具使用费和企业管理费、利润以及一定范围内的风险费用。

确定综合单价的主要依据包括:

① 建设工程工程量清单计价规范;

② 国家或省级、行业建设主管部门颁发的计价办法;

③ 企业定额,国家或省级、行业建设主管部门颁发的计价定额;

④ 建设工程设计文件及相关资料;

⑤ 招标文件及招标工程量清单;

⑥ 与建设项目相关的标准、规范、技术资料;

⑦ 施工现场情况、工程特点及施工组织设计或施工方案;

⑧ 工程造价管理机构发布的工程造价信息,或市场价格信息;

⑨ 其他的相关资料。

确定清单项目综合单价主要采用定额组价法,即计算出完成该清单项目的每一工程内容的费用,并累加得到完成该清单项目的工程费用合计值,由合计值除以清单项目工程量即为该清单项目的综合单价,即:

$$综合单价=\frac{完成该清单项目的费用总和}{清单项目工程量}$$

从综合单价的定义可以看出:

$$综合单价=人工费+材料费+机械费+管理费+利润$$

人工费、材料费和机械费按计价定额规定的消耗量乘以相应的单价计算。即:

$$人工费=\Sigma(人工消耗量\times人工工日单价)$$

$$材料费=\Sigma(材料消耗量\times材料单价)$$

$$机械费=\Sigma(机械台班消耗量\times台班单价)$$

增值税采用一般计税方法时，人工费、材料费和机械费的单价应为扣除增值税可抵扣进项税额后的价格（以下简称“除税价格”）。

人工、材料和机械台班消耗量及单价的确定方法在下一章详说。先介绍管理费和利润的计算方法。

根据住房城乡建设部、财政部联合发文“建标［2013］44号”的规定，管理费的计算方法按取费基数的不同分为以下三种。

方法一，以人工费为计算基础，乘以相应的费率，即：

企业管理费＝人工费×企业管理费费率

方法二，以人工费和机械费合计为计算基础，乘以相应的费率，即：

企业管理费＝(人工费＋机械费)×企业管理费费率

方法三，以分部分项工程费为计算基础，乘以相应的费率，即：

企业管理费＝分部分项工程费×企业管理费费率

利润的计算方法按取费基数的不同分为以下两种。

方法一，以人工费为计算基础，乘以相应的费率，即：

利润＝人工费×利润率

方法二，以人工费和机械费合计为计算基础，乘以相应的费率，即：

利润＝(人工费＋机械费)×利润率

不同性质的工程，管理费和利润的计算方法不同。目前在工程造价领域，安装工程采用方法一，即以人工费作为管理费和利润的计算基础。建筑工程采用方法二，即以人工费和机械费之和作为管理费和利润的计算基础。

具体到给排水工程，建筑给排水工程、消防工程、工业管道工程和市政给水工程采用方法一，即以人工费作为管理费和利润的取费基础。市政通用项目、市政排水工程是按第二种方法计算，即以人工费和机械费之和作为管理费和利润的取费基础，计价时注意区别。

式中的管理费率与工程类别有关。管理费费率、利润率以省级造价主管部门发布的文件规定为准。表2.4为增值税采用一般计税方法时江苏省现行的通用安装工程企业管理费费率和利润率，表2.5为江苏省现行的市政工程企业管理费费率和利润率。

表2.4 企业管理费费率和利润率表

序号	项目名称	计算基础	管理费费率/%			利润率/%
			一类工程	二类工程	三类工程	
一	安装工程	人工费	48	44	40	14

表2.5 市政工程企业管理费和利润取费标准表

序号	项目名称	计算基础	企业管理费费率/%			利润率/%
			一类工程	二类工程	三类工程	
一	通用项目、道路、排水工程	人工费＋除税施工机具使用费	26	23	20	10
二	桥梁、水工构筑物	人工费＋除税施工机具使用费	35	32	29	10
三	给水、燃气与集中供热	人工费	45	41	37	13
四	路灯及交通设施工程	人工费	43			13
五	大型土石方工程	人工费＋除税施工机具使用费	7			4

2.3.2.2 措施项目费

措施项目费是指为完成建设工程施工，发生于该工程施工前和施工过程中的技术、生活、安全、环境保护等方面的费用。

根据现行专业工程工程量计算规范，措施项目可以分为单价措施项目与总价措施项目。单价措施项目是指在现行各专业工程国家计量规范中有对应工程量计算规则，按人工费、材料费、施工机具使用费、管理费和利润形式组成综合单价的措施项目；总价措施项目是指在现行各专业工程国家计量规范中无工程量计算规则，以总价计算的措施项目。给排水工程措施项目清单必须根据《通用安装工程工程量计算规范》(GB 50856—2013)、《市政工程工程量计算规范》(GB 50857—2013) 的规定编制，其他专业工程措施项目内容详见各类专业工程的现行国家计量规范。

(1) 单价措施项目　通用安装工程中单价措施项目包括：吊装加固；金属抱杆安装、拆除、移位；平台铺设、拆除；顶升、提升装置安装、拆除；大型设备专用机具安装、拆除；焊接工艺评定；胎（模）具制作、安装、拆除；防护棚制作安装拆除；特殊地区施工增加；安装与生产同时进行施工增加；在有害身体健康环境中施工增加；工程系统检测、检验；设备、管道施工的安全、防冻和焊接保护；焦炉烘炉、热态工程；管道安拆后的充气保护；隧道内施工的通风、供水、供气、供电、照明及通信设施；脚手架搭拆；高层施工增加；其他措施（工业炉烘炉、设备负荷试运转、联合试运转、生产准备试运转及安装工程设备场外运输），如表 2.6 所示。

表 2.6　通用安装工程单价措施项目表

项目编码	项目名称	工作内容及包含范围
031301001	吊装加固	1. 行车梁加固 2. 桥式起重机加固及负荷试验 3. 整体吊装临时加固件，加固设施拆除、清理
031301002	金属抱杆安装、拆除、移位	1. 安装、拆除 2. 位移 3. 吊耳制作安装 4. 拖拉坑挖埋
031301003	平台铺设、拆除	1. 场地平整 2. 基础及支墩砌筑 3. 支架型钢搭设 4. 铺设 5. 拆除、清理
031301004	顶升、提升装置	安装、拆除
031301005	大型设备专用机具	
031301006	焊接工艺评定	焊接、试验及结果评价
031301007	胎(模)具制作、安装、拆除	制作、安装、拆除
031301008	防护棚制作安装拆除	防护棚制作、安装、拆除
031301009	特殊地区施工增加	1. 高原、高寒施工防护 2. 地震防护
031301010	安装与生产同时进行施工增加	1. 火灾防护 2. 噪声防护

续表

项目编码	项目名称	工作内容及包含范围
031301011	在有害身体健康环境中施工增加	1. 有害化合物防护 2. 粉尘防护 3. 有害气体防护 4. 高浓度氧气防护
031301012	工程系统检测、检验	1. 起重机、锅炉、高压容器等特种设备安装质量监督检验检测 2. 由国家或地方检测部门进行的各类检测
031301013	设备、管道施工的安全、防冻和焊接保护	保证工程施工正常进行的防冻和焊接保护
031301014	焦炉烘炉、热态工程	1. 烘炉安装、拆除、外运 2. 热态作业劳保消耗
031301015	管道安拆后的充气保护	充气管道安装、拆除
031301016	隧道内施工的通风、供水、供气、供电、照明及通信设施	通风、供水、供气、供电、照明及通信设施安装、拆除
031301017	脚手架搭拆	1. 场内、场外材料搬运 2. 搭、拆脚手架 3. 拆除脚手架后材料的堆放
031301018	其他措施	为保证工程施工正常进行所发生的费用
031302007	高层施工增加	1. 高层施工引起的人工工效降低以及由于人工工效降低引起的机械降效 2. 通信联络设备的使用

建筑设备安装工程中常用的单价措施项目有：脚手架搭拆、高层施工增加、安装与生产同时进行施工增加和在有害身体健康环境中施工增加。

市政工程中单价措施项目包括：脚手架工程；混凝土模板及支架；围堰；便道及便桥；洞内临时设施；大型机械设备进出场及安拆；施工排水、降水；地下交叉管线处理、监测、监控。详细内容见第 8 章。

由于不同专业工程的单价措施费的计算方法不同，单价措施费的计算方法放在各专业工程计价中详述。

(2) 总价措施项目费　通用安装工程总价措施项目包括：安全文明施工，夜间施工增加，非夜间施工照明，二次搬运，冬雨季施工增加，已完工程及设备保护，如表 2.7 所示。

市政工程总价措施项目包括：安全文明施工，夜间施工增加，二次搬运，冬雨季施工增加，行车、行人干扰，地上、地下设施、建筑物的临时保护设施，已完工程及设备保护，如表 2.8 所示。

此外，《江苏省建设工程费用定额》(2014 年) 又补充了 5 项总价措施项目：临时设施费、赶工措施费、工程按质论价、特殊条件下施工增加费、住宅工程分户验收，如表 2.7、表 2.8 所示。

① 安全文明施工费　安全文明施工费是在合同履行过程中，承包人按照国家法律、法规、标准等规定，为保证安全施工、文明施工，保护现场内外环境和搭拆临时设施等所采用的措施而发生的费用。

表 2.7 通用安装工程总价措施项目表

项目编码	项目名称	工作内容及包含范围	备注
031302001	安全文明施工	1. 环境保护：现场施工机械设备降低噪声、防扰民措施；水泥和其他易飞扬细颗粒建筑材料密闭存放或采取覆盖措施等；工程防扬尘洒水；土石方、建渣外运车辆保护措施等；现场污染源的控制、生活垃圾清理外运、场地排水排污措施；其他环境保护措施 2. 文明施工："五牌一图"；现场围挡的墙面美化(包括内外粉刷、刷白、标语等)、压顶装饰；现场厕所便槽刷白、贴面砖，水泥砂浆地面或地砖，建筑物内临时便溺设施；其他施工现场临时设施的装饰装修、美化措施；现场生活卫生设施；符合卫生要求的饮水设备、淋浴、消毒等设施；生活用洁净燃料；防煤气中毒、防蚊虫叮咬等措施；施工现场操作场地的硬化；现场绿化、治安综合治理；现场配备医药保健器材、物品费用和急救人员培训；用于现场工人的防暑降温、电风扇、空调等设备及用电；其他文明施工措施 3. 安全施工：安全资料、特殊作业专项方案的编制，安全施工标志的购置及安全宣传；"三宝"(安全帽、安全带、安全网)、"四口"(楼梯口、电梯井口、通道口、预留洞口)、"五临边"(阳台围边、楼板围边、屋面围边、槽坑围边、卸料平台两侧)、水平防护架、垂直防护架、外架封闭等防护措施；施工安全用电，包括配电箱三级配电、两级保护装置要求、外电防护措施；起重机、塔吊等起重设备(含井架、门架)及外用电梯的安全防护措施(含警示标志)及卸料平台的临边防护、层间安全门、防护棚等设施；建筑工地起重机械的检验检测；施工机具防护棚及其围栏的安全保护设施；施工安全防护通道；工人的安全防护用品、用具购置；消防设施与消防器材的配置；电气保护、安全照明设施；其他安全防护措施 4. 临时设施：施工现场采用彩色、定型钢板，砖、混凝土砌块等围挡的安砌、维修、拆除；施工现场临时建筑物、构筑物的搭设、维修、拆除，如临时宿舍、办公室、食堂、厨房、厕所、诊疗所、临时文化福利用房、临时仓库、加工厂、搅拌台、临时简易水塔、水池等；施工现场临时设施的搭设、维修、拆除，如临时供水管道、临时供电管线、小型临时设施等；施工现场规定范围内临时简易道路铺设，临时排水沟、排水设施安砌、维修、拆除；其他临时设施的搭设、维修、拆除	
031302002	夜间施工增加	1. 夜间固定照明灯具和临时可移动照明灯具的设置、拆除 2. 夜间施工时，施工现场交通标志、安全标牌、警示灯等的设置、移动、拆除 3. 夜间照明设备及照明用电、施工人员夜班补助、夜间施工劳动效率降低等	
031302003	非夜间施工增加	为保证工程施工正常进行，在地下(暗)室、设备及大口径管道内等特殊施工部位施工时所采用的照明设备的安拆、维护及照明用电、通风等；在地下(暗)室等施工引起的人工工效降低以及由于人工工效降低引起的机械降效	
031302004	二次搬运	由于施工场地条件限制而发生的材料、成品、半成品等一次运输不能到达堆放地点，必须进行二次或多次搬运	
031302005	冬雨季施工增加	1. 冬雨(风)季施工时增加的临时设施(防寒保温、防雨、防风设施)的搭设、拆除 2. 冬雨(风)季施工时，对砌体、混凝土等采用的特殊加温、保温和养护措施 3. 冬雨(风)季施工时，施工现场的防滑处理、对影响施工的雨雪的清除 4. 冬雨(风)季施工时增加的临时设施、施工人员的劳动保护用品、冬雨(风)季施工劳动效率降低等	
031302006	已完工程及设备保护	对已完工程及设备采取的覆盖、包裹、封闭、隔离等必要保护措施	

续表

项目编码	项目名称	工作内容及包含范围	备注
031302008	临时设施费	施工企业为进行工程施工所必需的生活和生产用的临时建筑物、构筑物和其他临时设施的搭设、使用、拆除等费用	省补充
031302009	赶工措施费	施工合同约定工期比定额工期提前，施工企业为缩短工期所发生的费用。如施工过程中，发包人要求实际工期比合同工期提前时，由发承包双方另行约定	省补充
031302010	工程按质论价	施工合同约定质量标准超过国家规定，施工企业完成工程质量达到经有权部门鉴定或评定为优质工程所必须增加的施工成本费	省补充
0313 02011	住宅工程分户验收	按《住宅工程质量分户验收规程》(DGJ32/TJ 103—2010)的要求对住宅工程安装项目进行专门验收发生的费用	省补充
	特殊条件下施工增加费	地下不明障碍物、铁路、航空、航运等交通干扰而发生的施工降效费用	省补充

表 2.8 市政工程总价措施项目表

项目编码	项目名称	工作内容及包含范围	备注
041109001	安全文明施工	1. 环境保护：施工现场为达到环保部门要求所需要的各项措施。包括施工现场为保持工地清洁、控制扬尘、废弃物与材料运输的防护、保证排水设施通畅、设置密闭式垃圾站、实现施工垃圾与生活垃圾分类存放等环保措施；其他环境保护措施 2. 文明施工：根据相关规定在施工现场设置企业标志、工程项目简介牌、工程项目责任人员姓名牌、安全六大纪律牌、安全生产记数牌、十项安全技术措施牌、防火须知牌、卫生须知牌及工地施工总平面布置图、安全警示标志牌，施工现场围挡以及为符合场容场貌、材料堆放、现场防火等要求采取的相应措施；其他文明施工措施 3. 安全施工：根据相关规定设置安全防护设施、现场物料提升架与卸料平台的安全防护设施、垂直交叉作业与高空作业安全防护设施、现场设置安防监控系统设施、现场机械设备(包括电动工具)的安全保护与作业场所和临时安全疏散通道的安全照明与警示设施等；其他安全防护措施 4. 临时设施：施工现场临时宿舍、文化福利及公用事业房屋与构筑物、仓库、办公室、加工厂、工地实验室以及规定范围内的道路、水、电、管线等临时设施和小型临时设施等的搭设、维修、拆除、周转；其他临时设施搭设、维修、拆除	
041109002	夜间施工增加	1. 夜间固定照明灯具和临时可移动照明灯具的设置、拆除 2. 夜间施工时，施工现场交通标志、安全标牌、警示灯等的设置、移动、拆除 3. 夜间照明设备及照明用电、施工人员夜班补助、夜间施工劳动效率降低等	
041109003	二次搬运	由于施工场地条件限制而发生的材料、成品、半成品等一次运输不能到达堆放地点，必须进行二次或多次搬运	
041109004	冬雨季施工增加	1. 冬雨季施工时增加的临时设施(防寒保温、防雨设施)的搭设、拆除 2. 冬雨季施工时，对砌体、混凝土等采用的特殊加温、保温和养护措施 3. 冬雨季施工时，施工现场的防滑处理、对影响施工的雨雪的清除 4. 冬雨季施工时增加的临时设施、施工人员的劳动保护用品、冬雨季施工劳动效率降低等	
041109005	行车、行人干扰	1. 由于施工受行车、行人干扰的影响，导致人工、机械效率降低而增加的措施 2. 为保证行车、行人的安全，现场增设维护交通与疏导人员而增加的措施	

续表

项目编码	项目名称	工作内容及包含范围	备注
041109006	地上、地下设施、建筑物的临时保护设施	在工程施工过程中，对已建成的地上、地下设施和建筑物进行的遮盖、封闭、隔离等必要保护措施所发生的人工和材料	
041109007	已完工程及设备保护	对已完工程及设备采取的覆盖、包裹、封闭、隔离等必要保护措施	
041109008	临时设施费	施工企业为进行工程施工所必需的生活和生产用的临时建筑物、构筑物和其他临时设施的搭设、使用、拆除等费用	省补充
041109009	赶工措施费	施工合同约定工期比定额工期提前，施工企业为缩短工期所发生的费用。如施工过程中，发包人要求实际工期比合同工期提前时，由发承包双方另行约定	省补充
041109010	工程按质论价	施工合同约定质量标准超过国家规定，施工企业完成工程质量达到经有权部门鉴定或评定为优质工程所必须增加的施工成本费	省补充
	特殊条件下施工增加费	地下不明障碍物、铁路、航空、航运等交通干扰而发生的施工降效费用	省补充

《计价规范》规定：措施项目中的安全文明施工费必须按国家或省级、行业建设主管部门的规定计算，不得作为竞争性费用。

根据住房城乡建设部、财政部联合发文“建标［2013］44号”的规定：

安全文明施工费＝计算基数×安全文明施工费费率(%)

安全文明施工费计算基数应为以下三种费用之一。

a. 定额分部分项工程费＋定额中可以计量的措施项目费。

b. 定额人工费。

c. 定额人工费＋定额机械费。

安全文明施工费计算基数和费率由各地工程造价管理机构根据各专业工程的特点综合确定。

《江苏省建设工程费用定额》(2014年) 规定，安全文明施工费计算基数为：

分部分项工程费－除税工程设备费＋单价措施项目费

即：安全文明施工费＝(分部分项工程费－除税工程设备费＋单价措施项目费)×安全文明施工费费率(%)

② 其他总价措施项目费　根据住房城乡建设部、财政部联合发文“建标［2013］44号”的规定：

其他总价措施项目费＝计算基数×相应费用费率(%)

其计算基数和费率由各地工程造价管理机构根据各专业工程的特点综合确定。

《江苏省建设工程费用定额》(2014年) 规定，其他总价措施项目费计算基数为：分部分项工程费－除税工程设备费＋单价措施项目费

即：其他总价措施项目费＝(分部分项工程费－除税工程设备费＋单价措施项目费)×相应费率(%)

其他总价措施项目费费率参见《江苏省建设工程费用定额》(2014年)。

2.3.2.3　其他项目费

《计价规范》规定，其他项目清单应按照下列内容列项：

① 暂列金额；

② 暂估价，包括材料暂估单价、工程设备暂估单价、专业工程暂估价；

③ 计日工；

④ 总承包服务费。

(1) 暂列金额　暂列金额是招标人在工程量清单中暂定并包括在合同价款中的一笔款项。用于工程合同签订时尚未确定或者不可预见的所需材料、工程设备、服务的采购，施工中可能发生的工程变更、合同约定调整因素出现时的合同价款调整以及发生的索赔、现场签证确认等的费用。

暂列金额应包括在合同价之内，但不直接属承包人所有，而是由发包人暂定并掌握使用的一笔款项。暂列金额应按表 2.9 格式列示。

表 2.9　暂列金额明细表

工程名称：　　　　　　　　　　　　标段：　　　　　　　　　　　第　页共　页

序号	项目名称	计量单位	暂定金额/元	备注
1				
2				
3				
合　计				

注：此表由招标人填写，如不能详列，也可只列暂定金额总额，投标人应将上述暂列金额计入总价中。

投标人投标报价时，暂列金额应按招标工程量清单中列出的金额填写计入总价中。

(2) 暂估价　暂估价是招标人在工程量清单中提供的用于支付必然发生但暂时不能确定价格的材料、工程设备的单价以及专业工程的金额，包括材料暂估单价、工程设备暂估单价、专业工程暂估价。

“暂估价”是在招标阶段预见肯定要发生，只是因为标准不明或者需要由专业承包人完成，暂时又无法确定具体价格时采用的一种价格形式。如表 2.10、表 2.11 所示。

投标人投标报价时，材料、工程设备暂估价应按招标工程量清单中列出的单价计入综合单价；专业工程暂估价应按招标工程量清单中列出的金额填写。

结算时，暂估价按《计价规范》规定按下列原则确定。

① 发包人在招标工程量清单中给定暂估价的材料、工程设备属于依法必须招标的，应由发承包双方以招标的方式选择供应商，确定价格，并应以此为依据取代暂估价，调整合同价款。

表 2.10　材料（工程设备）暂估单价及调整表

工程名称：　　　　　　　　　　　　标段：　　　　　　　　　　　第　页共　页

序号	材料名称、规格、型号	计量单位	数量		暂估/元		确认/元		差额±/元		备注
			暂估	确认	单价	合价	单价	合价	单价	合价	
合计											

注：此表由招标人填写“材料（工程设备）名称、规格、型号”、“计量单位”、“暂估单价”，并在备注栏说明暂估价的材料、工程设备拟用在那些清单项目上，投标人应将上述材料、工程设备暂估单价计入工程量清单综合单价报价中。

表 2.11 专业工程暂估价及结算价表

工程名称： 标段： 第 页 共 页

序号	工程名称	工程内容	暂估金额/元	结算金额/元	差额±/元	备注

注：此表"暂估金额"由招标人填写，投标人应将"暂估金额"计入投标总价中，结算时按合同约定结算金额填写。

② 发包人在招标工程量清单中给定暂估价的材料、工程设备不属于依法必须招标的，应由承包人按照合同约定采购，经发包人确认单价后取代暂估价，调整合同价款。

③ 发包人在工程量清单中给定暂估价的专业工程不属于依法必须招标的，应按照工程变更相应条款的规定确定专业工程价款，并应以此为依据取代专业工程暂估价，调整合同价款。

④ 发包人在招标工程量清单中给定暂估价的专业工程，依法必须招标的，应当由发承包双方依法组织招标选择专业分包人，并接受有管辖权的建设工程招标投标管理机构的监督，应以专业工程发包中标价为依据取代专业工程暂估价，调整合同价款。

(3) 计日工 在施工过程中，承包人完成发包人提出的工程合同范围以外的零星项目或工作，按合同中约定的单价计价的一种方式。

计日工是指对零星项目或工作采取的一种计价方式，包括完成该项作业的人工、材料、机械台班、企业管理费和利润。如表 2.12 所示。

投标人投标报价时，计日工应按招标工程量清单中列出的项目和数量，自主确定综合单价并计算计日工金额；结算时按合同约定的单价乘以现场签证报告确认的计日工数量计算计日工金额。

表 2.12 计日工表

工程名称： 标段： 第 页 共 页

编号	项目名称	单位	暂定数量	综合单价/元	合价/元	
					暂定	实际
一	人 工					
1						
2						
人工小计						
二	材 料					
1						
2						
材料小计						
三	施工机械					
1						
2						
施工机械小计						
四、企业管理费和利润						
总 计						

注：此表名称、单位、暂定数量由招标人填写。投标时，单价由投标人自主报价，按暂定数量计算合价计入投标总价中。结算时，按发承包双方确认的实际数量计算合价。

(4) 总承包服务费　总承包人为配合协调发包人进行的专业工程发包，对发包人自行采购的材料、工程设备等进行保管以及施工现场管理、竣工资料汇总整理等服务所需的费用。

投标人投标报价时，投标人应根据招标工程量清单中列出的内容和提出的要求，结合省级或行业建设主管部门的规定自主确定，通常按照分包的专业工程估算造价的一定比例计算。

总承包服务费计价表见表 2.13 所示。

表 2.13　总承包服务费计价表

工程名称：　　　　　　　　　　　　　标段：　　　　　　　　　第　页共　页

序号	项目名称	项目价值/元	服务内容	计算基础	费率/%	金额/元
1	发包人发包专业工程					
2	发包人提供材料					
合计		—			—	

注：此表项目名称、服务内容由招标人填写，投标报价时，费率和金额由投标人自主报价，计入投标总价中。

在暂列金额、暂估价、计日工和总承包服务费的基础上，汇总得到其他项目费，见表 2.14 所示。

表 2.14　其他项目清单与计价汇总表

工程名称：　　　　　　　　　　　　　标段：　　　　　　　　　第　页共　页

序号	项目名称	金额/元	结算金额/元	备注
1	暂列金额			明细详见表 2.9
2	暂估价			
2.1	材料(工程设备)暂估价	—		明细详见表 2.10
2.2	专业工程暂估价			明细详见表 2.11
3	计日工			明细详见表 2.12
4	总承包服务费			明细详见表 2.13
合　计				—

注：材料（工程设备）暂估价进入清单项目综合单价，此处不汇总。

2.3.2.4　规费

规费是根据国家法律、法规规定，由省级政府或省级有关权力部门规定施工企业必须缴纳的，应计入建筑安装工程造价的费用。

根据住房城乡建设部、财政部联合发文“建标［2013］44 号”的规定，规费是工程造价的组成部分。规费由施工企业根据省级政府或省级有关权力部门规定进行缴纳，但在工程建设项目施工中的计取标准和办法由国家及省级建设行政主管部门依据省级政府或省级有关权力部门的相关规定制定。

《计价规范》规定：规费项目清单应按照下列内容列项：

① 社会保险费：包括养老保险费、失业保险费、医疗保险费、工伤保险费、生育保险费；

② 住房公积金；

③ 工程排污费。

出现《计价规范》中未列的项目，应根据省级政府或省级有关部门的规定列项。

《计价规范》规定，规费必须按国家或省级、行业建设主管部门的规定计算，不得作为竞争性费用。

规费＝计算基数×规费费率(％)

规费的计算基数和规费费率由当地造价主管部门规定。

《江苏省建设工程费用定额》(2014年）规定，规费计算基数为：

分部分项工程费－除税工程设备费＋措施项目费＋其他项目费

即：

规费＝(分部分项工程费－除税工程设备费＋措施项目费＋其他项目费)×规费率(％)

规费、税金项目计价表如表2.15所示。

表2.15 规费、税金项目计价表

工程名称： 标段： 第 页共 页

<table>
<tr><th>序号</th><th>项目名称</th><th>计算基础</th><th>计算基数</th><th>计算费率/%</th><th>金额/元</th></tr>
<tr><td>1</td><td>规费</td><td rowspan="4">分部分项工程费＋措施项目费＋其他项目费－除税工程设备费</td><td></td><td></td><td></td></tr>
<tr><td>1.1</td><td>社会保险费</td><td></td><td></td><td></td></tr>
<tr><td>1.2</td><td>住房公积金</td><td></td><td></td><td></td></tr>
<tr><td>1.3</td><td>工程排污费</td><td></td><td></td><td></td></tr>
<tr><td>2</td><td>税金</td><td>分部分项工程费＋措施项目费＋其他项目费＋规费－(甲供材料费＋甲供设备费)</td><td></td><td></td><td></td></tr>
<tr><td></td><td></td><td></td><td></td><td></td><td></td></tr>
<tr><td colspan="2">合 计</td><td></td><td></td><td></td><td></td></tr>
</table>

注：工程排污费率在招标时暂按0.1%计入，结算时按工程所在地环境保护部门收取标准计入。

2.3.2.5 税金

税金是国家税法规定的应计入建筑安装工程造价内的增值税、城市维护建设税、教育费附加和地方教育附加。

《计价规范》规定，税金项目清单应包括下列内容：

① 增值税；

② 城市维护建设税；

③ 教育费附加；

④ 地方教育附加。

出现《计价规范》中未列的项目，应根据税务部门的规定列项。

《计价规范》规定：税金必须按国家或省级、行业建设主管部门的规定计算，不得作为竞争性费用。

按照财税［2016］36号文的规定，增值税应纳税额的计税方法，包括一般计税方法和简易计税方法。一般纳税人发生应税行为适用一般计税方法计税。应税行为的年应征增值税销售额超过财政部和国家税务总局规定标准的纳税人为一般纳税人，未超过规定标准的纳税人为小规模纳税人。小规模纳税人发生应税行为适用简易计税方法计税。一般情况下，包清工工程、甲供工程采用简易计税方法，其他一般纳税人提供建筑服务的建设工程，采用一般计税方法。

(1) 一般计税方法　一般计税方法的增值税应纳税额，是指当期销项税额抵扣当期进项税额后的余额。

即：　　应纳税额＝当期销项税额－当期进项税额

销项税额，是指纳税人发生应税行为按照销售额和增值税税率计算并收取的增值税额。销项税额计算公式：

销项税额＝销售额×税率

进项税额，是指纳税人购进货物、加工修理修配劳务、服务、无形资产或者不动产，支付或者负担的增值税额。

对建筑安装工程，一般计税方法下，当期销项税额按下式计算：

当期销项税额＝税前工程造价×建筑业拟征增值税税率

根据财税［2018］32号财政部税务总局关于调整增值税税率的通知，建筑业拟征增值税税率为10%；税前工程造价中不包含增值税可抵扣进项税额，即组成建设工程造价的要素价格中，除无增值税可抵扣项的人工费、利润、规费外，材料费、施工机具使用费、管理费均按扣除增值税可抵扣进项税额后的价格即“除税价格”计入。

建设工程造价＝税前工程造价×(1＋建筑业拟征增值税税率)

(2) 简易计税方法　简易计税方法的增值税应纳税额，是指按照销售额和增值税征收率计算的增值税额，不得抵扣进项税额。增值税应纳税额计算公式：

应纳税额＝销售额×增值税征收率

对建筑安装工程，简易计税方法下，建设工程应纳税额计算公式如下：

应纳税额＝包含增值税可抵扣进项税额的税前工程造价×增值税征收率

其中，增值税征收率为3%。需要注意的是：税前工程造价中包含增值税可抵扣进项税额，这和一般计税方法的应纳税额的计算是不同的。

城市建设维护税、教育费附加和地方教育附加以增值税额为基础计税。即

城市建设维护税＝增值税应纳税额×城市维护建设税率

城市维护建设税率因纳税地点不同其适用税率也不一样。纳税所在地为市区，税率为7%；纳税所在地为县城、建制镇，税率为5%；纳税所在地不在市区、县城、建制镇，税率为1%。

教育费附加＝增值税应纳税额×教育费附加费率

国务院规定的教育费附加费率为3%。建筑安装企业的教育费附加要与增值税同时缴纳。

地方教育附加＝增值税应纳税额×地方教育附加费率

按照财政部财综［2010］98号文的规定，地方教育附加费率为2%。

简易计税方法为：

税金＝增值税应缴纳税额＋城市维护建设税＋教育费附加＋地方教育附加

=包含增值税可抵扣进项税额的税前工程造价×[增值税征收率×(1+城市维护建设税率+教育费附加费率+地方教育附加费率)]

=包含增值税可抵扣进项税额的税前工程造价×税金综合税率

综合税率因纳税人所在地不同而不同。税金综合税率为：

市区，综合税率为3.36%；

县镇，综合税率为3.30%；

乡村，综合税率为3.18%。

如各市另有规定的，按各市规定计取。

按照财税［2016］36号文的规定，绝大多数建筑安装工程的增值税采用一般计税方法，本书重点介绍一般计税方法，书中相关实例中增值税皆采用一般计税方法。

2.4 工程造价计算程序

2.4.1 一般计税方法

一般计税方法时，工程造价计算程序如表2.16所示。

2.4.2 简易计税方法

简易计税方法时，工程造价计算程序见表2.17所示。

表2.16 工程造价计算程序（一般计税方法）

序号	费用名称		计算公式
一	分部分项工程费		清单工程量×除税综合单价
	其中	1. 人工费	人工消耗量×人工单价
		2. 材料费	材料消耗量×除税材料单价
		3. 施工机具使用费	机械消耗量×除税机械单价
		4. 管理费	(1+3)×费率或(1)×费率
		5. 利润	(1+3)×费率或(1)×费率
二	措施项目费		
	其中	单价措施项目费	清单工程量×除税综合单价
		总价措施项目费	(分部分项工程费+单价措施项目费−除税工程设备费)×费率或以项计费
三	其他项目费		
四	规费		
	其中	1. 工程排污费	(一+二+三−除税工程设备费)×费率
		2. 社会保险费	
		3. 住房公积金	
五	税金		[一+二+三+四−(除税甲供材料费+除税甲供设备费)/1.01]×费率
六	工程造价		一+二+三+四−(除税甲供材料费+除税甲供设备费)/1.01+五

表 2.17　工程造价计算程序（简易计税法）

序号	费用名称		计算公式
一	分部分项工程费		清单工程量×综合单价
	其中	1. 人工费	人工消耗量×人工单价
		2. 材料费	材料消耗量×材料单价
		3. 施工机具使用费	机械消耗量×机械单价
		4. 管理费	(1+3)×费率或(1)×费率
		5. 利润	(1+3)×费率或(1)×费率
二	措施项目费		
	其中	单价措施项目费	清单工程量×综合单价
		总价措施项目费	(分部分项工程费+单价措施项目费－工程设备费)×费率或以项计费
三	其他项目费		
四	规费		
	其中	1. 工程排污费	(一+二+三－工程设备费)×费率
		2. 社会保险费	
		3. 住房公积金	
五	税金		[一+二+三+四－(甲供材料费+甲供设备费)/1.01]×费率
六	工程造价		一+二+三+四－(甲供材料费+甲供设备费)/1.01+五

3 施工资源的消耗量及价格

实行工程量清单计价，要求投标人在掌握大量资料的基础上，根据企业定额、管理能力、消耗水平和生产效率在分析工程成本、利润的基础上确定企业投标报价。为了使报价具有足够的竞争力，必需详细掌握与项目实施有关的基础资料。这些资料主要包括两方面：一是与工程实体有关的资料，如设计图纸、招标文件、工程项目的水文地质资料等；二是与投标企业有关的资料，如施工组织设计或施工方案、施工资源消耗量定额、施工资源价格资料等。

与工程实体有关的资料，每一个投标人在投标过程中都能得到，是公开的；而与投标企业有关的资料，则是投标企业的秘密。在工程量清单计价的模式下，属于企业性质的施工方法、措施和人工、材料、机械的消耗量水平、管理费和利润取费等完全由投标企业自己确定，即企业自主报价。同一个工程项目，同样的工程量，各投标单位所报价格不同，反映了企业之间个别成本的差异，也是企业之间整体实力的体现。为了适应工程量清单报价，各企业必需建立自己的资料库、企业定额，并适时维护。这里介绍与企业投标报价有关的基础资料。

3.1 建设工程定额

建设工程定额是工程建设中各类定额的总称。建设工程定额是建筑企业经营管理的基础，是确定建筑安装工程造价、进行经济核算的依据。如何制定和应用建设工程定额，反映了一个国家、一个地区、一定时期建筑安装企业生产经营水平的高低，同时也反映了社会劳动生产率水平。

3.1.1 定额的概念

所谓“定”，就是规定；所谓“额”，就是额度和限额。从广义理解，定额就是规定的额度和限度。在工程建设中，为了完成某一工程项目，需要消耗一定数量的人力、物力和财力资源，这些资源的消耗是随着施工对象、施工方法和施工条件的变化而变化的。建设工程定额是指在正常施工条件下，完成一定单位合格产品所必需消耗的劳动力、材料、施工机械台班的数量标准。所谓正常的施工条件，是指生产过程能按生产工艺和施工验收规范操作，施工条件完善，有合理的劳动组织和能合理的使用施工机械和材料。建设工程定额就是在这样的条件下，对完成一定计量单位的合格产品进行的定员（定工日）、定量（数量）、定质（质量）、定价（资金），同时规定了工作内容和安全要求等。

建设工程定额随着生产社会化和科学技术的不断进步而发展起来。在我国宋代李诫于公元1103年编著的《营造法式》一书中最先出现工料定额。在西方，“科学管理”的创始人泰勒在20世纪初把定额用于科学管理，大大提高了劳动生产率，使定额逐步发展为一门科学，成为管理社会化大生产的工具，也成为建设工程的计价依据之一。我国于1957年由原国家建委颁发了第一部建筑安装工程定额《全国统一建筑工程预算定额》，定额随着生产率水平的提高和科学技术的进步而不断修改、补充而完善。2009年，建设部组织全国10个省市的工程造价管理部门，编制并颁布了《建设工程劳动定额》，作为推荐性行业标准。最近几年，为了将定额工作纳入标准化管理的轨道，国家及地方建设行政主管部门相继编制了一系列与工程建设有关的定额。尤其是工程量清单计价规范和专业工程计算规范的颁布，使建筑产品的计价模式进一步适应市场经济体制，使定额成为生产、分配和管理的重要科学依据。

表3.1是《江苏省安装工程计价定额》中的《第十册　给排水、采暖、燃气工程》中DN80焊接法兰阀门安装的定额实例，表中反映出完成该分项工程所需的人工、材料、机械台班的数量标准及其相应的费用。

表3.1　焊接法兰阀

工作内容：切管、焊接法兰、制垫、加垫、阀门安装、上螺栓、水压试验　　　　计量单位：个

定额编号				10—437	
项目		单位	单价	公称直径80mm以内	
				数量	合价/元
综合单价			元	221.73	
其中	人工费		元	52.54	
	材料费		元	122.31	
	机械费		元	19.21	
	管理费		元	20.49	
	利润		元	7.36	
二类工		工日	74.0	0.71	52.54
材料	法兰阀门DN80	个		(1.00)	
	平焊法兰1.6MPa DN80	片	44.68	2.0	89.36
	精制六角带帽螺栓	套	1.58	16.48	26.04
	石棉橡胶板	kg	6.50	0.26	1.69
	电焊条	kg	4.40	0.49	2.16
	氧气	m^3	3.3	0.06	0.20
	乙炔气	kg	18	0.02	0.36
	厚漆	kg	10.0	0.12	1.20
	清油	kg	16.0	0.015	0.24
	棉纱头	kg	6.5	0.05	0.33
	砂纸	张	1.10	0.50	0.55
机械	直流弧焊机	台班	83.53	0.23	19.21

3.1.2 定额的水平概念

不同的产品有不同的质量要求，考察总体生产过程中的各生产要素，归结出社会平均必需的数量标准，才能形成定额。定额水平是规定在单位产品上消耗的劳动、机械和材料数量的多少，指按照一定施工程序和工艺条件下规定的施工生产中活劳动和物化劳动的消耗水平。定额水平与社会生产力水平、社会成员的劳动积极性有关。定额水平高指单位产品产量提高、消耗降低，单位产品的造价低；定额水平低指单位产量降低，消耗提高，单位产品的造价高。在确定定额水平时，要考察社会平均先进水平和社会平均水平两个因素。社会平均先进是指在正常生产条件下，大多数人经过努力能够达到，少数人接近，个别人可以超过的水平。这种水平低于先进水平，略高于平均水平。一般而言，企业的施工定额应达到社会平均先进水平。预算定额则按生产过程中所消耗的社会必要劳动时间确定定额水平，其水平以施工定额水平为基础，是社会平均水平。

3.1.3 工程定额的作用

(1) 在工程建设中，定额具有节约社会劳动和提高生产效率的作用　一方面，企业以定额为促进工人节约社会劳动（工作时间、原材料）和提高劳动效率、加快工作速度的手段，以增强市场竞争力，获取更多的利润；另一方面，作为工程造价计价依据的各类定额，又促进企业加强管理，把社会劳动的消耗控制在合理的限度内。再者，作为项目决策依据的定额指标，又在更高的层次上促进项目投资人合理而有效地利用和分配社会劳动。这都证明了定额在工程建设中节约社会劳动和优化资源配置的作用。

(2) 定额有利于建筑市场公平竞争　定额所提供的准确的信息为市场需求主体和供给主体的竞争，以及供给主体和供给主体之间的公平竞争，提供了有利条件。

(3) 定额是对市场行为的规范　定额既是投资决策的依据，又是价格决策的依据。对于投资者来说，它可以利用定额权衡自己的财务状况和支付能力，预测资金投入和预期回报，还可以充分利用有关定额的大量信息，有效提高其项目决策的科学性，优化其投资行为。对于承包商来说，企业在投标报价时，要考虑定额的构成，做出正确的价格决策，形成市场竞争优势，才能获得更多的合同。可见，定额在上述两方面规范了市场的经济行为。

(4) 建设工程定额有利于完善市场的信息系统　定额管理是对大量市场信息的加工，也是对市场大量信息的传递、反馈。信息是市场体系中不可或缺的要素，它的指导性、标准性和灵敏性是市场成熟和市场效率的标志。在我国，以定额的形式建立和完善市场信息系统，具有市场经济的特色。

(5) 工程定额是建设工程计价、成本核算的依据　投标报价的过程是一个计价、分析、平衡的过程；成本核算是一个计价、对比、分析、查找原因、制定措施实施的过程。投标报价和进行成本核算的一项重要工作就是“计价”，而计价的重要依据之一就是“定额”，所以定额是企业进行投标报价和进行成本核算的基础。

3.1.4 定额的分类

建设工程定额是工程建设中各类定额的总称。建设工程定额可根据生产要素、编制程序和定额用途、专业及费用的性质、编制单位和管理权限不同进行分类。它们之间的关系如图 3.1 所示。其中，劳动定额、材料消耗定额和机械台班使用定额是制定各种使用定额的基础，因此也称为基本定额。

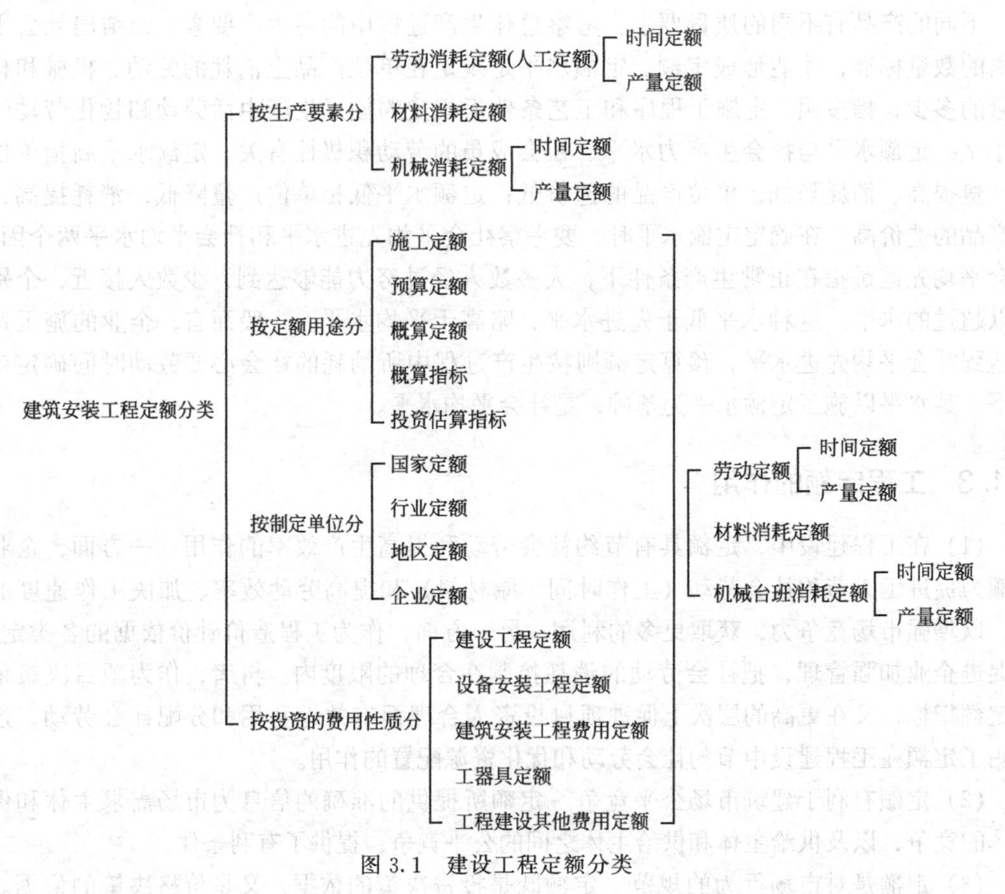

图 3.1 建设工程定额分类

3.1.4.1 按生产要素分类

建设工程定额按生产要素分类，可分为劳动定额、材料消耗定额、机械台班使用定额。

(1) 劳动定额（亦称工时定额或人工定额） 劳动定额是在正常的施工技术条件下，为完成单位合格产品所必需的劳动消耗量的标准。劳动定额是人工的消耗定额，又称人工定额。劳动定额根据表达形式分为时间定额和产量定额两种。

时间定额是指在一定的生产技术和生产组织条件下，某工种、某种技术等级的工人小组或个人，完成单位合格产品所必需消耗的工作时间。定额工作时间包括工人的有效时间(准备与结束时间、基本工作时间、辅助工作时间)、必要的休息时间和不可避免的中断时间。由于劳动组织的不合理而停工、缺乏材料停工、工作地点未准备好而停工、机具设备不正常而停工、产品质量不符合标准而停工、偶然停工（停水、停电、暴风雨)、违反劳动纪律造成的工作时间损失、其他时间损失，都不属于劳动定额时间。

时间定额以“工日”表示，即单位产品的工日，如工日/m、工日/m^3、工日/t。每个工日工作时间按现行制度规定为8h。其计算方法如下：

$$单位产品的时间定额=\frac{工作时间(工日数)}{该时间内完成的产品数量}=\frac{1}{每工日产量}$$

产量定额是指在一定的生产技术和生产组织条件下，某工种、某种技术等级的工人小组或个人，在单位时间内（工日）所完成合格产品的数量。其计算方法如下：

$$产量定额=\frac{产品数量}{消耗的总工日}$$

产量定额的计量单位是以产品的计量单位表示，即单位工日的产品数量，以“m^3/工日、t/工日、套/工日”等单位表示。

时间定额与产量定额互为倒数，即：

$$时间定额\times 产量定额=1$$

或：
$$时间定额=\frac{1}{产量定额}\quad 产量定额=\frac{1}{时间定额}$$

从上面两式可知：当时间定额减少时，产量定额就相应地增加；当时间定额增加时，产量定额就相应地减少。但它们增减的百分比并不相同。

时间定额和产量定额都表示同一人工定额项目，它们是同一人工定额项目的两种不同的表现形式。时间定额以工日为单位表示，综合计算方便，时间概念明确，便于计算工期和编制施工进度计划。产量定额则以产品数量为单位表示，具体、形象，劳动者的奋斗目标一目了然，便于签发施工任务单。

【例 3.1】 10 名工人挖一般土方，土壤类别为二类干土，工作 4h，完成 29.0m^3 土方量。试计算时间定额和产量定额。

解 产量定额：$\frac{29}{10\times\frac{4}{8}}=5.8(m^3/工日)$

则时间定额：$\frac{1}{5.8}=0.173(工日/m^3)$

【例 3.2】 某基槽土方工程，土壤类别为二类，挖基槽的工程量为 450m^3，每天安排 24 名工人施工，时间定额为 0.205 工日/m^3，试确定完成该分项工程的施工天数。

解 完成该分项工程所需总工日：

总工日＝时间定额×总工程量＝0.205×450＝92.25(工日)

施工天数＝总工日/施工人数＝92.25/24＝3.84(天)

不同用途的定额，其人工消耗量的确定方式不同。对安装工程工程量清单计价所使用的预算定额，人工消耗量的确定可以有两种方法：一种是以施工定额为基础确定；另一种是以现场观察测定资料为基础来计算。用第一种方法确定预算定额的人工消耗量，实际上是一个综合过程，它是在施工定额的基础上，将测定对象所包含的若干个工作过程所对应的施工定额按施工作业的逻辑关系进行综合，从而得到预算定额的人工消耗量标准。

预算定额中的人工消耗量是指在正常条件下，为完成单位合格产品所必需的生产工人的人工消耗。具体地说，它应该包括为完成分项工程施工任务而在施工现场开展的各种性质的工作所对应的人工消耗，包括基本性工作、辅助性工作、现场水平运输以及一些零星的很难单独计量的工作所对应的工时消耗。在把施工定额综合成预算定额的过程中，我们把上述几项工作所对应的人工消耗分别称为基本用工、辅助用工、超运距用工以及人工幅度差。即：

$$人工消耗量=\sum(基本用工+辅助用工+超运距用工+人工幅度差)$$

基本用工：指完成单位合格分项工程所必需消耗的技术工种的用工。

辅助用工：指技术工种施工定额内不包括而在预算定额内又必须考虑的人工消耗。例如机械土方工程配合用工、材料加工等所需人工消耗。

超运距用工：超运距是指施工定额中已包括的材料、半成品场内水平搬运距离（施工定额一般只考虑工作面上的水平运输，运距较短）与预算定额所考虑的现场材料、半成品堆放地点到操作地点的水平运输距离（预算定额所考虑的材料水平运输距离一般为整个施工现场范围内的运距）之差。而发生在超运距上运输材料、半成品的人工消耗即为超运距用工。

人工幅度差：即预算定额与施工定额的差额，主要是指在施工定额中未包括而在正常施工条件下不可避免但又很难准确计量的各种零星的人工消耗和各种工时损失。如工序搭接及交叉作业互相配合所发生的停歇用工等。

$$人工幅度差=(基本用工+辅助用工+超运距用工)\times人工幅度差系数$$

人工幅度差系数一般为10%～15%。在预算定额中，人工幅度差的用工量一般列入其他用工量中。

综上所述：$人工消耗量=\sum(基本用工+辅助用工+超运距用工+人工幅度差)$

$$=\sum(基本用工+辅助用工+超运距用工)\times(1+人工幅度差系数)$$

【例 3.3】 已知砌筑砖墙的基本用工为2.77工日/m^3，超运距用工为0.136工日/m^3，人工幅度差系数为10%，试计算砌筑10m^3砖墙的人工消耗量。

解 $人工消耗量=10\times(基本用工+辅助用工+超运距用工)\times(1+人工幅度差系数)$

$$=10\times(2.77+0.136)\times(1+10\%)$$

$$=31.97(工日)$$

(2) 材料消耗定额　在节约和合理使用材料的条件下，生产单位合格产品所必需消耗的一定规格的原材料、半成品或构配件的数量标准，称为材料消耗定额。它是企业核算材料消耗、考核材料节约或浪费的指标。

在我国建设工程（特别是房屋建筑工程）的直接成本中，材料费占65%左右。材料消耗量的多少、消耗是否合理，关系到对资源的有效利用，对建设工程的造价和成本控制有着决定性影响。制定合理的材料消耗定额，是合理利用资源，减少积压、浪费的必要前提。

工程施工中所消耗的材料，按其消耗的方式可以分成两种：一种是在施工中一次性消耗的、构成工程实体的材料，如管道安装工程中的管道等，我们一般把这种材料称为实体性材料；另一种是在施工中周转使用，其价值是分批分次地转移到工程实体中去的，这种材料一般不构成工程实体，而是在工程实体形成过程中发挥辅助作用，它是为有助于工程实体的形成而使用并发生消耗的材料，如安装工程中的脚手架、浇筑混凝土构件用的模板等，我们一般把这种材料称为周转性材料。

① 实体性材料消耗量定额　施工中材料的消耗，一般可分为必需消耗的材料和损失的材料两类。对于损失的材料，由于它是属于施工生产中不合理的耗费，可以通过加强管理来避免这种损失，所以在确定材料定额消耗量时一般不考虑损失材料的因素。

所谓必需消耗的材料，是指在合理用料的条件下，完成单位合格产品所必需消耗的材料，它包括直接用于工程（即直接构成工程实体或有助于工程形成）的材料、不可避免的施工废料和不可避免的材料损耗，其中直接用于工程的材料数量，称为材料净用量；不可避免的施工废料和材料损耗数量，称为材料合理损耗量，即单位合格产品所必需消耗的材料数量，由两部分组成。

a. 净用量　就是直接用于合格产品上的材料实际数量。

b. 合理的损耗量　就是指材料从现场仓库领出到完成合格产品的过程中合理损耗数量。因此它包括场内搬运、加工制作和施工操作过程中不可避免的合理损耗等。用公式表示如下：

$$材料消耗量=净用量+合理的损耗量$$

材料合理损耗量是不可避免的损耗，某种材料的损耗量的多少，常用损耗率来表示：

$$损耗率=\frac{损耗量}{净用量}\times100\%$$

则：

$$材料消耗量=净用量\times(1+损耗率)$$

需要注意的是材料损耗形成概括起来有三种，即运输损耗、保管损耗、施工损耗。前两种发生在施工过程之外，应列入材料采购保管费中；而施工损耗是由于在施工现场搬运及不可避免的残余材料损耗，才列入材料消耗定额中。

材料的损耗率通过观测和统计而确定。在定额编制过程中，一般可以使用观测法、试验法、统计法和理论计算法等四种方法来确定材料的定额消耗量。

② 周转性材料消耗量定额　周转性材料是指在施工过程中能多次周转使用，经过修理、补充而逐渐消耗尽的材料，如模板、钢板桩、脚手架等，实际上它是作为一种施工工具和措施性的手段而被使用的。因此周转性材料在施工过程中不是一次消耗完，而是随着使用次数的增多逐渐消耗。

周转性材料的定额消耗量是指每使用一次摊销的数量，按周转性材料在其使用过程中发生消耗的规律，其摊销量由两部分组成：一部分是一次周转使用后的损失量，用一次使用量乘以相应的损耗率确定；另一部分是周转性材料按周转总次数的摊销量，其数量用最后一次周转使用后除去损耗部分的剩余数量（再考虑一些折价回收的因素）除以相应的周转次数确定，即：

$$摊销量=\frac{一次}{使用量}\times损耗率+\frac{一次}{使用量}\times\frac{(1-回收折价率)\times(1-损耗率)}{周转次数}$$

上述公式反映了摊销量与一次使用量、损耗率、周转次数及回收折价率的数量关系。一次使用量是指周转性材料一次使用的基本量，即一次投入量。周转性材料的一次使用量根据施工图计算，其用量与各分部分项工程部位、施工工艺和施工方法有关。

损耗率是周转性材料每使用一次后的损失率。为了下一次的正常使用，必须用相同数量的周转性材料对上次的损失进行补充，用来补充损失的周转性材料的数量称为周转性材料的“补损量”。按一次使用量的百分数计算，该百分数即为损耗率。周转性材料的损耗率应根据材料的不同材质、不同的施工方法及不同的现场管理水平通过统计工作来确定。

周转次数是指周转性材料从第一次使用起可重复使用的次数。它与不同的周转性材料、使用的工程部位、施工方法及操作技术有关。周转次数的确定要经现场调查、观测及统计分析，取平均合理的水平。正确规定周转次数，对准确计算用料，加强周转性材料管理和经济核算是十分必要的。

回收折价率是对退出周转的材料（周转回收量）作价收购的比率。其中周转回收量指周转性材料在周转使用后除去损耗部分的剩余数量，即尚可以回收的数量；而回收折价率则应根据不同的材料及不同的市场情况来加以确定。

现行体制下的计价定额中，材料部分分为未计价材料、已计价材料两部分。

未计价材料：即定额表中未注明单价的材料，也称“主材”，定额基价材料费中不包括其材料费，应根据计价定额材料清单中“（）”内所列的材料消耗量，按投标报价时的单价确定。

已计价材料：即定额表中注明单价的材料，也称“辅助材料”，定额基价材料费中已包括其材料费用。如表 3.1 所示，DN80 焊接法兰阀门安装定额综合单价 221.73 元，其中材料费为 122.13 元，材料费中已包括了 1 副法兰、螺栓螺母、石棉橡胶板、电焊条、氧气、乙炔气等的购置及安装费用，则上述法兰、螺栓螺母、石棉橡胶板、电焊条、氧气、乙炔气等皆为已计价材料；而 DN80 法兰阀门的购置费用则未包括在定额材料费中，为未计价材料，其消耗量用（1.0）表示 。

（3）机械台班使用定额　在正常施工条件下完成单位合格产品所必需消耗的机械台班数量的标准，称为机械台班消耗定额，也称为机械台班使用定额。

所谓“台班”，就是一台机械工作一个工作班（即 8h）称为一个台班。如两台机械共同工作一个工作班，或者一台机械工作两个工作班，则称为两个台班。机械台班使用定额的表示形式有两种：机械台班时间定额和机械台班产量定额。

① 机械台班时间定额　机械台班时间定额就是在正常的施工条件下，使用某种机械，完成单位合格产品所必需消耗的台班数量，即：

$$\text{机械台班时间定额}=\frac{1}{\text{机械台班产量定额(台班)}}$$

② 机械台班产量定额　机械台班产量定额就是在正常的施工条件下，某种机械在一个台班时间内完成的单位合格产品的数量，即：

$$\text{机械台班产量定额}=\frac{1}{\text{机械台班时间定额}}$$

所以，机械台班时间定额与机械台班产量定额互为倒数。

3.1.4.2　按定额编制程序和用途分类

建设工程定额按定额编制程序和用途可分为：施工定额、预算定额、概算定额、概算指标、投资估算指标等五种。

（1）施工定额　施工定额是指具有合理资源配置的专业生产班组在正常的施工条件下，以施工过程或基本工序为标定对象而规定的完成单位合格产品所必需消耗的人工、材料、机械台班的数量标准。施工定额是生产性定额，反映具有合理资源配置的专业生产班组在开展相应施工活动时必须达到的生产率水平，它是考核施工单位劳动生产率的标尺和确定工程施工成本的依据。

施工定额直接用于施工管理，属于企业定额的性质。为了适应组织生产和管理的需要，施工定额的项目划分很细，是工程定额中分项最细、定额子目最多的一种定额，也是工程定额中基础性定额。

施工定额是由劳动定额、材料消耗定额和机械消耗定额三个部分组成的。根据施工定额，可以计算不同工程项目的人工、材料和机械台班的需用量，因此施工定额是计量定额。

施工定额水平必须遵循“平均先进”的原则。通常这种水平低于先进水平，略高于平均水平。平均先进水平是一种鼓励先进、勉励中间、鞭策后进的定额水平。贯彻“平均先进”的原则，才能促进企业的科学管理和不断提高生产率，进而达到提高企业经济效益的目的。

施工定额是施工企业进行生产管理的基础，也是建设工程定额体系中最基础性的定额，它在施工企业生产管理工作过程中所发挥的主要作用如下。

① 施工定额是施工企业编制施工组织设计和施工作业计划的依据。各类施工组织设计的内容一般包括三个方面，即拟建工程的资源需要量、使用这些资源的最佳时间安排和施工现场平面规划。确定拟建工程的资源需要量，要依据施工定额，排列施工进度计划以确定不同时间上的资源配置也要依据施工定额。

② 施工定额是组织和指挥施工生产的有效工具。施工企业组织和指挥施工生产应按照施工作业计划下达施工任务书。施工任务书列明应完成的施工任务，也记录班组实际完成任务的情况，并且据以进行班组工人的工资结算。施工任务书上的工程计量单位、产量定额和计件单位，均需取自施工定额，工资结算也要根据施工定额的完成情况计算。

③ 施工定额是计算工人劳动报酬的根据。工人的劳动报酬是根据工人劳动的数量和质量来计量的，而施工定额是衡量工人劳动数量和质量的标准，它是计算工人计件工资的基础，也是计算奖励工资的依据。

④ 施工定额有利于推广先进技术。作业性定额水平中包含着某些已成熟的先进的施工技术和经验，工人要达到和超过定额，就必须掌握和运用这些先进技术，注意改进工具和改进技术操作方法，注意原材料的节约，避免浪费。当施工定额明确要求采用某些较先进的施工工具和施工方法时，贯彻作业性定额就意味着推广先进技术。

⑤ 施工定额是编制施工预算，加强成本管理和经济核算的基础。施工预算是施工企业用以确定单位工程人工、机械、材料和资金需要量的计划文件，它以施工定额为编制基础，既反映设计图纸的要求，也考虑在现实条件下可能采取的提高生产效率和降低施工成本的各项具体措施。严格执行施工定额不仅可以起到控制消耗、降低成本和费用的作用，同时为贯彻经济核算制度、加强班组核算和增加盈利创造了良好的条件。

由此可见，施工定额在施工企业生产管理的各个环节中都是不可缺少的，对施工定额的管理是有效开展施工管理的重要基础工作。

(2) 预算定额　预算定额是指在合理的劳动组织和正常的施工条件下，以单位工程的基本构成要素——分项工程为对象而规定的完成单位合格产品所必需的人工、材料和机械台班消耗的数量及其费用标准。预算定额表现为量、价的有机结合的形式，如表 3.1 为焊接法兰阀门安装预算定额，是一种计价性定额，是确定工程造价的主要依据。

常见的计价定额主要有预算定额、概算定额或概算指标。在实行工程量清单计价方式后，江苏省现行的安装工程计价定额主要是《江苏省安装工程计价定额》。

从编制程序看，预算定额是在施工定额的基础上进行综合扩大编制而成的。预算定额中人工、材料和施工机械台班的消耗水平根据施工定额综合取定，定额子目的综合程度大于施工定额，从而可以简化施工图预算的编制工作。因此，施工定额是预算定额的编制基础，而预算定额则是概算定额（概算指标）的编制基础。

计价定额的水平以施工定额水平为基础。但是，计价定额绝不是简单地套用施工定额的水平。因为，在比施工定额的工作内容扩大了的计价定额中，包含了更多的可变因素，需要保留合理的幅度差。幅度差是预算定额与施工定额的重要区别，所谓幅度差，是指在正常施工条件下，定额未包括，而在施工过程中有可能发生而增加的附加额。例如人工幅度差、机械幅度差、材料的超运距、辅助用工及材料堆放、运输、操作损耗和子目由细到粗综合后的量差等，因此其定额水平应当遵循“平均合理”的原则，即计价定额的水平是平均水平，即在定额的适用范围内，在正常的施工生产条件下，大部分工人不需作出努力就能达到的水平。而施工定额是平均先进水平，两者相比，计价定额水平要相对低一些，但应限制在一定范围内。

预算定额主要作用有以下几点。

① 预算定额是确定施工图预算、工程结算、竣工决算、标底和投标报价的重要依据。预算定额中的人工、材料和机械台班消耗量指标，是确定各单位工程人工费、材料费和机械使用费的基础。工程造价具有单件性的特点，为有效地确定工程造价，根据我国现行工程造价计价办法的规定，每个工程均应根据其不同的工程特点并依据相应的预算定额单独进行工程造价的计价活动，从工程造价的计价程序看，无论是施工图设计阶段编制施工图预算、工程发包阶段编制标底或报价、工程施工阶段确定中间结算造价，还是工程竣工阶段编制竣工结算，都离不开预算定额。

② 预算定额是编制施工组织设计的依据。施工组织设计的任务之一，是确定施工中所需的劳动力、材料、设备和建筑机械需要量，并做出最佳安排。施工企业在缺乏本企业的施工定额的情况下，根据预算定额，也能够比较精确地计算出施工中各项资源的需要量，为有计划组织材料采购、劳动力和施工机械调配提供可靠的计算依据。

③ 预算定额是施工单位进行经济活动分析的依据。预算定额规定的人、材、机消耗指标，是施工单位在生产经营中允许消耗的最高指标。预算定额决定着施工单位的收入，施工单位必须以预算定额作为评价企业经济活动的重要标准，作为努力实现的目标。施工单位可根据预算定额对施工中的劳动力、材料、机械的消耗情况进行具体分析，以便找出差距，提高竞争力。只有在施工中尽量降低资源的消耗，提高劳动生产率，才能取得较好的经济效果。

④ 预算定额是编制概算定额的基础。概算定额是在预算定额的基础上综合扩大编制的，利用预算定额编制概算定额，不但可以节省编制工作的大量人力、物力和时间，收到事半功倍的效果，还可以使概算定额在水平上与预算定额保持一致。

加强预算定额的管理，对于控制和节约建设资金，降低建筑安装工程的劳动消耗，加强施工企业的计划管理和经济核算，都有重大的现实意义。

(3) 概算定额　概算定额是在预算定额基础上，以扩大分项工程或扩大的结构构件为对象而规定的完成单位合格产品所必需的人工、材料和机械台班消耗的数量及其费用标准。概算定额又称扩大结构定额，是一种计价性定额。

概算定额是一种介于预算定额和概算指标之间的定额，它是以预算定额为基础，经过适当的综合扩大编制而成。因此概算定额较预算定额具有更大的综合性。概算定额的项目是由预算定额的几个子目合并而成的。因此，概算定额与预算定额的不同之处，就在于项目划分和综合扩大程度上的差异，概算定额项目划分比预算定额粗。

概算定额的作用有以下几点。

① 概算定额是编制设计概算依据。工程建设程序规定，采用两阶段设计时，其扩大初步设计阶段必需编制设计概算，采用三阶段设计时，其技术设计阶段必需编制修正概算。概算定额是扩大初步设计阶段编制设计概算和技术设计阶段编制修正概算的依据。

② 概算定额是选择设计方案，进行技术经济分析比较的依据。设计方案比较，目的是选出技术先进、经济合理的方案，在满足使用功能的条件下，降低造价和资源消耗。概算定额为设计方案的比较提供了便利。

③ 概算定额是编制概算指标和投资估算指标的依据。

④ 实行工程总承包时，概算定额也可作为投标报价的参考。

(4) 概算指标　概算指标是在概算定额的基础上综合扩大而成，它是以单位工程为对象，以更为扩大的计量单位而规定的人工、材料和机械台班消耗的数量标准和造价指标。更为扩大的计量单位通常是建筑面积（m^2）、建筑体积（m^3）、构筑物的“座”、成套设备装置的“台”或“套”。

概算定额以扩大分项工程或扩大的结构构件为对象，而概算指标则以单位工程为对象，因此概算指标比概算定额综合性更强。

概算指标的设定与初步设计的深度相适应，是初步设计阶段编制设计概算的依据，也可作为标志投资估算的参考；概算指标是选择设计方案，进行技术经济分析比较的依据。

(5) 投资估算指标　投资估算指标通常是以单位工程、单项工程或完整的工程项目为对象编制的确定生产要素消耗的数量标准和造价指标，是根据已建工程或现有工程的价格资料，经分析、归纳和整理编制而成的。估算指标是编制项目建议书和可行性研究报告书投资估算的依据，是对建设项目全面的技术性与经济性论证的依据。

上述各种定额的相互联系参见表 3.2 所示。

表 3.2　各种定额间关系的比较

项目	施工定额	预算定额	概算定额	概算指标	投资估算指标
对象	施工过程或基本工序	分项工程和结构构件	扩大的分项工程和扩大的结构构件	单位工程	建设项目 单项工程 单位工程
用途	编制施工预算	编制施工图预算	编制扩大初步设计概算	编制初步设计概算	编制投资估算
项目划分	最细	细	较粗	粗	很粗
定额水平	平均先进	平均			
定额性质	生产性定额	计价性定额			

① 按专业及费用性质分类　建设工程定额按专业及费用性质可分为建筑工程定额、设备安装工程定额、建筑安装工程费用定额，工程建设其他工程费用定额等。

a. 建筑工程定额　是建筑工程的企业定额、消耗量定额、预算定额、概算定额和概算指标的统称。

b. 设备安装工程定额　是设备安装工程的企业定额、预算定额、概算定额和概算指标的统称。设备安装工程是对需要安装的设备进行定位、组合、校正、调试等工作的工程。生产设备大多要安装后才能运转，设备安装工程占有重要的地位。在非生产性的建设项目中，设备安装工程量也在不断增加。所以设备安装工程定额是工程建设定额中的重要部分。

c. 建筑安装工程费用定额　是指规定计取各项费用的标准。

d. 工器具定额　是为新建或扩建项目投产运转首次配置的工具、器具数量标准。工具和器具，是指按照有关规定不够固定资产标准而起劳动手段作用的工具、器具和生产用家具。

e. 工程建设其他费用定额　是独立于建筑安装工程、设备和工器具购置之外的其他费用开支的标准。工程建设的其他费用的发生和整个项目的建设密切相关，其他费用定额是按各项费用的相关收费标准分别编制。

② 按定额的制定单位和适用范围分类　建设工程定额按定额的制定单位和适用范围可分为国家定额、行业定额、地区定额和企业定额。

a. 国家定额是指由国家建设行政主管部门，依据现行设计规范、施工及验收规范、技术和安全操作规程、质量评定标准等，综合全国施工企业技术装备水平和管理水平编制的在全国范围内施行的定额。目前我国的国家定额有土建工程基础定额、安装工程预算定额等。

b. 行业定额是指由行业建设行政主管部门，依据行业标准和规范，考虑行业工程建设特点、本行业施工企业技术装备、管理水平编制的在本行业范围内施行的定额。该定额具有较强的行业或专业特点，目前我国的各行业几乎都有自己的行业定额。

c. 地区定额是指由地区建设行政主管部门，在国家统一定额的基础上，结合本地区特点编制的在本地区范围内施行的定额。《江苏省安装工程计价表》即是地区定额。

d. 企业定额是指由施工企业根据本企业的人员素质、机械装备程度和企业管理水平，参照国家、部门或地区定额编制的，只在本企业内部使用的定额。实行工程量清单报价，企业定额是企业自主报价的主要依据之一。企业定额水平应高于国家、行业或地区定额，才能适应投标报价、增强投标报价的竞争能力。

3.2 施工资源的价格

施工资源是指在工程施工中所必需消耗的生产要素，按资源的性质一般可分为：劳动力资源、施工机械设备资源、实体性材料、周转性材料等。

施工资源的价格是指为了获取并使用该施工资源所必需发生的单位费用。施工资源的价格取决于获取该资源时的市场条件、取得的方式、使用该资源的方式以及一些政策性的因素。

为了做出合理的工程报价，必需仔细地考虑工程所需的劳动力、施工设备、材料等资源的需用量，并确定其最合适的来源和获取方式，以便正确地确定施工资源的价格。在此基础上，可以算出使用这些资源的费用、工程成本，最终编制出合理的报价。

3.2.1 日工资单价

按照住房城乡建设部、财政部建标【2013】44 号文件的规定，人工费是指按工资总额构成规定，支付给从事建筑安装工程施工的生产工人和附属生产单位工人的各项费用。内容包括以下几点。

(1) 计时工资或计件工资　是指按计时工资标准和工作时间或对已做工作按计件单价支付给个人的劳动报酬。

(2) 奖金　是指对超额劳动和增收节支支付给个人的劳动报酬。如节约奖、劳动竞赛奖等。

(3) 津贴补贴　是指为了补偿职工特殊或额外的劳动消耗和因其他特殊原因支付给个人的津贴，以及为了保证职工工资水平不受物价影响支付给个人的物价补贴。如流动施工津贴、特殊地区施工津贴、高温（寒）作业临时津贴、高空津贴等。

(4) 加班加点工资　是指按规定支付的在法定节假日工作的加班工资和在法定日工作时间外延时工作的加点工资。

(5) 特殊情况下支付的工资　是指根据国家法律、法规和政策规定，因病、工伤、产假、计划生育假、婚丧假、事假、探亲假、定期休假、停工学习、执行国家或社会义务等原因按计时工资标准或计时工资标准的一定比例支付的工资。

日工资单价是指施工企业平均技术熟练程度的生产工人在每工作日（国家法定工作时间内）按规定从事施工作业应得的日工资总额。

我国工资制度规定的是月工资标准，定额中的人工消耗以工日计，因此须将月工资化为日工资，即：

$$日工资单价=\frac{月工资总收入}{年平均月法定工作日}$$

$$日工资单价=\frac{\begin{matrix}生产工人平均\\月工资(计时、计件)\end{matrix}+平均月奖金+\begin{matrix}平均月\\津贴补贴\end{matrix}+\begin{matrix}平均月特殊情\\况下支付的工资\end{matrix}}{年平均每月法定工作日}$$

现行预算定额人工工日不分工种、技术等级，一律以综合工日表示，日工资单价采用综合工日单价。所谓综合工日单价是指在具体的资源配置条件下，某具体工程上不同工种、不同技术等级的工人的人工单价以及相应的工时比例加权平均所得到的人工单价。综合工日单价是进行工程估价的重要依据。其计算原理是将具体工程上配置的不同工种、不同技术等级的工人的人工单价进行加权平均，其步骤如下。

第一步：根据一定的人工单价的费用构成标准，在充分考虑单价影响因素的基础上，分别计算不同工种、不同技术等级工人的人工单价。

第二步：根据具体工程的资源配置方案，计算不同工种、不同技术等级的工人在该工程上的工时比例。

第三步：把不同工种、不同技术等级工人的人工单价按其相应的工时比例进行加权平均，即可得到该工程的综合人工单价。

住房城乡建设部、财政部建标【2013】44 号文件规定，工程计价定额不可只列一个综合工日单价，应根据工程项目技术要求和工种差别适当划分多种日人工单价，确保各分部工程人工费的合理构成。

现行的《江苏省安装工程计价定额》、《江苏省安装工程计价定额》中人工工日单价分为三类：一类工 77 元/工日、二类工 74 元/工日、三类工 69 元/工日。各企业根据本企业的情况选用，也可重新测定。实际使用时，应根据省级或行业主管部门的规定适时调整人工工日单价。

3.2.2 材料单价

材料费占整个工程造价比重较大，正确确定材料单价，有利于合理确定工程造价。

3.2.2.1 材料单价

按照住房城乡建设部、财政部建标【2013】44 号文件的规定，材料费由下列四种费用构成。

(1) 材料原价　是指材料、工程设备的出厂价格或商家供应价格。

(2) 运杂费 是指材料、工程设备自来源地运至工地仓库或指定堆放地点所发生的全部费用。

(3) 运输损耗费 是指材料在运输装卸过程中不可避免的损耗。

(4) 采购及保管费 是指为组织采购、供应和保管材料、工程设备的过程中所需要的各项费用。包括采购费、仓储费、工地保管费、仓储损耗。

工程设备是指构成或计划构成永久工程一部分的机电设备、金属结构设备、仪器装置及其他类似的设备和装置。

$$材料费=\sum(材料消耗量\times材料单价)$$

$$工程设备费=\sum(工程设备量\times工程设备单价)$$

材料单价又称“材料预算价格”，是指材料由来源（或交货地点）到达工地仓库（或施工现场内存放材料的地点）后的出库价格。

从材料费的构成可以看出，运输损耗费、仓储损耗费已包括在材料费中，但不包括施工现场内不可避免的材料损耗，施工现场内的材料损耗已计算在材料消耗定额中。

3.2.2.2 材料单价的计算

(1) 材料原价 材料原价是指材料的销售价格。根据材料的来源不同，一般是指出厂价、批发价或市场零售价格。在确定材料原价时，由于同一种材料因来源地、供应单位、供货单价不同，应根据不同来源地的供应量比例，采用加权平均的方法计算原价。

$$加权平均原价=\frac{\sum K_iC_i}{\sum K_i}$$

式中 K_i——不同供货渠道的供货量；

C_i——不同供货渠道的原价。

【例 3.4】 生石灰有两个来源地，甲地供应量为 70t，供应价 330.0 元/t，乙地供应量为 30t，供应价 350.0 元/t，则生石灰的加权平均原价是：

解

$$加权平均价=\frac{70\times330.0+30\times350.0}{70+30}=336.0(元/t)$$

(2) 材料运杂费 材料运杂费应根据材料的来源地、运输里程、运输方法，并根据国家有关部门或地方政府交通运输管理部门规定计算。

运杂费一般有两种计算方法。

直接计算：按材料质（重）量和运输里程来计算。

间接计算：根据材料运杂费来测定一个运杂费率，采用材料原价乘以材料运杂费率的简化方式估算，即：

$$材料运杂费=材料原价\times材料运杂费率$$

(3) 运输损耗费

$$运输损耗费=(材料原价+材料运杂费)\times运输损耗费率$$

(4) 采购保管费

采购保管费一般按照材料到库价格以费率计算。

$$采购保管费=(材料原价+材料运杂费+运输损耗费)\times采购保管费率$$

综上所述：

材料单价＝材料原价＋材料运杂费＋运输损耗费＋采购保管费
＝［(材料原价＋运杂费)×(1＋运输损耗费率)］×(1＋采购保管费率)
工程设备单价＝(设备原价＋运杂费)×(1＋采购保管费率)

【例 3.5】 425 号水泥原价 415 元/t，运杂费率为 2.5%，运输损耗费率为 1.0%，采购保管费率为 2.0%。试确定该地区 425 号水泥的预算价格。

解 原价 415 元/t
材料运杂费 415×2.5%＝10.38 元/t
运输损耗费 (415＋10.38)×1.0%＝4.25 元/t
采购保管费 (415＋10.38＋4.25)×2.0%＝8.59 元/t
水泥预算价格＝415＋10.38＋4.25＋8.59＝438.22 元/t

3.2.3 施工机械台班单价

按照住房城乡建设部、财政部建标【2013】44 号文件的规定，施工机具使用费是指施工作业所发生的施工机械、仪器仪表使用费或其租赁费，即：

施工机具使用费＝施工机械使用费＋仪器仪表使用费
施工机械使用费＝Σ(施工机械台班消耗量×机械台班单价)
仪器仪表使用费＝工程使用的仪器仪表摊销费＋维修费

施工机械台班使用费是指建筑安装工程施工过程中使用施工机械而发生的费用，应根据施工中耗用的机械台班数量和机械台班单价确定。施工机械台班消耗量按有关定额计算；施工机械台班单价是指一台施工机械，在正常运转条件下一个工作班中所发生的全部费用，每台班按 8h 工作制计算。施工机械台班使用费是构成工程预算价值的主要内容之一，正确制定施工机械台班单价是合理控制工程造价的一个重要方面。

3.2.3.1 *施工机械台班单价的构成*

一台施工机械工作 8h 为一个台班，每个台班必需消耗的人工、物料和应分摊的费用即是一个机械台班单价。根据现行规定，施工机械台班单价应由下列七项费用组成。

(1) 折旧费　指施工机械在规定的使用年限内，陆续收回其原值的费用。

(2) 大修理费　指施工机械按规定的大修理间隔台班进行必要的大修理，以恢复其正常功能所需的费用。

(3) 经常修理费　指施工机械除大修理以外的各级保养和临时故障排除所需的费用。包括为保障机械正常运转所需替换设备与随机配备工具附具的摊销和维护费用，机械运转中日常保养所需润滑与擦拭的材料费用及机械停滞期间的维护和保养费用等。

(4) 安拆费及场外运费　安拆费指施工机械（大型机械除外）在现场进行安装与拆卸所需的人工、材料、机械和试运转费用以及机械辅助设施的折旧、搭设、拆除等费用；场外运费指施工机械整体或分体自停放地点运至施工现场或由一施工地点运至另一施工地点的运输、装卸、辅助材料及架线等费用。

该四项费用不因施工地点和施工条件不同而发生变化，属于分摊性质的费用。称为不变费用或第一类费用。这类费用由有关部门统一测算，按全年所需费用分摊到每一台班中计算。

(5) 人工费　指机上司机（司炉）和其他操作人员的人工费。

(6) 燃料动力费　指施工机械在运转作业中所消耗的各种燃料及水、电等。

(7) 税费　指施工机械按照国家规定应缴纳的车船使用税、保险费及年检费等。

该三项费用常因机械运行、施工地点和条件不同而变化，其特点是只在机械运转时发生，属于支出性质的费用。称为可变费用或第二类费用。编制台班费时，应按各地区的工资标准、材料价格和交通部门的规定计算，以符合地区实际。

机械台班单价＝不变费用＋可变费用

＝第一类费用＋第二类费用

3.2.3.2　施工机械台班单价的计算

(1) 折旧费　折旧费指机械在规定的使用期内，陆续收回其原始价值及所支付贷款利息的费用。

施工机械是企业的固定资产，在其使用过程中虽然表面上仍保持着原来的实物状态，但随着长年不断的运转会逐渐发生磨损，逐渐消失其使用价值，直至报废。为了保证固定资产的更新，必需按照折旧的办法，以台班摊销的形式，随着机械使用年限，逐渐地将其价值转移到工程成本中去，按照机械使用的台班，为补偿机械的损耗而提取的这部分费用称为台班折旧费（简称为折旧费）。计算公式如下：

$$台班折旧费=\frac{机械预算价格\times(1-残值率)\times时间价值系数}{耐用总台班}$$

机械预算价格包括国产机械预算价格和进口机械预算价格两种情况。国产机械预算价格是指机械出厂价格加上从生产厂家（或销售单位）交货地点运至使用单位机械管理部门验收入库的全部费用，包括出厂价格、运杂费和采购保管费。进口机械预算价格是由进口机械到岸完税价格加上关税、增值税、外贸手续费、银行财务费以及由口岸运至使用单位机械管理部门验收入库的全部费用。

残值率指施工机械报废时其回收的残余价值占机械原值（即机械预算价格）的比率，净残值率一般按照固定资产原值的3%～5%确定。各类施工机械的残值率综合确定如下：

机械类别	残值率
运输机械	2%
特、大型机械	3%
中、小型机械	4%
掘进机械	5%

时间价值系数是指购置施工机械的资金在施工生产过程中随着时间的推移而产生的增值，从而合理反映资金的时间价值，以大于1的时间价值系数，将时间价值（单利）分摊在台班折旧费中。

$$时间价值系数=1+\frac{(n+1)}{2}i$$

式中　n——机械的折旧年限，指国家规定的各类固定资产计提折旧的年限；

i——年折现率，以定额编制当年的银行贷款年利率为准。

耐用总台班是指机械在正常施工作业条件下，从投入使用起到报废止，按规定应达到的使用总台班数。机械使用总台班的计算公式为：

耐用总台班＝年工作台班×折旧年限

＝大修周期×大修理间隔台班

年工作台班是根据有关部门对各类机械最近三年的统计资料分析确定。

大修间隔台班是指机械自投入使用起至第一次大修止或自上一次大修后投入使用起至下一次大修止，应达到的使用台班数。

大修周期即使用周期，是指机械在正常的施工作业条件下，将其寿命期（即耐用总台班）按规定的大修理次数划分为若干个周期。计算公式为：

$$大修周期=寿命期大修理次数+1$$

(2) 大修费　大修费指机械达到规定大修间隔期必需进行大修理以恢复机械正常的功能所需的费用。大修的特点是修理的范围广，需要的费用多，间隔时间长。

为保证大修理费的来源可靠和使工程成本负担均衡，不宜将为设备大修理而发生的费用一次计入工程成本。而是将这部分费用，采用与折旧相同的方式进行折旧提成，用台班摊销的方法，逐渐转入工程成本。

大修理费应包括机械大修时所必需更换的配件、消耗材料、其他材料费和大修工时费、运输费等内容。其计算公式：

$$台班大修费=\frac{一次大修费\times大修次数}{耐用台班}$$

一次大修理费是指机械设备按规定的大修理范围和修理工作内容，进行一次全面修理所需消耗的工时、配件、辅助材料、油燃料以及送修运输等全部费用。一次大修费用应以《全国统一施工机械保养修理技术经济定额》为基础，结合编制期市场价格综合确定。

寿命期大修理次数是指机械设备为恢复原机功能按规定在使用期限内需要进行的大修理次数，应参照《全国统一施工机械保养修理技术经济定额》确定。

$$\begin{aligned}大修次数&=\frac{耐用总台班}{大修间隔台班}-1\\&=大修周期-1\end{aligned}$$

(3) 经常修理费　经常修理费指机械设备除大修理以外必需进行的各级保养（包括一、二、三级保养）以及临时故障排除和机械停置期间的维护保养等所需各项费用；为保障机械正常运转所需替换设备、随机工具附具的摊销及维护费用；机械运转及日常保养所需润滑、擦拭材料费用。机械寿命期内上述各项费用之和分摊到台班费中，即为台班经修费。其计算公式为：

$$\begin{matrix}台班\\经修费\end{matrix}=\frac{\sum\begin{pmatrix}保养一\\次费用\end{pmatrix}\times\begin{pmatrix}保养\\总次数\end{pmatrix}}{耐用总台班}+\begin{matrix}临时故\\障排除费\end{matrix}+\begin{matrix}替换设备和工具\\附具台班摊销费\end{matrix}+\begin{matrix}例保\\辅料费\end{matrix}$$

各级保养（一次）费用：分别指机械在各个使用周期内为保证机械处于完好状况，必需按规定的各级保养间隔周期、保养范围和内容进行的一、二、三级保养或定期保养所消耗的工时、配件、辅料、油燃料等费用，计算方法同一次大修费计算方法。

寿命期各级保养总次数：分别指一、二、三级保养或定期保养在寿命期内各个使用周期中保养次数的之和。

机械临时故障排除费用：指机械除规定的大修理及各级保养以外，排除临时故障所需费用以及机械在工作日以外的保养维护所需润滑擦拭材料费。经调查和测算，按各级保养（不包括例保辅料费）费用之和的3%计算。

替换设备及工具附具台班摊销费：指轮胎、电缆、蓄电池、运输皮带、钢丝绳、胶皮管、履带板等消耗性设备和按规定随机配备的全套工具附具的台班摊销费用。

例保辅料费：即机械日常保养所需润滑擦拭材料的费用。应以《全国统一施工机械保养修理技术经济定额》为基础，结合编制期市场价格综合确定。

(4) 安拆费及场外运费　安拆费是指机械在施工现场进行安装、拆卸所需人工、材料、机械和试运转费用以及安装所需的机械辅助设施（例如基础、底座、固定锚桩、行走轨道、枕木等）的折旧、搭设、拆除等费用。

场外运费是指机械整体或分体自停置地点运至施工现场或一工地运至另外一工地的运输、装卸、辅助材料以及架线等费用。

定额台班基价内所列安拆费及场外运输费，均分别按不同机械、型号、重量、外形、体积，安拆和运输方法测算其工、料、机械的耗用量综合计算取定。除地下工程机械外，均按年平均4次运输、运距平均25km以内考虑。

安拆费及场外运输费的计算式如下：

$$台班安拆费=\frac{机械一次安拆费\times年平均安拆次数}{年工作台班}+台班辅助设施摊销费$$

$$台班辅助实施摊销费=\frac{辅助实施一次费用\times(1-残值率)}{辅助实施使用台班}$$

$$\begin{matrix}台班场\\外运费\end{matrix}=\frac{\left(\begin{matrix}一次运输\\及装卸费\end{matrix}+\begin{matrix}辅助材料\\一次摊销费\end{matrix}+\begin{matrix}一次\\架线费\end{matrix}\right)\times\begin{matrix}年平均场\\外运输次数\end{matrix}}{年工作台班}$$

在定额台班基价中未列此项费用的项目有：一是金属切削加工机械等，由于该类机械系安装在固定的车间房屋内，无需经常安拆运输；二是不需要拆卸安装自身能开行的机械，例如水平运输机械；三是不适于按台班摊销本项费用的机械，例如特、大型机械，其安拆费及场外运输费可按定额规定另行计算。

(5) 燃料动力费　燃料动力费指机械设备在运转施工作业中所耗用的固体燃料（煤炭、木材）、液体燃料（汽油、柴油）、电力、水等费用。

$$台班燃料动力费=台班燃料动力消耗量\times相应单价$$

定额机械燃料动力消耗量，以实测的消耗量为主，以现行定额消耗量和调查的消耗量为辅的方法确定。计算公式如下：

$$台班燃料动力消耗量=\frac{实测数\times4+定额平均值+调查平均值}{6}$$

(6) 人工费　人工费指机上司机、司炉和其他操作人员的工作日以及上述人员在机械规定的年工作台班以外的人工费用。工作台班以外机上人员人工费用，以增加机上人员的工日数形式列入定额内，按下式计算：

$$台班人工费=定额机上人工工日\times日工资单价$$

$$定额机上人工工日=机上定员工日\times(1+增加工日系数)$$

$$增加工日系数=\frac{年度工日-年工作台班}{年工作台班}$$

(7) 税费　税费包括按照国家规定应缴纳的车船使用税、保险费及年检费等，按各省、自治区、直辖市规定标准计算。

$$税费=\frac{车船使用税+保险费+年检费}{年工作台班}$$

在我国现行体制条件下，政府授权部门根据以上所述的机械台班单价的费用组成及确定方法，经综合平均后统一编制，并以《全国统一施工机械台班费用定额》或《××省施工机械台班费用定额》的形式发布，目前在国内编制工程造价时，均以《全国统一施工机械台班费用定额》或《××省施工机械台班费用定额》所规定的台班单价作为计算机械费的依据。

4 给排水工程

《通用安装工程工程量计算规范》(GB 50856—2013) 附录 K 给排水、采暖、燃气工程适用于采用工程量清单计价的新建、扩建项目中的生活用给排水、采暖、燃气工程。主要内容包括：生活用给排水、采暖、燃气管道安装，附件、配件安装，支架制作安装，暖、卫、燃气器具安装和小型容器制作安装，采暖工程系统调整等。

4.1 给排水管道

4.1.1 工程量清单项目

给排水管道工程量清单项目设置、项目特征、计量单位及工程量计算规则，应按照《通用安装工程工程量计算规范》附录 K.1 的规定执行，如表 4.1 所示。

4.1.1.1 项目特征

项目特征反映了清单项目自身的本质特征，它直接影响实体自身价值，必须描述清楚。

(1) 管道安装部位　指管道安装在室内、室外。

表 4.1　K.1 给排水、采暖、燃气管道（编码：031001）

<table>
<tr><th>项目编码</th><th>项目名称</th><th>项目特征</th><th>计量单位</th><th>工程量计算规则</th><th>工作内容</th></tr>
<tr><td>031001001</td><td>镀锌钢管</td><td rowspan="4">1. 安装部位
2. 介质
3. 规格、压力等级
4. 连接形式
5. 压力试验及吹、洗设计要求
6. 警示带形式</td><td rowspan="4">m</td><td rowspan="4">按设计图示管道中心线以长度计算</td><td rowspan="4">1. 管道安装
2. 管件制作、安装
3. 压力试验
4. 吹扫、冲洗
5. 警示带铺设</td></tr>
<tr><td>031001002</td><td>钢管</td></tr>
<tr><td>031001003</td><td>不锈钢管</td></tr>
<tr><td>031001004</td><td>铜管</td></tr>
</table>

续表

<table>
<tr><th>项目编码</th><th>项目名称</th><th>项目特征</th><th>计量单位</th><th>工程量计算规则</th><th>工作内容</th></tr>
<tr><td>031001005</td><td>铸铁管</td><td>1. 安装部位
2. 介质
3. 材质、规格
4. 连接形式
5. 接口材料
6. 压力试验及吹、洗设计要求
7. 警示带形式</td><td rowspan="6">m</td><td rowspan="6">按设计图示管道中心线以长度计算</td><td>1. 管道安装
2. 管件安装
3. 压力试验
4. 吹扫、冲洗
5. 警示带铺设</td></tr>
<tr><td>031001006</td><td>塑料管</td><td>1. 安装部位
2. 介质
3. 材质、规格
4. 连接形式
5. 阻火圈设计要求
6. 压力试验及吹、洗设计要求
7. 警示带形式</td><td>1. 管道安装
2. 管件安装
3. 塑料卡固定
4. 阻火圈安装
5. 压力试验
6. 吹扫、冲洗
7. 警示带铺设</td></tr>
<tr><td>031001007</td><td>复合管</td><td>1. 安装部位
2. 介质
3. 材质、规格
4. 连接形式
5. 压力试验及吹、洗设计要求
6. 警示带形式</td><td>1. 管道安装
2. 管件安装
3. 塑料卡固定
4. 压力试验
5. 吹扫、冲洗
6. 警示带铺设</td></tr>
<tr><td>031001008</td><td>直埋式预制保温管</td><td>1. 埋设深度
2. 介质
3. 管道材质、规格
4. 连接形式
5. 接口保温材料
6. 压力试验及吹、洗设计要求
7. 警示带形式</td><td>1. 管道安装
2. 管件安装
3. 接口保温
4. 压力试验
5. 吹扫、冲洗
6. 警示带铺设</td></tr>
<tr><td>031001009</td><td>承插陶瓷缸瓦管</td><td rowspan="2">1. 埋设深度
2. 规格
3. 接口方式及材料
4. 压力试验及吹、洗设计要求
5. 警示带形式</td><td rowspan="2">1. 管道安装
2. 管件安装
3. 压力试验
4. 吹扫、冲洗
5. 警示带铺设</td></tr>
<tr><td>031001010</td><td>承插水泥管</td></tr>
</table>

续表

项目编码	项目名称	项目特征	计量单位	工程量计算规则	工作内容
031001011	室外管道碰头	1. 介质 2. 碰头形式 3. 材质、规格 4. 连接形式 5. 防腐、绝热设计要求	处	按设计图示以处计算	1. 挖填工作坑或暖气沟拆除及修复 2. 碰头 3. 接口处防腐 4. 接口处绝热及保护层

注：1 安装部位，指管道安装在室内、室外。

2. 输送介质包括给水、排水、中水、雨水、热媒体、燃气、空调水等。

3. 方形补偿器制作安装应含在管道安装综合单价中。

4. 铸铁管安装适用于承插铸铁管、球墨铸铁管、柔性抗震铸铁管等。

5. 塑料管安装适用于 UPVC、PVC、PP-C、PP-R、PE、PB 管等塑料管材。

6. 复合管安装适用于钢塑复合管、铝塑复合管、钢骨架复合管等复合型管道安装。

7. 直埋保温管包括直埋保温管件安装及接口保温。

8. 排水管道安装包括立管检查口、透气帽。

9. 室外管道碰头：

1）适用于新建或扩建工程热源、水源、气源管道与原（旧）有管道碰头；

2）室外管道碰头包括挖工作坑、土方回填或暖气沟局部拆除及修复；

3）带介质管道碰头包括开关闸、临时放水管线铺设等费用；

4）热源管道碰头每处包括供、回水两个接口；

5）碰头形式指带介质碰头、不带介质碰头。

10. 管道工程量计算不扣除阀门、管件（包括减压器、疏水器、水表、伸缩器等组成安装）及附属构筑物所占长度；方形补偿器以其所占长度列入管道安装工程量。

11. 压力试验按设计要求描述试验方法，如水压试验、气压试验、泄漏性试验、闭水试验、通球试验、真空试验等。

12. 吹、洗按设计要求描述吹扫、冲洗方法，如水冲洗、消毒冲洗、空气吹扫等。

① 管道室内外界限的划分

a. 给水管道　以建筑外墙皮 1.5m 处为分界点，入口处设有阀门的以阀门为分界点。

b. 排水管道　以排水管出户后第一个检查井为界，检查井与检查井之间的连接管道为室外排水管道。

② 与市政工程管道或工业管道的界限划分

a. 给水管道　以计量表为界，无计量表的以与市政管道碰头点为界。

b. 排水管道　以与市政管道碰头的检查井为界。

建筑物内生产与生活共用管道、锅炉和泵类配管、高层建筑加压泵间管道均属“工业管道”，按照《通用安装工程工程量计算规范》附录 H 工业管道工程相关项目编码列项。

(2) 输送介质　给水、排水、中水、雨水、热媒体、燃气、空调水等。

(3) 规格、压力等级　规格是指管道直径（公称直径 DN 或管道外径等）及壁厚，压力等级是指管道公称压力 PN。

公称直径：为保证管道、管件、阀门等之间的互换性，而规定的一种用毫米表示的通径，符号为 DN。公称直径来源于过去习惯使用的英制单位的换算，一般 DN 只是近似值，近似于管道的内径。

公称压力：管内介质温度 20℃时，管道或附件所能承受的以耐压强度（MPa）表示的压力，用 PN 表示。同一公称直径（或管道外径）的管道，因为压力等级不同，管材壁厚不同，管道的单价也不一样。

通常镀锌钢管、焊接钢管、铸铁管按公称直径DN表示；无缝钢管、碳素钢板卷管、合金钢管、不锈钢管、铝管、铜管、塑料管应以外径表示。用外径表示的应标出管材的壁厚，如$\Phi108\times4$等；混凝土管、钢筋混凝土管以管道内径d表示。

(4) 材质　铸铁管包括承插铸铁管、球墨铸铁管、柔性抗震铸铁管等；塑料管包括UPVC、PVC、PP-C、PP-R、PE、PB管等塑料管材；复合管包括钢塑复合管、铝塑复合管、钢骨架复合管等复合型管道。

(5) 连接方式　包括螺纹连接、焊接（电弧焊、氧乙炔焊）、承插、卡接、热熔、粘接等。

(6) 压力试验要求　按设计要求描述试验方法，如水压试验、气压试验、泄漏性试验、闭水试验、通球试验、真空试验等。

(7) 吹、洗设计要求　按设计要求描述吹扫、冲洗方法，如水冲洗、消毒冲洗、空气吹扫等。

(8) 碰头形式　指带介质碰头、不带介质碰头。

4.1.1.2　工程量计算规则

(1) 各种管道　按设计图示管道中心线以长度计算，不扣除阀门、管件（包括减压器、疏水器、水表、伸缩器等组成安装）及各种井类所占的长度；方形补偿器以其所占长度列入管道安装工程量。

需要注意的是：室外埋地管道工程量不扣除检查井所占长度。室外排水管道长度应按上一个井中心至下一个井中心长度计算，但管道中设备的长度应扣除。

(2) 室外管道碰头　按设计图示以“处”计算

管道的除锈、刷油和保温除规范中注明外，应按《通用安装工程工程量计算规范》附录M刷油、防腐蚀、绝热工程的相关规定编码列项及计价。

在《通用安装工程工程量计算规范》附录K中不设管沟土方工程的清单，如涉及管沟土方的开挖、运输和回填，应按《房屋建筑与装饰工程工程量计算规范》（GB 50854—2013）附录A土石方工程相关项目编码列项，管沟土方工程量清单设置见表4.2所示。

表4.2　A.1土方工程（编码：010101）

项目编码	项目名称	项目特征	计量单位	工程量计算规则	工程内容
010101007	管沟土方	1. 土壤类别 2. 管外径 3. 挖沟深度 4. 回填要求	1. m 2. m^3	1. 按设计图示以管道中心线长度计算 2. 按设计图示管底垫层面积乘以挖土深度计算；无管底垫层，按管外径的水平投影面积乘以挖土深度计算。不扣除各类井的长度，井的土方并入	1. 排地表水 2. 土方开挖 3. 围护（挡土板）、支撑 4. 运输 5. 回填

4.1.2　综合单价确定

(1) 管道安装预算工程量　各种管道，均以施工图所示管道中心线长度以“m”为计量单位，不扣除阀门、管件、成套器件（包括减压器、疏水器、水表、伸缩器等组成安装）

及各种井所占的长度。供暖管道应扣除暖气片所占的长度。计算管道长度时，水平安装的管道长度可按比例由平面图量取，也可按轴线尺寸推算，垂直安装的管道长度通常由系统图上的高程推算。

按介质、管道材质、连接方式、接口材料、公称直径不同，套用《江苏省安装工程计价定额》中的《第十册　给排水、采暖、燃气工程》相应定额子目。

管道安装定额包括以下的工作内容。

① 管道安装、管件连接。

② 水压试验或灌水试验；燃气管道的气压试验。

③ 铸铁排水管、雨水管及塑料排水管均包括管卡、托吊架、通风帽、雨水斗的制作安装。

④ 室内 DN32 以内钢管包括管卡及托钩制作安装。

⑤ 钢管包括弯管制作与安装（伸缩器除外），无论是现场煨制或成品弯管均不得换算。

(2) 直埋式预制保温管道　按施工图所示管道中心线长度以“延长米”计算，需扣除管件所占长度，按管芯的公称直径大小套用相应的定额。直埋式预制保温管管件安装以“个”为计量单位，按照芯管的公称直径套用相应定额。

直埋式预制保温管安装由管道安装、外套管碳钢哈夫连接、管件安装三部分组成。直埋式预制保温管管件主要指弯头、补偿器、疏水器等。

(3) 给水管道消毒、冲洗及水压试验　均以施工图所示管道中心线长度以“m”为计量单位，不扣除阀门、管件、成套器件及各种井所占的长度。按管道公称直径不同，套用《江苏省安装工程计价定额》中的《第十册　给排水、采暖、燃气工程》第一章相应定额子目。

需要注意的是：管道消毒、冲洗定额子目适用于设计和施工及验收规范中有要求的管道工程，并非所有管道都需消毒、冲洗；正常情况下，管道安装预算定额基价内已包括压力试验或灌水试验的费用，由于非施工方原因需要再次进行管道压力试验时才可执行管道压力试验定额，不要重复计算。

计价时需要注意的问题：

① 管道安装工程量应扣除暖气片所占的长度，直埋式预制保温管道需扣除管件所占长度。

② 室外、室内塑料给水管（粘接连接、热熔连接）定额已含零件安装费用，但不含接头零件材料费用，接头零件材料费用的确定方式（数量及单价）需在招标文件或合同中明确。

③ 铜管、不锈钢管焊接套用《江苏省安装工程计价定额》中的《第八册　工业管道工程》相应项目。

④ 铸铁排水管、雨水管、塑料排水管安装，均包含管卡、托吊支架、臭气帽、雨水漏斗的制作安装，但未包括雨水漏斗本身价格，雨水漏斗及雨水管件按设计计量另计主材费。

⑤ 管道安装定额基价内已包括压力试验、灌水试验或气压试验的费用，由于非施工方原因需要再次进行管道压力试验时才可执行管道压力试验定额，不要重复计算。

⑥ 对直埋式预制保温管道：定额套用时，只按芯管管径大小套用相应的定额，外套管的实际管径无论大小均不做调整；定额编制时，芯管为氩电联焊，外套管为电弧焊，实际施工时，焊接方式不同定额不做调整；管道安装定额的工作内容中不含芯管的水压试验、芯管连接部位的焊缝探伤、防腐及保温材料的填充，发生时，套用《江苏省安装工程计价定额》中的《第八册工业管道工程》及《第十一册刷油、防腐蚀、绝热工程》的相应定额；外套管碳钢哈夫连接定额的工作内容中不含焊缝探伤、焊缝防腐，发生时，套用《江苏省安装工程计价定额》中的《第八册　工业管道工程》及《第十一册　刷油、防腐蚀、绝热

工程》的相应定额；管件安装中若涉及焊缝探伤、保温材料的填充、焊缝防腐等工作内容，另套《江苏省安装工程计价定额》中的《第八册 工业管道工程》及《第十一册 刷油、防腐蚀、绝热工程》的相应定额。

⑦ 室外管道碰头，套用《江苏省市政工程计价定额》相应子目。

⑧ 定额已综合考虑了配合土建施工的留洞留槽的材料和人工，列在其他材料费内。

【例 4.1】 某 12 层住宅楼给排水管道安装工程，确定表 4.3 中分部分项工程项目清单的综合单价。

表 4.3 分部分项工程和单价措施项目清单与计价表

工程名称： 标段： 第__页 共__页

序号	项目编码	项目名称	项目特征描述	计量单位	工程数量	金额/元		
						综合单价	合价	其中：暂估价
1	031001001001	镀锌钢管	1. 安装部位：室内 2. 介质：给水 3. 规格：DN50 4. 连接形式：螺纹连接 5. 压力试验及吹、洗设计要求：水压试验、消毒冲洗	m	120			
2	031001006001	塑料管	1. 安装部位：室内 2. 介质：排水 3. 材质、规格：UPVCΦ110 4. 连接形式：粘接 5. 压力试验及吹、洗设计要求：灌水试验	m	100			

表 4.4 分部分项工程项目清单综合单价计算表

工程名称：××给排水工程　　　　计量单位：m

项目编码：031001001001　　　　工程数量：120

项目名称：镀锌钢管　　　　综合单价：66.68

序号	定额编号	工程内容	单位	数量	综合单价/元					小计/元
					人工费	材料费	机械费	管理费	利润	
1	10-164	DN50 镀锌钢管(螺纹)	10m	12	2433.12	588.24	30.24	1070.57	340.64	4462.81
2		材料：DN50 镀锌钢管	m	122.4		3441.89				3441.89
3	10-371	消毒、冲洗	100m	1.2	43.51	28.63		19.15	6.09	97.38
		合计	元		2476.63	4058.76	30.24	1089.72	346.73	8002.08

解 12 层住宅楼，根据《江苏省建设工程费用定额》的规定，该安装工程的类别为二类，管理费率为 44%，利润率为 14%。计算过程如表 4.4 和表 4.5 所示。

为便于对照计价定额数据，本书所有例题的人工按计价定额数据执行；材料费、机械费均视为除税价格，不做调整，特此说明。

表中：DN50 镀锌钢管消耗量＝12×10.20＝122.4(m)

$$\text{DN50 镀锌钢管的综合单价为 } \frac{8002.08}{120}=66.68(\text{元/m})$$

表 4.5 分部分项工程项目清单综合单价计算表

工程名称：××给排水工程　　计量单位：m

项目编码：031001006001　　工程数量：100

项目名称：塑料管　　综合单价：60.52 元

序号	定额编号	工程内容	单位	数量	综合单价组成/元					小计/元
					人工费	材料费	机械费	管理费	利润	
1	10-311	PVCΦ110 塑料管	10m	10.00	1628.00	398.90	11.20	716.32	227.92	2982.34
2		材料:塑料管	m	85.20		1704.00				1704.00
3		材料:塑料管件	个	113.80		1365.60				1365.60
		合计			1628.00	3468.50	11.20	716.32	227.92	6051.94

表中：PVCΦ110 管消耗量＝10×0.852＝85.20(m)

PVCΦ110 管件消耗量＝10×11.38＝113.8(个)

塑料排水管管件为未计价材料

$$\text{UPVCΦ110 管的综合单价为}\frac{6051.94}{100}=60.52\ (\text{元/m})$$

建筑给排水工程的管沟埋深较浅，埋深 1.5m 以内时，不放坡而可以采用矩形断面。管沟挖、填土方预算工程量：

$$V=BhL$$

式中 h——沟深，m；

B——沟底宽，m；

L——沟长，m。

管沟底宽、挖深和沟长按设计文件要求取值；管沟底宽设计文件无规定时可参照表 4.6 取定。

表 4.6 管沟底宽取值表

管径 DN/mm	铸铁管、钢管/m	混凝土、钢筋混凝土管/m	附注
50～75	0.60	0.80	1. 本表按埋深 1.5m 内考虑 2. 计算土方时可不考虑放坡
100～200	0.70	0.90	
250～350	0.80	1.00	
400～450	1.00	1.30	

组价时套用《江苏省建筑工程计价定额》相应子目。

4.2 支架及其他

4.2.1 工程量清单项目

支架及其他工程量清单项目设置、项目特征、计量单位及工程量计算规则，应按照

《通用安装工程工程量计算规范》附录 K.2 的规定执行，见表 4.7 所示。

表 4.7　K.2 支架及其他（编码：031002）

项目编码	项目名称	项目特征	计量单位	工程量计算规则	工作内容
031002001	管道支架	1. 材质 2. 管架形式	1. kg 2. 套	1. 以千克计量，按设计图示质量计算 2. 以套计量，按设计图示数量计算	1. 制作 2. 安装
031002002	设备支架	1. 材质 2. 形式			
031002003	套管	1. 名称、类型 2. 材质 3. 规格 4. 填料材质	个	按设计图示数量计算	1. 制作 2. 安装 3. 除锈、刷油

注：1. 单件支架质量 100kg 以上的管道支吊架执行设备支吊架制作安装。

2. 成品支架安装执行相应管道支架或设备支架项目，不再计取制作费，支架本身价值含在综合单价中。

3. 套管制作安装，适用于穿基础、墙、楼板等部位的防水套管、填料套管、无填料套管及防火套管等，应分别列项。

管道支架的结构形式，按不同设计要求分很多种，根据支架对管道的制约不同，可分为滑动支架和固定支架。滑动支架既直接承受管道重量，又允许管道热胀冷缩时在其上面沿轴线方向伸缩滑动；固定支架就是管道在它上面不能有任何方向位移的支架，固定支架一般不仅能够承受管道的重量，而且还可以承受管道热伸长时施加给它的推力。根据支架的结构形式可分为托架和吊架。

管道支架适用于单件支架质量 100kg 以内的管道支吊架，单件支架质量 100kg 以上的管道支吊架执行设备支吊架制作安装项目。

管道、设备支架按设计图示质量，以“千克”为计量单位计算。若以《江苏省安装工程计价定额》中的《第十册　给排水、采暖、燃气工程》作为支架制安计价依据，计算工程量时需注意以下两点。

① 室内 DN32 以内钢管安装定额已包括管卡及托钩制作安装，其支架不得另行计算。公称直径 32mm 以上的可另行计算。

② 铸铁排水管、雨水管及塑料排水管安装定额均已包括管卡及托钩制作安装，其支架不得另行计算。

常用套管形式包括一般穿墙（楼板）套管、刚性防水套管、柔性防水套管等。套管的规格根据套管内穿过的介质管道直径确定，通常比套管内穿过的介质管道直径大 1～2 号规格。套管内填料常用的有油麻、石棉绒等。

套管按设计图示数量，以“个”为计量单位计算。本章“套管”项目适用于一般工业及民用建筑中的套管制作安装。工业管道、构筑物等所用的套管，应按《通用安装工程工程量计算规范》(GB 50856—2013) 附录 H.17 其他项目制作安装编码列项。

支架的除锈、刷油和保温除规范中注明外，应按《通用安装工程工程量计算规范》附录 M 刷油、防腐蚀、绝热工程的相关规定编码列项及计价。

4.2.2　综合单价确定

(1) 管道支架制作安装　按支架图示几何尺寸以“kg”为计量单位计算，不扣除切肢开孔重量，不包括电焊条和螺栓、螺母、垫片的重量。若使用标准图集，可按图集所列支架钢材明细表计算。套用《江苏省安装工程计价定额》中的《第十册 给排水、采暖、燃气工程》第二章的相应子目。

管道支吊架的间距应按设计文件的规定确定，设计文件无规定时，支架间距应符合《建筑给水排水及采暖工程施工质量验收规范》规定要求，管道支架的最大间距见表4.8和表4.9。

表4.8 钢管管道支架的最大间距 单位：m

公称直径/mm		15	20	25	32	40	50	70	80	100	125	150	200	250	300
间距	保温	2	2.5	2.5	2.5	3	3	4	4	4.5	6	7	7	8	8.5
	不保温	2.5	3.0	3.5	4	4.5	5	6	6	6.5	7	8	9.5	11	12

表4.9 塑料管及复合管管道支架最大间距 单位：m

直径/mm			12	14	16	18	20	25	32	40	50	63	75	90	110
间距	立管		0.5	0.6	0.7	0.8	0.9	1.0	1.1	1.3	1.6	1.8	2.0	2.2	2.4
	水平管	冷水管	0.4	0.4	0.5	0.5	0.6	0.7	0.8	0.9	1.0	1.1	1.2	1.35	1.55
		热水管	0.2	0.2	0.25	0.3	0.3	0.35	0.4	0.5	0.6	0.7	0.8		

(2) 套管制作安装 按照设计图示及施工验收相关规范，以“个”为计量单位。在套用定额时，套管的规格应按实际套管的直径选用（一般应比被保护的介质管道大两号）。

【例4.2】 某综合楼给排水管道工程，有固定支架10个，采用L50×5角钢制作。每个支架角钢用料1.0m，并有一个螺卡包箍Φ8圆钢长0.5m，配六角螺母2个，编制支架制作安装工程量清单，并确定其综合单价。工程类别三类。

解 L50×5角钢总长：10×1.0＝10.0(m)

查得其理论重量为3.77kg/m，角钢总重为10.0×3.77＝37.7(kg)

Φ8圆钢总长：0.5×10＝5(m)

查得其理论重量为0.395kg/m，圆钢总重为5×0.395＝1.98(kg)

包箍螺母共2×10＝20(颗)，查得其理论重量每1000颗重5.674kg，则

包箍螺母总重20×5.674/1000＝0.11(kg)

支架总重为：37.7＋1.98＋0.11＝39.79(kg)

工程量清单见表4.10所示，综合单价14.23(元/kg)，计算见表4.11所示。

表4.10 分部分项工程和单价措施项目清单与计价表

工程名称：××给排水工程 标段： 第____页 共____页

序号	项目编码	项目名称	项目特征描述	计量单位	工程数量	金额/元		
						综合单价	合价	其中：暂估价
1	031002001001	管道支架	1. 材质:L50×5角钢 2. 管架形式:固定支架	kg	39.79			

表 4.11　分部分项工程项目清单综合单价计算表

工程名称：××给排水工程　　　　计量单位：kg

项目编码：031002001001　　　　工程数量：39.79

项目名称：管道支架　　　　综合单价：14.23 元

序号	定额编号	工程内容	单位	数量	综合单价组成					小计
					人工费	材料费	机械费	管理费	利润	
1	10-382	支架制作	100kg	0.40	70.39	29.01	77.12	28.16	9.85	214.52
2		材料:角钢	kg	42.19		168.75				168.75
3	10-383	支架安装	100kg	0.40	97.19	10.29	23.00	38.88	13.61	182.96
		合计			167.58	208.05	100.11	67.03	23.46	566.24

4.3 管道附件

4.3.1 工程量清单项目

管道附件工程量清单项目设置、项目特征、计量单位及工程量计算规则，应按照《通用安装工程工程量计算规范》附录 K.3 的规定执行，见表 4.12。

表 4.12　K.3 管道附件（编码：031003）

项目编码	项目名称	项目特征	计量单位	工程量计算规则	工作内容
031003001	螺纹阀门	1. 类型 2. 材质 3. 规格、压力等级 4. 连接形式 5. 焊接方法	个	按设计图示数量计算	1. 安装 2. 电气接线 3. 调试
031003002	螺纹法兰阀门				
031003003	焊接法兰阀门				
031003004	带短管甲乙阀门	1. 材质 2. 规格、压力等级 3. 连接形式 4. 接口方式及材质			
031003005	塑料阀门	1. 规格 2. 连接形式			1. 安装 2. 调试
031003006	减压器	1. 材质 2. 规格、压力等级 3. 连接形式 4. 附件配置	组		组装
031003007	疏水器				
031003008	除污器（过滤器）	1. 材质 2. 规格、压力等级 3. 连接形式			安装
031003009	补偿器	1. 类型 2. 材质 3. 规格、压力等级 4. 连接形式	个		

续表

项目编码	项目名称	项目特征	计量单位	工程量计算规则	工作内容
03100300	软接头(软管)	1. 材质 2. 规格 3. 连接形式	个(组)	按设计图示数量计算	安装
031003011	法兰	1. 材质 2. 规格、压力等级 3. 连接形式	副(片)		
031003012	倒流防止器	1. 材质 2. 型号、规格 3. 连接形式	套		
031003013	水表	1. 安装部位(室内外) 2. 型号、规格 3. 连接形式 4. 附件配置	组(个)		组装
031003014	热量表	1. 类型 2. 型号、规格 3. 连接形式	块		安装
031003015	塑料排水管消声器	1. 规格 2. 连接形式	个		
031003016	浮标液面计		组		
031003017	浮漂水位标尺	1. 用途 2. 规格	套		

注：1. 法兰阀门安装包括法兰连接，不得另计。阀门安装如仅为一侧法兰连接时，应在项目特征中描述。

2. 塑料阀门连接形式需注明热熔连接、粘接、热风焊接等方式。

3. 减压器规格按高压侧管道规格描述。

4. 减压器、疏水器、倒流防止器等项目包括组成与安装工作内容，项目特征应根据设计要求描述附件配置情况，或根据××图集或××施工图做法描述。

给排水管道常用的阀门种类繁多，阀门类型、型号、规格、连接方式等通常用字符表示，表示方式如下：

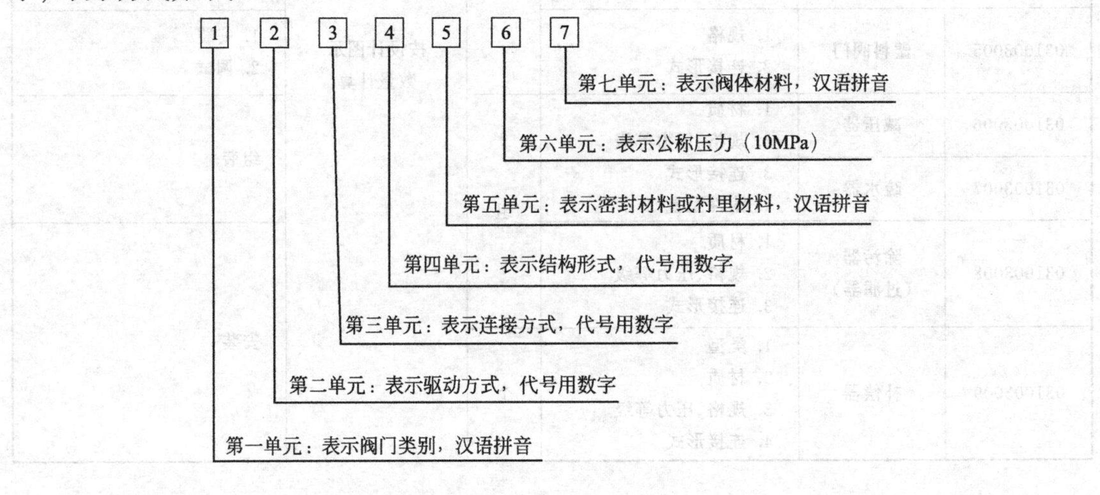

阀门代号见表 4.13 所示。

表 4.13(a) 第一单元“阀门类别”代号

类别	闸阀	截止阀	节流阀	隔膜阀	球阀	旋塞	止回阀	蝶阀	疏水阀	安全阀	减压阀
代号	Z	J	L	G	Q	X	H	D	S	A	Y

表 4.13(b) 第二单元“驱动方式”代号

方式	电磁动	电磁-液动	电-液动	涡轮	正齿轮	伞齿轮	气动	液动	气-液动	电动
代号	0	1	2	3	4	5	6	7	8	9

注：对于直接驱动的阀门或自动阀门则省略本单元。

表 4.13(c) 第三单元“连接方式”代号

连接形式	内螺纹	外螺纹	法兰	法兰	法兰	焊接	对夹	卡箍	卡套
代号	1	2	3	4	5	6	7	8	9

注：1. 法兰连接代号 3 仅用于双弹簧安全阀。

2. 法兰连接代号 5 仅用于杠杆式安全阀。

表 4.13(d) 第四单元“结构形式”代号

项目	1	2	3	4	5	6	7	8	0
闸阀	明杆楔式单闸板	明杆楔式双闸板	明杆平行式单闸板	明杆平行式双闸板	暗杆楔式单闸板	暗杆楔式双闸板	暗杆平行式单闸板	暗杆平行式双闸板	
截止阀 节流阀	直通式			角式	直流式	平衡直通式	平衡角式		
蝶阀	垂直板式		斜板式						杠杆式
隔膜阀	直通式		截止式				闸板式		
旋塞阀	直通式	调节式	填料直通式	填料三通式	填料四通式		油封式	油封三通式	
止回阀	升降直通式	升降立式		旋启单瓣式	旋启多瓣式	旋启双瓣式			
弹簧安全阀	封闭、微启式	封闭、全启式	封闭带扳手微启式	封闭带扳手全启式			带扳手微启式	带扳手全启式	
杠杆式安全阀	单杠杆微启式	单杠杆全启式	双杠杆微启式	双杠杆全启式					
减压阀	外弹簧薄膜式	内弹簧薄膜式	活塞式	波纹管式	杠杆弹簧式	气垫薄膜式			

表 4.13(e) 第五单元“密封材料或衬里材料”代号

材料	铜	橡胶	合金钢	渗碳钢	巴氏合金	硬质合金	铝合金	衬铅	搪瓷	尼龙	衬胶	氟塑料	渗硼钢	阀体直接加工
代号	T	X	H	D	B	Y	L	Q	C	N	J	F	P	W

表 4.13(f) 第七单元“阀体材料”

材料	灰铸铁	可锻铸铁	球墨铸铁	铜合金	碳钢	铬钼合金钢	铬镍钛钢	铝合金	铅合金
代号	Z	K	Q	T	C	I	P	L	B

例如：阀门代号为J41T-16K，其含义为；截止阀、手轮直接驱动（省略），法兰连接、直通式、密封圈为铜质，公称压力为1.6MPa、阀体材料为可锻铸铁。

法兰阀门安装包括法兰连接，法兰不得另计。阀门安装如仅为一侧法兰连接时，应在项目特征中描述。

减压器、疏水器、水表组成安装以“组”为计量单位，其项目包括组成与安装工作内容，项目特征应根据设计文件要求描述附件配置情况或根据××图集或××施工图做法描述。附件配置情况包括组成该节点的旁通管、阀门和止回阀的规格及数量，阀门、止回阀和法兰不得另列清单计算。若单独安装法兰水表，则以“个”为计量单位。

减压器规格按高压侧的直径确定。

管道附件工程量计算规则：按设计图示数量以“组”、“个”、“副”等为计量单位计算。

4.3.2 综合单价确定

(1) 阀门　阀门安装工程量，均以“个”为计量单位，按连接方式（螺纹、法兰）、公称直径和类别不同套用《江苏省安装工程计价定额》中的《第十册　给排水、采暖、燃气工程》相应定额。未计价材料：阀门。

《江苏省安装工程计价定额》中的《第十册　给排水、采暖、燃气工程》中，凡用法兰连接的阀门、暖、卫、燃气器具均已包括法兰、螺栓的安装，且法兰、螺栓为已计价材料，如图4.1所示，法兰安装不再单独编制工程量清单及计价。

图4.1　法兰阀门安装组成

法兰阀门安装，如仅为一侧法兰连接时，定额中所列法兰、带帽螺栓及垫圈数量减半，其余不变。

自动排气阀安装均以“个”为计量单位，已包括了支架制作安装，不得另行计算。

浮球阀安装均以“个”为计量单位，已包括联杆及浮球的安装，不得另行计算。遥控浮球阀安装已包含了电气检查接线、电器单体测试、电气调试等工作内容。

安全阀安装，按阀门安装相应定额项目乘以系数2.0计算。

塑料阀门套用《第八册 工业管道安装》相应定额。

(2) 法兰　法兰安装分铸铁螺纹法兰和钢制焊接法兰，工程量按图示以“副”为计量单位计算。计价定额中已包括了垫片制作的人工和材料，垫片的材料是按石棉板考虑的，若采用其他材料，不作调整。铸铁法兰（螺纹连接）定额已包括了带帽螺栓的安装人工，螺栓材料费另计。碳钢法兰（焊接）定额基价中已包括螺栓、螺帽的材料费，不得另行计算。

各种法兰连接用垫片均按石棉橡胶板计算。若用其他材料，不做调整。

(3) 水表　水表组成安装，以“组”为计量单位，按不同连接方式（螺纹、焊接）、公称直径，套用《江苏省安装工程计价定额》中的《第十册 给排水、采暖、燃气工程》相应定额。未计价材料：水表。

《江苏省安装工程计价定额》第十册中水表节点组成安装是按原《给水排水标准图集》S145 编制的，水表节点组成如图 4.2、图 4.3 所示。螺纹水表组成安装定额基价中已包括 1 个阀门的安装及材料费用，因此，在计价时，阀门不再另列清单及计价；法兰水表组成安装包含旁通管、法兰、闸阀及止回阀等的安装人工费，法兰、闸阀及止回阀不得另列清单及计价。

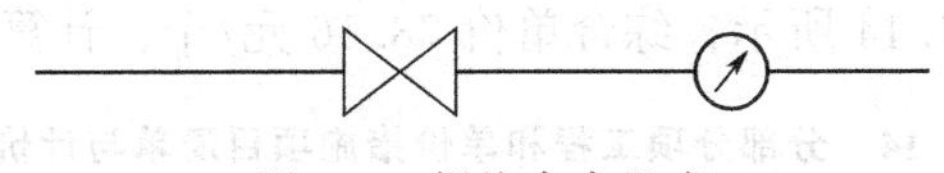

图 4.2　螺纹水表组成

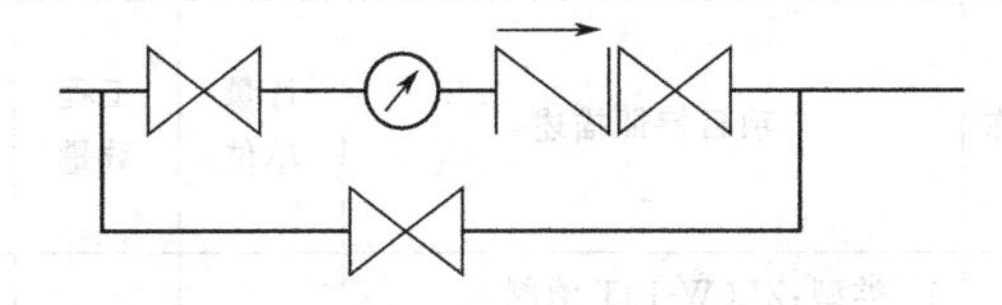

图 4.3　法兰水表组成

若单独安装法兰水表，则以“个”为计量单位，套用“低压法兰式水表安装”定额，其中法兰、带帽螺栓均为已计价材料，但不包括阀门安装。

住宅嵌墙水表箱按水表箱半周长尺寸，以“个”为计量单位。

(4) 减压器、疏水器　减压器、疏水器组成安装，以“组”为计量单位，按不同连接方式（螺纹、焊接)、公称直径，套用《江苏省安装工程计价定额》第十册相应定额。其中减压器安装规格按高压侧的直径计算。

《江苏省安装工程计价定额》第十册中减压器组成安装、疏水器组成安装是按原《采暖通风国家标准图集》N108 编制的，疏水器组成如图 4.4 所示。减压器、疏水器组成安装基价中已包括法兰、阀门、压力表及旁通管的安装人工及材料费用，在计价时，法兰、阀门不再单独编制清单及计价；若设计组成与定额不同时，阀门和压力表数量可按设计用量进行调整，其余不变。

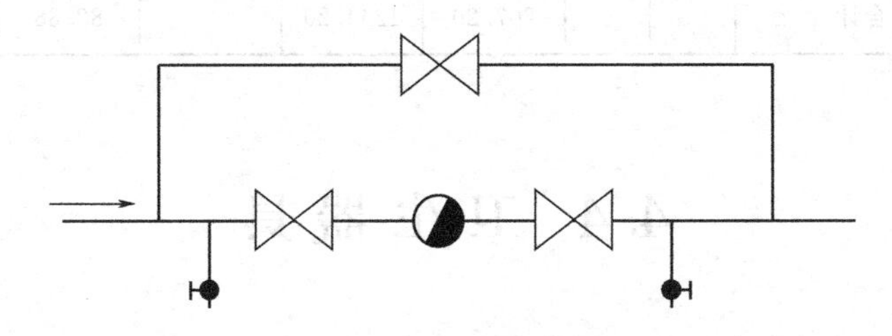

图 4.4　疏水器组成

若减压器、疏水器单体安装，可执行相应规格阀门安装子目。

(5) 伸缩器　各种伸缩器制作安装，均以“个”为计量单位，方形伸缩器的两臂按臂长的 2 倍合并在管道长度内计算。

(6) 倒流防止器　倒流防止器以“套”为计量单位，根据安装方式套用相应同规格的阀门定额，人工乘以系数 1.3。

(7) 其他

① 热量表根据安装方式套用相应规格的水表定额，人工乘以系数 1.3。

② 浮标液面计以“组”为计量单位，水位标尺以“套”为计量单位。浮标液面计、水

位标尺是按国标编制的，若设计与国标不符，可做调整。

③ 塑料排水管消声器，其安装费已包含在相应的管道和管件安装定额中，相应的管道按延长米计算。

【例 4.3】 某住宅楼给排水工程，由设计图示确定的 Z15W-10T DN32 阀门 20 个，编制工程量清单，并确定其综合单价。

解 工程量清单见表 4.14 所示，综合单价 78.16 元/个，计算如表 4.15 所示。

表 4.14 分部分项工程和单价措施项目清单与计价表

工程名称：××给排水工程　　标段：　　第____页 共____页

序号	项目编码	项目名称	项目特征描述	计量单位	工程数量	金额/元		
						综合单价	合价	其中暂估价
1	031003001001	螺纹阀门	1. 类型：ZL5W-10T 闸阀 2. 材质：铜 3. 规格、压力等级：DN32、1.0MPa 4. 连接形式：螺纹	个	20			

表 4.15 分部分项工程项目清单综合单价计算表

工程名称：××给排水工程　　计量单位：个

项目编码：031003001001　　工程数量：20

项目名称：螺纹阀门　　综合单价：78.16 元

序号	定额编号	工程内容	单位	数量	综合单价组成/元					小计/元
					人工费	材料费	机械费	管理费	利润	
1	10-421	DN32 螺纹阀门	个	20.00	207.20	234.20		82.88	29.01	553.29
2		材料：阀门	个	20.20		1010.00				1010.00
		合计			207.20	1244.20		82.88	29.01	1563.29

4.4 卫生器具

4.4.1 工程量清单项目

卫生器具工程量清单项目设置、项目特征描述的内容、计量单位及工程量计算规则，应按《通用安装工程工程量计算规范》附录 K.4 的规定执行，如表 4.16 所示。

编制清单应注意以下几方面。

① 成品卫生器具项目中的附件安装，包括给水附件和排水附件安装。给水附件包括水嘴、阀门、喷头等，排水配件包括存水弯、排水栓、下水口等以及配备的连接管。

② 成品卫生器具安装工程应按材质、型号规格、组装形式、附件名称数量等不同特征编制清单。即使同一名称的卫生器具，因为规格、型号不同，也要分别编制工程量清单，以便投标人报价。具体来说：

表 4.16　K.4 卫生器具（编码：031004）

项目编码	项目名称	项目特征	计量单位	工程量计算规则	工作内容
031004001	浴缸	1. 材质 2. 规格、类型 3. 组装形式 4. 附件名称、数量	组	按设计图示数量计算	1. 器具安装 2. 附件安装
031004002	净身盆				
031004003	洗脸盆				
031004004	洗涤盆				
031004005	化验盆				
031004006	大便器				
031004007	小便器				
031004008	其他成品卫生器具				
031004009	烘手器	1. 材质 2. 型号、规格	个		安装
031004010	淋浴器	1. 材质、规格 2. 组装形式 3. 附件名称、数量	套		1. 器具安装 2. 附件安装
031004011	淋浴间				
031004012	桑拿浴房				
031004013	大、小便槽自动冲洗水箱	1. 材质、类型 2. 规格 3. 水箱配件 4. 支架形式及做法 5. 器具及支架除锈、刷油设计要求			1. 制作 2. 安装 3. 支架制作、安装 4. 除锈、刷油
031004014	给、排水附（配）件	1. 材质 2. 型号、规格 3. 安装方式	个（组）		安装
031004015	小便槽冲洗管	1. 材质 2. 规格	m	按设计图示长度计算	1. 制作 2. 安装
031004016	蒸汽-水加热器	1. 类型 2. 型号、规格 3. 安装方式	套	按设计图示数量计算	
031004017	冷热水混合器				
031004018	饮水器				
031004019	隔油器	1. 类型 2. 型号、规格 3. 安装部位			安装

注 1. 成品卫生器具项目中的附件安装，主要指给水附件包括水嘴、阀门、喷头等，排水配件包括存水弯、排水栓、下水口等以及配备的连接管。

2. 浴缸支座和浴缸周边的砌砖、瓷砖粘贴，应按现行国家标准《房屋建筑与装饰工程工程量计算规范》GB 50854 相关项目编码列项；功能性浴缸不含电机接线和调试，应按本规范附录 D 电气设备安装工程相关项目编码列项。

3. 洗脸盆适用于洗脸盆、洗发盆、洗手盆安装。

4. 器具安装中若采用混凝土或砖基础，应按现行国家标准《房屋建筑与装饰工程工程量计算规范》GB 50854 相关项目编码列项。

5. 给、排水附（配）件是指独立安装的水嘴、地漏、地面扫出口等。

a. 对浴盆要说明：浴盆的材质（搪瓷、铸铁、玻璃钢、塑料）、规格（1400、1650、1800）、组装形式（冷水、冷热水、冷热水带喷头）等。

b. 对洗脸盆要说明：洗脸盆的型号（立式、台式、普通）、规格、组装形式（冷水、冷热水)、开关种类（肘式、脚踏式）等。

c. 对淋浴器要说明：淋浴器的材质、组装形式（钢管组成、铜管成品）。

d. 对淋浴间、桑拿浴房要说明材质、规格类型、组装方式等。

e. 对大便器要说明：大便器规格类型（蹲式、坐式、低水箱、高水箱)、组装形式（虹吸低水箱冲洗、普通冲洗阀冲洗、手压阀冲洗、脚踏冲洗、自闭式冲洗）等。

f. 对小便器要说明：小便器规格、类型（挂斗式、立式)、组装形式（普通、自动）等。

③ 洗脸盆适用于洗脸盆、洗发盆、洗手盆安装。

④ 给、排水附（配）件是指独立安装的水嘴、地漏、地面扫除口等。

⑤ 浴缸支座和浴缸周边的砌砖、瓷砖粘贴，应按现行国家标准《房屋建筑与装饰工程工程量计算规范》（GB 50854—2013）相关项目编码列项；功能性浴缸不含电机接线和调试，应按本规范附录D电气设备安装工程相关项目编码列项。

⑥ 小便槽冲洗管制作安装不包括冲洗管控制阀门的安装，控制阀门要单独编码列项。

⑦ 蒸汽-水加热器的安装工程内容中不包括阀门、疏水器的安装，因此，阀门、疏水器的安装要单独编码列项。

⑧ 容积式热交换器的安装工程内容不包括安全阀的安装，安全阀的安装要单独编码列项。

⑨ 饮水器安装仅指本体安装，阀门和脚踏开关的安装另外编码列项。

⑩ 卫生器具的安装均包括了卫生器具与给水、排水管道连接的相关费用，在编制卫生器具安装清单和给排水管道安装清单时，要正确划分给排水管道与卫生器具配管的分界点。

⑪ 器具安装中若采用混凝土或砖基础，应按现行国家标准《房屋建筑与装饰工程工程量计算规范》(GB 50854—2013）相关项目编码列项。

卫生器具工程量计算规则：按设计图示数量以“组”、“个”、“套”等为计量单位计算。

4.4.2 综合单价确定

① 卫生器具组成安装以“组”为计量单位，已按标准图综合了卫生器具与给水管、排水管连接的人工与材料用量，不得另行计算。

② 浴盆安装适用于各种型号的浴盆，浴盆安装不包括支座和四周侧面的砌砖及瓷砖粘贴。按摩浴盆安装包含了相应的水嘴安装。

③ 淋浴房组成、安装以“套”为计量单位，包含了相应的水嘴安装。

④ 台式洗脸盆安装，不包括台面安装，发生时套用相应的定额。已含支撑台面所需的金属支架制作安装，若设计用量超过定额含量的可另行增加金属支架的制作安装。

⑤ 洗脸盆肘式开关安装，不分单双把，均执行同一项目。

⑥ 脚踏开关安装，已包括了弯管与喷头的安装，不得另行计算。

⑦ 不锈钢洗槽为单槽，若为双槽，按单槽定额的人工乘以系数 1.20 计算。本子目也适用于瓷洗槽。

⑧ 蹲式大便器安装，已包括了固定大便器的垫砖，但不包括大便器蹲台砌筑；带感应器的大便器安装，已包含了电气检查接线、电气测试等工作内容。

⑨ 大便槽、小便槽自动冲洗水箱安装以“套”为计量单位，已包括了水箱托架的制作安装，不得另行计算。

⑩ 小便槽冲洗管制作与安装以“m”为计量单位，但不包括阀门安装，其工程量可按相应定额另行计算。

⑪ 小便器带感应器定额适用于挂式、立式等各种安装形式。带感应器的小便器安装，已包含了电气检查接线、电气测试等工作内容。

⑫ 淋浴器安装，以“组”计量。淋浴器铜制品安装适用于各种成品淋浴器安装。

⑬ 水龙头安装按不同公称直径，以“个”计算。冷热水带喷头淋浴水龙头适用于仅单独安装淋浴龙头；感应龙头不分规格，均套用感应龙头安装定额。感应龙头安装已包含了电气检查接线、电气测试等工作内容。

⑭ 地漏、清扫口安装工程量，按不同公称直径，以“个”计算。

⑮ 冷热水混合器安装以“套”为计量单位，不包括支架制作安装及阀门安装，其工程量可按相应定额另行计算。

⑯ 蒸汽-水加热器安装以“台”为计量单位，包括莲蓬头安装，不包括支架制作安装及阀门、疏水器安装，其工程量可按相应定额另行计算。

⑰ 容积式水加热器安装以“台”为计量单位，不包括安全阀门安装、保温与基础砌筑，可按相应定额另行计算。

⑱ 烘手器安装套用《江苏省安装工程计价定额》中的《第四册　电气设备安装工程》相应定额。

要准确计算给排水管道工程量，必须分清给排水管道与卫生器具配管的分界点。

浴盆安装范围分界点：给水（冷、热）水平管与支管交接处及排水管存水弯处，如图4.5中点画线所示范围。图中水平管安装高度750mm，若水平管设计标高超过750mm，冷热水水嘴需增加引下管，则该引下管计入到管道安装中。

浴盆未计价材料包括：浴盆、冷热水嘴或冷热水嘴带喷头、排水配件、喷头卡架和喷头挂钩等。

妇女净身盆安装范围分界点：给水（冷、热）水平管与支管交接处及排水管在存水弯处，见图4.6中点画线。水平管安装高度250mm，若超高而产生引下管，处理同浴盆。

未计价材料包括：净身盆、水嘴、冲洗喷头铜活件、排水配件等。

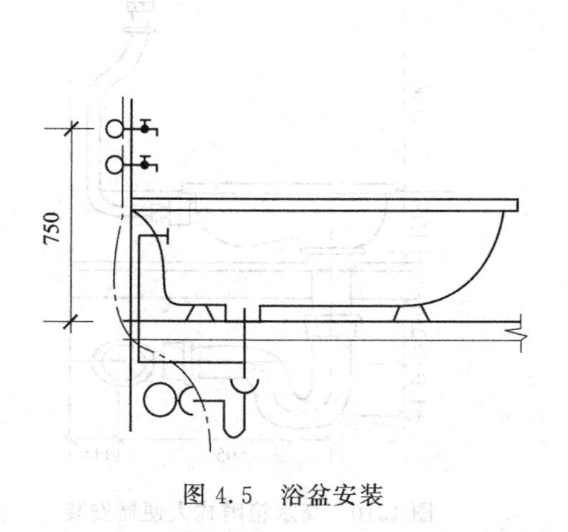

图4.5　浴盆安装

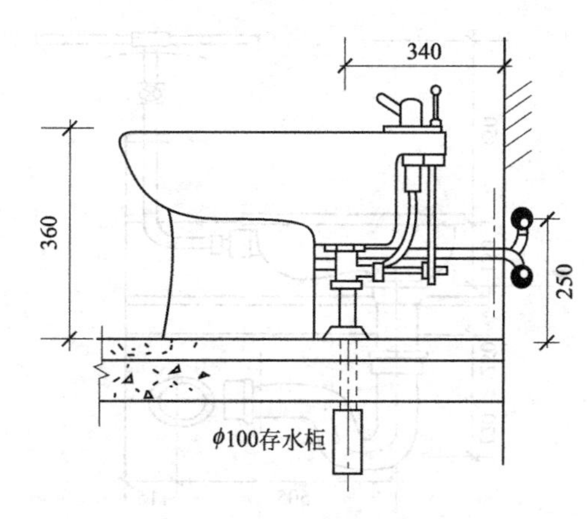

图4.6　净身盆安装

洗脸盆安装范围分界点，如图4.7所示，划分方法同浴盆。未计价材料包括：洗脸盆、水嘴、角阀及排水配件。

洗涤盆安装范围分界点，如图 4.8 所示，划分方法同洗脸盆。未计价材料包括：洗涤盆、水嘴及排水配件。

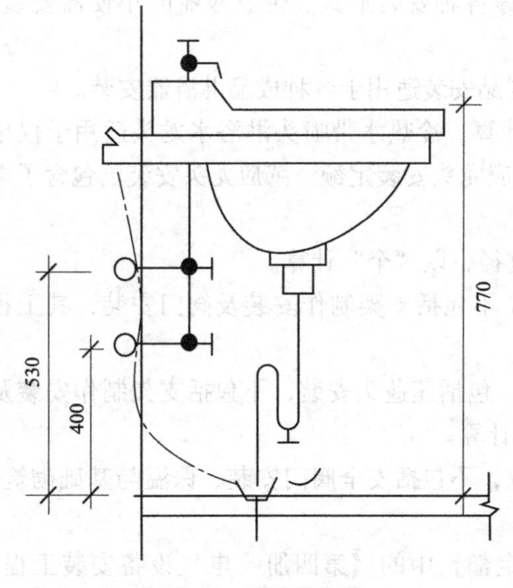

图 4.7　洗脸盆安装

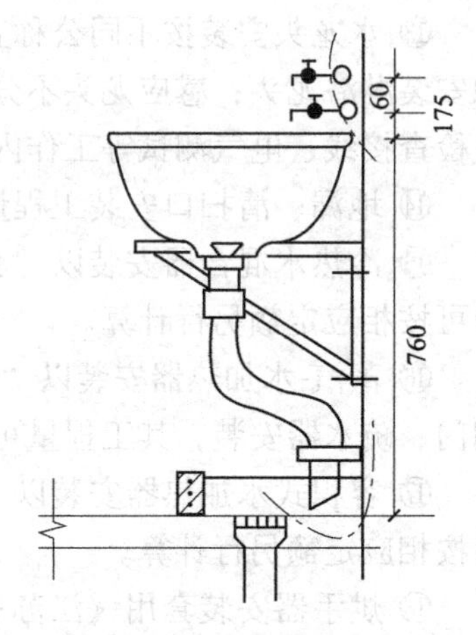

图 4.8　洗涤盆安装

蹲式普通冲洗阀大便器安装，如图 4.9 所示安装范围。给水以水平管与支管交接处，排水管以存水弯交接处为安装范围划分点。未计价材料：大便器、冲洗阀。

手押阀冲洗和延时自闭式冲洗阀蹲式大便器安装，安装范围划分点同普通冲洗阀蹲式大便器。未计价材料包括：大便器、DN25 手押阀或 DN25 延时自闭式冲洗阀。

高水箱蹲式大便器安装：安装范围划分如图 4.10 所示。未计价材料：水箱及冲洗配件、大便器、角阀。

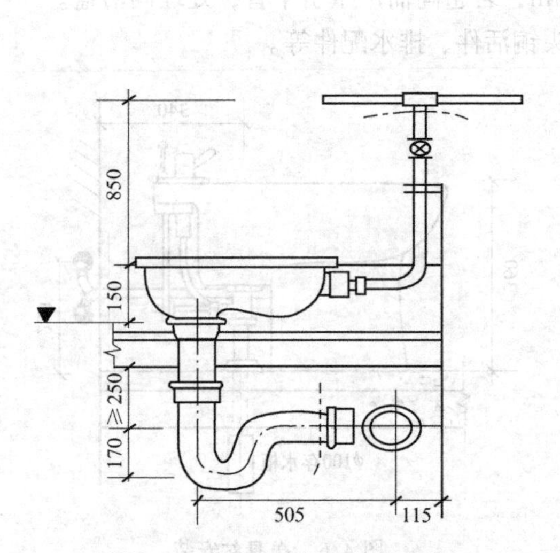

图 4.9　蹲式低水箱大便器安装

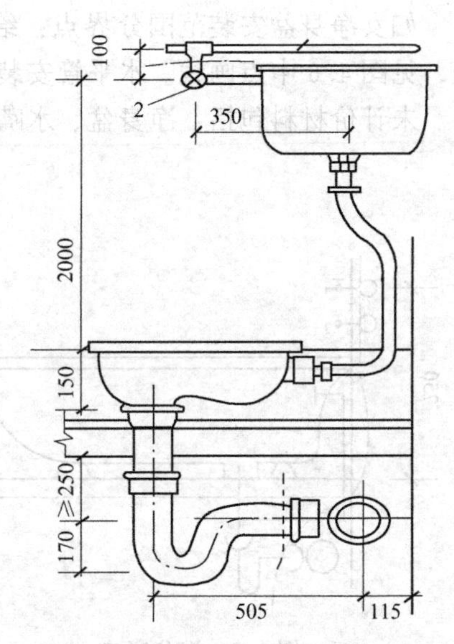

图 4.10　高水箱蹲式大便器安装

坐式低水箱大便器安装，安装范围划分如图 4.11 所示。未计价材料包括：坐式大便器、瓷质低水箱（或高水箱）、角阀、金属软管、冲洗配件。

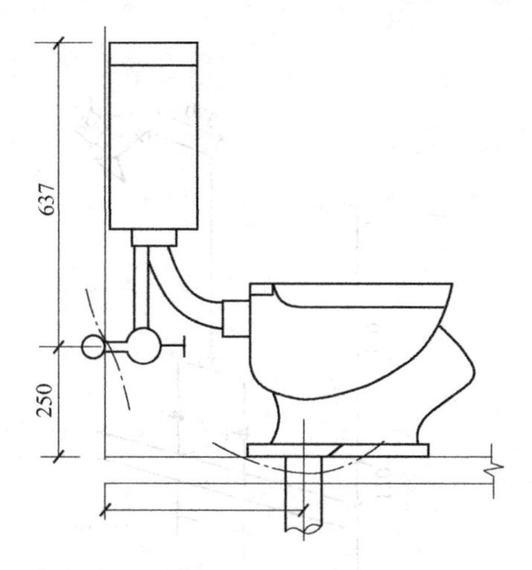

图 4.11 坐式低水箱大便器安装

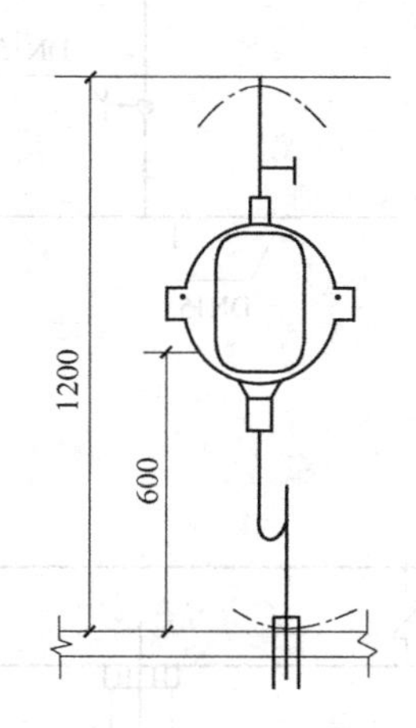

图 4.12 挂式小便器安装

普通挂式小便安装范围划分点：水平管与支管交接处，如图 4.12 所示。未计价材料：小便斗、角阀、金属软管。

挂斗式自动冲洗水箱安装范围仍是水平管与支管交接处，如图 4.13 所示，未计价材料包括：小便斗、瓷质高水箱、全套控制配件、角阀、金属软管。

立式及自动冲洗小便器安装，如图 4.14 所示。未计价材包括：小便器、全套自动控制配件、角阀、金属软管、排水栓。

小便槽冲洗管制作安装，不包括控制阀门。如图 4.15 所示。

淋浴器安装，如图 4.16 所示，安装范围划分点为支管与水平管交接处。钢管组成淋浴器的未计价材料：莲蓬头，两个调节阀为已计价材料；铜管制品冷热水淋浴器未计价材料包括：全套成品淋浴器。

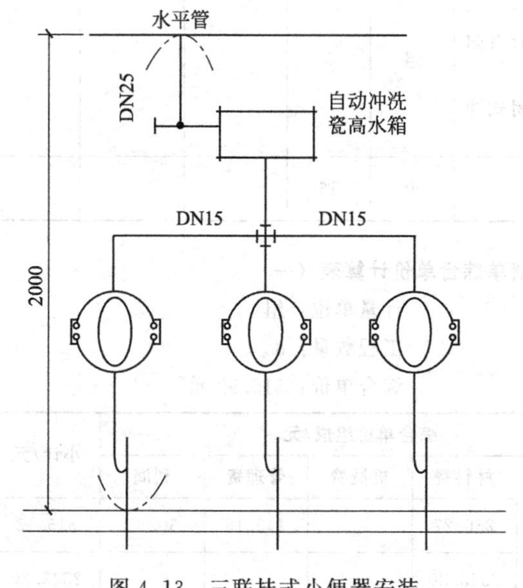

图 4.13 三联挂式小便器安装

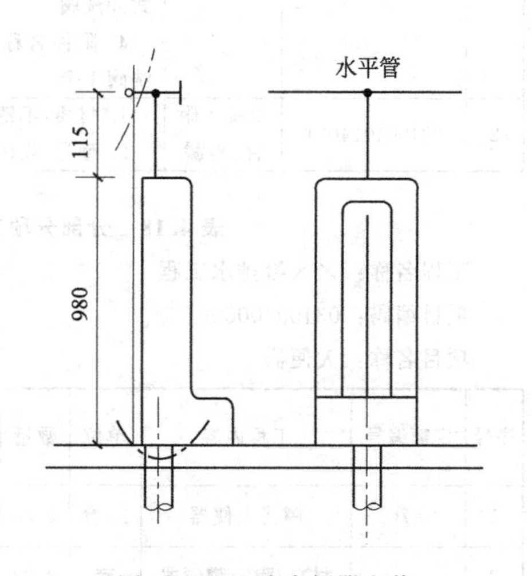

图 4.14 立式小便器安装

【例 4.4】 某综合楼给排水工程，DN25 自闭式冲洗阀冲洗蹲式大便器 8 个，DN50 不锈钢地漏 16 个，编制工程量清单，并确定其综合单价。

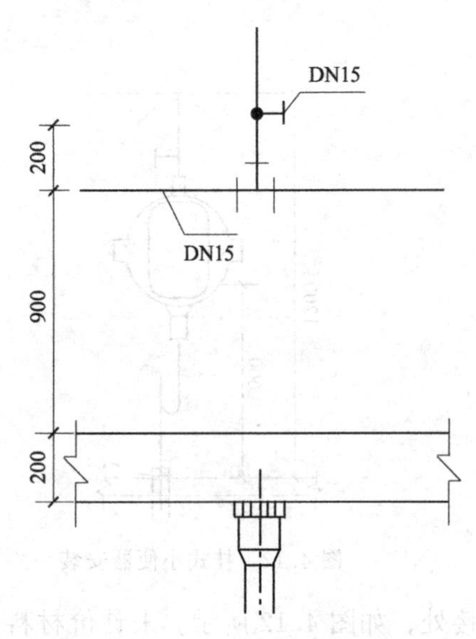

图 4.15 小便槽冲洗管安装

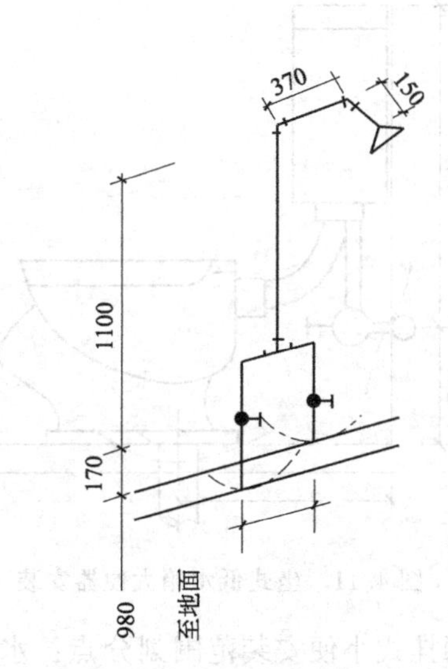

图 4.16 淋浴器安装

解 按《通用安装工程工程量计算规范》附录 K.4 的规定，地漏安装执行“给排水附件”清单项目。工程量清单见表 4.17 所示，综合单价计算见表 4.18、表 4.19 所示。

表 4.17 分部分项工程和单价措施项目清单与计价表

工程项目名称：××给排水工程　　　　标段：　　　　第____页 共____页

序号	项目编码	项目名称	项目特征描述	计量单位	工程数量	金额/元		
						综合单价	合价	其中：暂估价
1	031004006001	大便器	1. 材质：陶瓷 2. 规格、类型：蹲便器 3. 组装形式：DN25 延时自闭式冲洗阀 4. 附件名称、数量：自闭式冲洗阀 1 个	组	8			
2	031004014001	给排水附件：地漏	1. 材质：不锈钢 2. 型号、规格：DN50	个	16			

表 4.18 分部分项工程项目清单综合单价计算表（一）

工程名称：××给排水工程　　　　计量单位：组

项目编码：031004006001　　　　工程数量：8

项目名称：大便器　　　　综合单价：515.99 元

序号	定额编号	工程内容	单位	数量	综合单价组成/元					小计/元
					人工费	材料费	机械费	管理费	利润	
1	10-700	蹲式大便器	10 套	0.80	362.90	256.27		145.16	50.81	815.13
2		材料：陶瓷蹲便器	套	8.08		2343.20				2343.20
		材料：自闭式冲洗阀	套	8.08		969.60				969.60
		合计			362.90	3569.07		145.16	50.81	4127.93

表 4.19 分部分项工程项目清单综合单价计算表（二）

工程名称：××给排水工程　　计量单位：个

项目编码：031004014001　　工程数量：16

项目名称：给排水附件：地漏　　综合单价：69.96 元

序号	定额编号	工程内容	单位	数量	综合单价组成/元					小计/元
					人工费	材料费	机械费	管理费	利润	
1	10-749	地漏安装	10 个	1.60	179.97	42.14		71.99	25.20	319.29
2		材料：不锈钢地漏	个	16.00		800.00				800.00
		合计			179.97	842.14		71.99	25.10	1119.29

4.5 给排水设备

4.5.1 工程量清单项目

给排水设备工程量清单项目设置、项目特征描述的内容、计量单位及工程量计算规则，应按《通用安装工程工程量计算规范》中的附录 K.6 的规定执行，见表 4.20。

变频给水设备、稳压给水设备、无负压给水设备安装包括压力容器、水泵、管道与管道附件三部分，具体来说如下。

(1) 压力容器　包括气压罐、稳压罐、无负压罐。

(2) 水泵　包括主泵及备用泵，应注明数量。

(3) 附件　包括给水装置中配备的阀门、仪表、软接头，应注明数量，含设备、附件之间管路连接。

泵组底座减震装置制作、安装，不包括基础砌（浇）筑，应按现行国家标准《房屋建筑与装饰工程工程量计算规范》(GB 50854—2013) 相关项目编码列项；控制柜安装及电气接线、调试应按《通用安装工程工程量计算规范》附录 D 电气设备安装工程相关项目编码列项。

电热水器、电开水炉安装，仅指本体安装，不包括连接管、连接附件（阀门等）安装，连接管道、阀门等可按本章相应项目另编码列项。

各类水箱安装，仅指本体安装，不包括连接管、连接附件（阀门等）、支架制作安装，连接管道、阀门等可按本章相应项目编码列项；如为型钢支架，可按本章第 2 节中的设备支架项目编码列项；若为混凝土或砖支座，可按《房屋建筑与装饰工程工程量计算规范》相应项目编码列项。

地源热泵机组，接管以及接管上的阀门、软接头、减震装置和基础另行计算，应按相关项目编码列项。

各式采暖、给排水设备工程量按设计图示数量以“套”“台”“组”为计量单位计算。

设备的除锈、刷油和保温除规范中注明外，应按《通用安装工程工程量计算规范》附录 M 刷油、防腐蚀、绝热工程的相关规定编码列项及计价。

表 4.20 K.6 采暖、给排水设备（编码：031006）

项目编码	项目名称	项目特征	计量单位	工程量计算规则	工作内容
031006001	变频给水设备	1. 设备名称 2. 型号、规格 3. 水泵主要技术参数 4. 附件名称、规格、数量 5. 减震装置形式	套	按设计图示数量计算	1. 设备安装 2. 附件安装 3. 调试 4. 减震装置制作、安装
031006002	稳压给水设备				
031006003	无负压给水设备				
031006004	气压罐	1. 型号、规格 2. 安装方式	台		1. 安装 2. 调试
031006005	太阳能集热装置	1. 型号、规格 2. 安装方式 3. 附件名称、规格、数量	套		1. 安装 2. 附件安装
031006006	地源（水源、气源）热泵机组	1. 型号、规格 2. 安装方式 3. 减震装置形式	组		1. 安装 2. 减震装置制作、安装
031006007	除砂器	1. 型号、规格 2. 安装方式	台		安装
031006008	水处理器	1. 类型 2. 型号、规格			
031006009	超声波灭藻设备				
031006010	水质净化器				
031006011	紫外线杀菌设备	1. 名称 2. 规格			
031006012	热水器、开水炉	1. 能源种类 2. 型号、容积 3. 安装方式			1. 安装 2. 附件安装
031006013	消毒器、消毒锅	1. 类型 2. 型号、规格			安装
031006014	直饮水设备	1. 名称 2. 规格	套	按设计图示数量计算	安装
031006015	水箱	1. 材质、类型 2. 型号、规格	台		1. 制作 2. 安装

4.5.2 综合单价确定

太阳能热水器安装以“台”为计量单位，定额已综合考虑了吊装费用和支架制作安装费用。若支架的设计用量超过定额含量，可另行增加金属支架的制作安装费用，但吊装费用不得调整。

电热水器、开水炉安装以“台”为计量单位，定额只考虑本体安装，连接管、连接件等工程量可按相应定额另行计算。

钢板水箱制作，按施工图所示尺寸，不扣除人孔、手孔重量，以“kg”为计量单位，法兰和水位计可按相应定额另行计算。钢板水箱安装，以“个”为计量单位，按水箱总容积大小不同，套相应定额。

各种水箱连接管、阀门，均未包括在定额基价内，应按室内管道、阀门安装的相应项目编码列项及计价；各类水箱均未包括支架制作安装，如为型钢支架，套用本章第2节设备支架项目编码列项及计价；水箱制作不包括除锈与油漆，如有发生，必须另按第7章刷油、防腐蚀、绝热工程相关项目编码列项及计价。

4.6 计取有关费用的规定

《江苏省安装工程计价定额》中的《第十册 给排水、采暖、燃气工程》中将一些不便单列定额子目进行计算的费用，通过定额设定的计算方法来计算，这些费用包括下列内容。

① 设置于管道间、管廊内的管道、阀门、法兰、支架的安装，其人工费乘以系数1.3。

“管道间”是指高（多）层建筑内专为安装各种管线的竖向通道，也称“管道井”；“管廊”是指宾馆或饭店内封闭的天棚。

② 主体结构为现场浇注采用钢模施工的工程，内外浇注的定额人工费乘以系数1.05，内浇外砌的定额人工费乘以系数1.03。这里钢模指的是大块钢模。

③ 操作物高度超高增加费（超高费）

《通用安装工程工程量计算规范》（GB 50856—2013）规定：项目安装高度若超过基本高度时，应在“项目特征”中描述，以便于计算有关超高费。超高费应计入相应的分部分项工程项目清单的综合单价中。

在编制《江苏省安装工程计价定额》时，施工操作对象的高度即操作物高度，有具体的规定。当操作物高度超过规定值时，应计取超高费。

操作物高度：有楼层的按楼地面至操作物的距离，无楼层的按操作地点（或设计正负零）至操作物的距离。

《江苏省安装工程计价定额》各册规定的操作物高度不同，如《第十册给排水、采暖、燃气工程》规定为3.6m，《第九册 消防工程》规定为5m，《第四册 电气设备安装工程》规定为5m。操作物高度各册说明中有明确规定。

《第十册 给排水、采暖、燃气工程》定额中操作物操作高度均以3.6m为界限，操作物高度如超过3.6m时，其超过部分工程量（指由3.6m至操作物高度）的定额人工费乘以超高系数，即：

$$超高增加费=超高部分定额人工费\times超高系数$$

超高系数见下。

（第十册）超高系数表

标高/m	3.6～8	3.6～12	3.6～16	3.6～20
超高系数	1.10	1.15	1.20	1.25

【例4.5】 某综合楼给排水工程，分部分项工程项目清单见表4.21所示，确定其综合单价。

解 该阀门安装高度4.0m，超过本册定额规定的3.6m，需计算超高费，超高系数为1.10。综合单价计算见表4.22所示。其中：

$$人工费=65.12\times1.1\times3.0=214.90(元)$$

表 4.21 分部分项工程和单价措施项目清单与计价表

工程名称：××给排水工程　　　　标段：　　　　第____页 共____页

序号	项目编码	项目名称	项目特征描述	计量单位	工程数量	金额/元		
						综合单价	合价	其中：暂估价
1	031003003001	焊接法兰阀门	1. 类型：Z41T-10K 闸阀 2. 材质：铸铁 3. 规格、压力等级：DN100、1.0MPa 4. 连接形式：法兰 5. 焊接方法：电弧焊 6. 安装高度：4.0m	个	3			

表 4.22 分部分项工程项目清单综合单价计算表

工程名称：××给排水工程　　　　计量单位：个

项目编码：031003003001　　　　工程数量：3

项目名称：焊接法兰阀门　　　　综合单价：717.76 元

序号	定额编号	工程内容	单位	数量	综合单价组成/元					小计/元
					人工费	材料费	机械费	管理费	利润	
1	10-438 换	DN100 法兰阀（超高）	个	3.00	214.90	341.07	58.86	85.96	30.09	730.87
2		材料：阀门	个	3.00		1422.41				1422.41
		合计			214.90	1763.48	58.86	85.96	30.09	2153.28

4.7 措施项目

措施项目费是指为完成建设工程施工，发生于该工程施工前和施工过程中的技术、生活、安全、环境保护等方面的费用。《计价规范》规定：措施项目清单必须根据相关工程现行国家计量规范的规定编制；措施项目清单应根据拟建工程的实际情况列项。

根据现行《通用安装工程工程量计算规范》，措施项目分为能计量的单价措施项目与不能计量的总价措施项目两类。

4.7.1 单价措施项目费

通用安装工程的单价措施项目清单详见第 2.3 节表 2.6 所示。建筑给排水安装工程中常用的单价措施项目有：脚手架搭拆、高层施工增加、安装与生产同时进行施工增加和在有害身体健康环境中施工增加。

4.7.1.1 *脚手架搭拆费*

脚手架搭拆不属于工程实体内容，应属于措施项目，脚手架搭拆费应计入措施项目费用中，属竞争性费用。现行的《江苏省安装工程计价定额》规定：以单位工程人工费为取费基础，采用脚手架搭拆系数来计算此费用。

脚手架搭拆费以单位工程人工费作为取费基础，其计算分为三步。

① 单位工程人工费×脚手架搭拆费率　各册定额的脚手架搭拆费率不尽相同，《江苏省安装工程计价定额》中《第十册 给排水、采暖、燃气工程》规定的脚手架搭拆费率为5%。

② 费用拆分　该费用拆分为人工费和材料费。其中人工工资占25%，材料占75%。

③ 在人工费的基础上计算管理费和利润　即：

脚手架费＝人工费＋材料费＋管理费＋利润

各册定额在测算脚手架搭拆费系数时，均已考虑各专业工程交叉作业、互相利用脚手架、简易架等因素。因此，不论工程实际是否搭拆或搭拆数量多少，均按定额规定系数计算脚手架搭拆费用，由企业包干使用。

【例4.6】 某建筑给排水工程，分部分项工程费中的人工费为165800元，按现行规定确定该工程的脚手架搭拆费用。已知工程类别为三类。

解　165800×5%＝8290（元）

其中：人工费＝8290×25%＝2072.50(元)

材料费＝8290×75%＝6217.50(元)

机械费：0元

则：管理费＝2072.50×40%＝829.0(元)

利　润＝2072.50×14%＝290.15(元)

脚手架搭拆费为：2072.50＋6217.50＋0＋829.0＋290.15＝9409.15(元)

4.7.1.2　高层建筑增加费（高层施工增加费）

高层施工增加费安装工程中又称“高层建筑增加费”。高层建筑是指层数在6层以上或高度在20m以上（不含6层、20m）的工业与民用建筑。高层建筑增加费是指高层建筑施工应增加的费用。

高层建筑的高度或层数以室外设计正负零至檐口（不包括屋顶水箱间、电梯间、屋顶平台出入口等）高度计算，不包括地下室的高度和层数，半地下室也不计算层数。

高层建筑增加费的计取范围有：给排水、采暖、燃气、电气、消防工程、通风空调、建筑智能化等工程。

现行的《江苏省安装工程计价定额》规定：以单位工程人工费为取费基础，采用高层建筑增加费率来计算此费用。

高层建筑增加费以人工费为计算基础，其计算分为三步。

① 人工费×高层建筑增加费率

各册定额的高层建筑增加费率不尽相同，具体费率参见各册计价定额。《第十册 给排水、采暖、燃气工程》规定的高层建筑增加费率见表4.23所示。

② 费用拆分　该费用拆分为人工费和机械费。

③ 在人工费的基础上计算管理费和利润　即：

高层建筑增加费＝人工费＋机械费＋管理费＋利润

在计算高层建筑增加费时，应注意下列几点。

① 计算基数包括6层或20m以下的全部人工费，并且包括各章、节中所规定的应按系数调整的子目中人工调整部分的费用。

表 4.23 （第十册）高层建筑增加费率表

层数		9层以下（30m）	12层以下（40m）	15层以下（50m）	18层以下（60m）	21层以下（70m）	24层以下（80m）	27层以下（90m）	30层以下（100m）	33层以下（110m）
按人工费的/%		12	17	22	27	31	35	40	44	48
其中	人工费占/%	17	18	18	22	26	29	33	36	40
	机械费占/%	83	82	82	78	74	71	68	64	60
层数		36层以下（120m）	40层以下（130m）	42层以下（140m）	45层以下（150m）	48层以下（160m）	51层以下（170m）	54层以下（180m）	57层以下（190m）	60层以下（200m）
按人工费的/%		53	58	61	65	68	70	72	73	75
其中	人工费占/%	42	43	46	48	50	52	56	59	61
	机械费占/%	58	57	54	52	50	48	44	41	39

② 同一建筑物有部分高度不同时，可分别不同高度计算高层建筑增加费。

③ 在高层建筑施工中，同时又符合超高施工条件的，可同时计算高层建筑增加费和超高增加费。

4.7.1.3 安装与生产同时进行施工增加费

安装与生产同时进行增加的费用，是指改扩建工程在生产车间或装置内施工，因生产操作或生产条件限制（如不准动火）干扰了安装工作正常进行而增加的降效费用，不包括为保证安全生产和施工所采取的措施费用。若安装工作不受干扰的，不应计取此项费用。

现行的《江苏省安装工程计价定额》规定：以单位工程人工费为取费基础，按人工费的10%计取，其中人工费占100%，在该人工费的基础上再计算管理费和利润。

4.7.1.4 在有害身体健康环境中施工增加费

在有害身体健康的环境中施工增加的费用，是指在《民法通则》有关规定允许的前提下，改扩建工程由于车间、装置范围内有害气体或高分贝的噪音超过国家标准以至影响身体健康而增加的降效费用，不包括劳保条例规定应享受的工种保健费。

现行的《江苏省安装工程计价定额》规定：以单位工程人工费为取费基础，按人工费的10%计取，其中人工费占100%，在该人工费的基础上再计算管理费和利润。

4.7.2 总价措施项目费

通用安装工程的总价措施项目清单详见第2.3节表2.7所示。通用安装工程中总价措施项目包括：安全文明施工、夜间施工增加、非夜间施工照明、二次搬运、冬雨季施工增加、已完工程及设备保护。此外，《江苏省建设工程费用定额》（2014年）又补充了5项总价措施项目：临时设施费、赶工措施费、工程按质论价、特殊条件下施工增加费、住宅工程分户验收。总价措施项目费的计算详见第2.3节。

4.7.2.1 安全文明施工费

《计价规范》规定：措施项目中的安全文明施工费必须按国家或省级、行业建设主管部门的规定计算，不得作为竞争性费用。

《江苏省建设工程费用定额（2014年）》规定，安全文明施工费计算基数为：

分部分项工程费−除税工程设备费＋单价措施项目费

即：安全文明施工费＝(分部分项工程费−除税工程设备费＋单价措施项目费)×安全文明施工费费率(%)

4.7.2.2 **其他总价措施项目费**

《江苏省建设工程费用定额（2014 年）》规定，其他总价措施项目费计算基数为：分部分项工程费−除税工程设备费＋单价措施项目费

即：总价措施项目费＝(分部分项工程费−除税工程设备费＋单价措施项目费)×相应费率(%)

其他总价措施项目费费率参见《江苏省建设工程费用定额》(2014 年)。

4.8 给排水工程造价实例

某二层建筑，建筑物层高 3.3m。卫生间给排水工程如图 4.17～图 4.22 所示，图中标高均以 m 计，其他尺寸标注均以 mm 计。给水管道采用 PP-R 管，热熔连接；排水管道采用 UPVC 管，承插胶水粘接。管道穿越基础、屋面时设刚性防水套管，给水管穿越楼板时

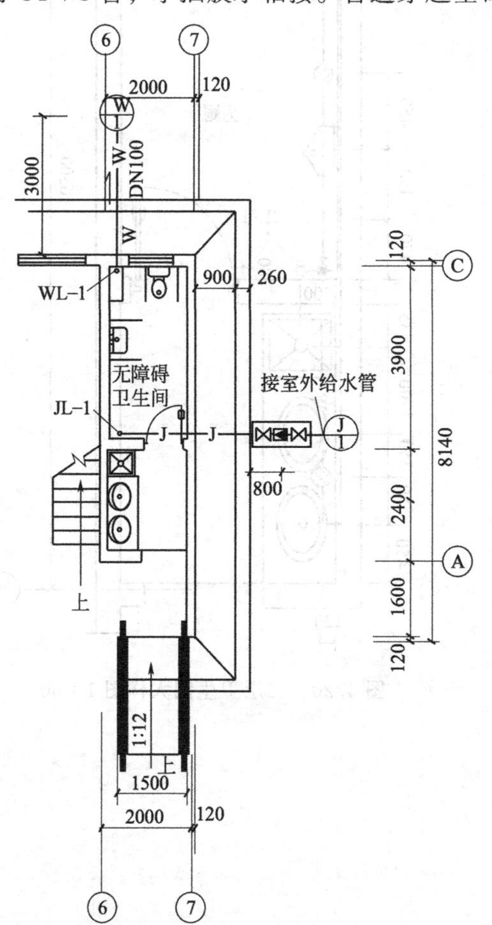

图 4.17 一层给排水平面图 1∶100

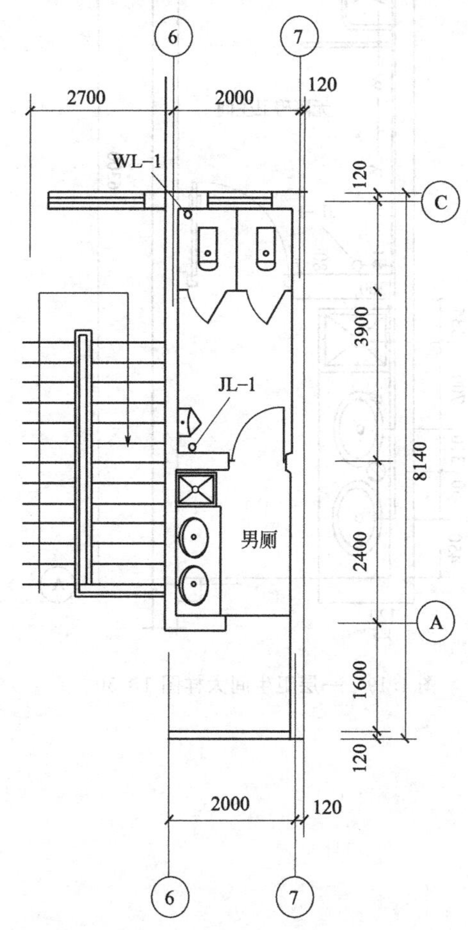

图 4.18 二层给排水平面图 1∶100

设钢套管。给排水管道安装完毕且在隐蔽前，给水管道需做水压试验并消毒冲洗，排水管道做通球、灌水试验。根据现行国家标准《建设工程工程量清单计价规范》（GB 50500—2013）、《通用安装工程工程量计算规范》（GB 50856—2013），计算工程量、编制该给排水工程工程量清单。并按照现行规定计算工程造价。

工程量计算书见表 4.24 所示，表中 ↑ 表示垂直敷设的立管。工程量汇总表见表 4.25 所示。

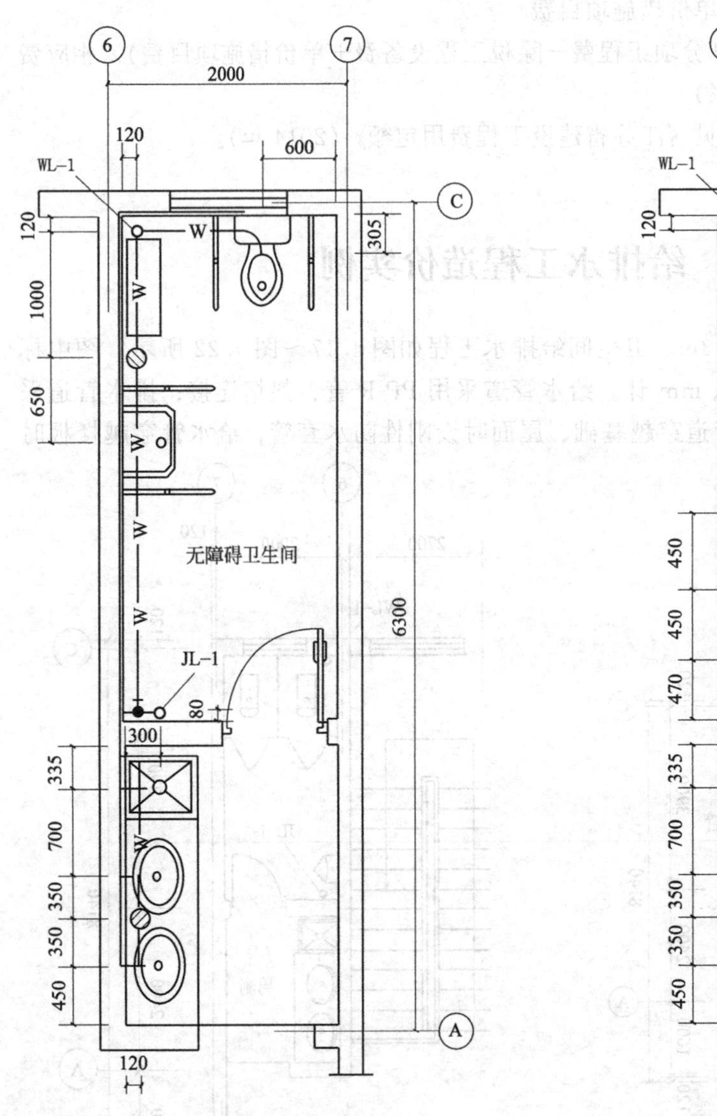

图 4.19　一层卫生间大样图 1∶50

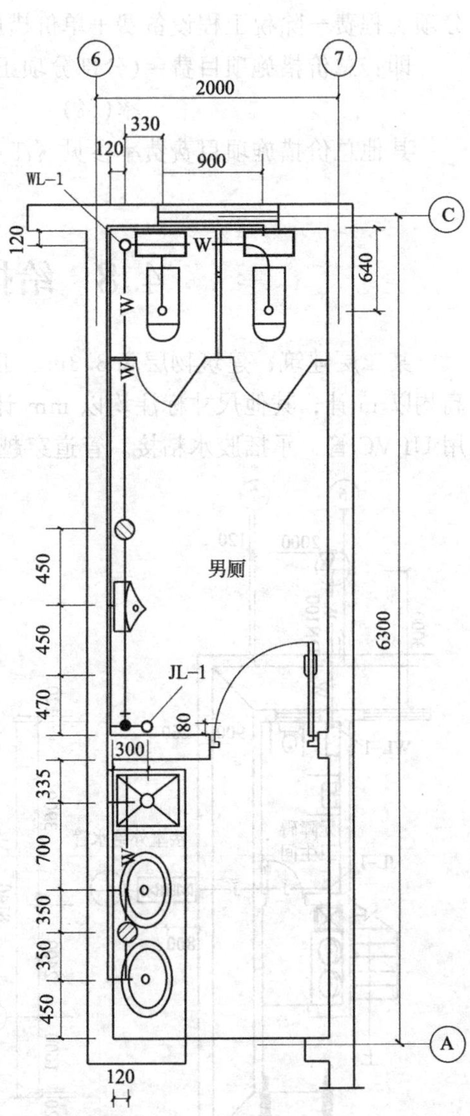

图 4.20　二层卫生间大样图 1∶50

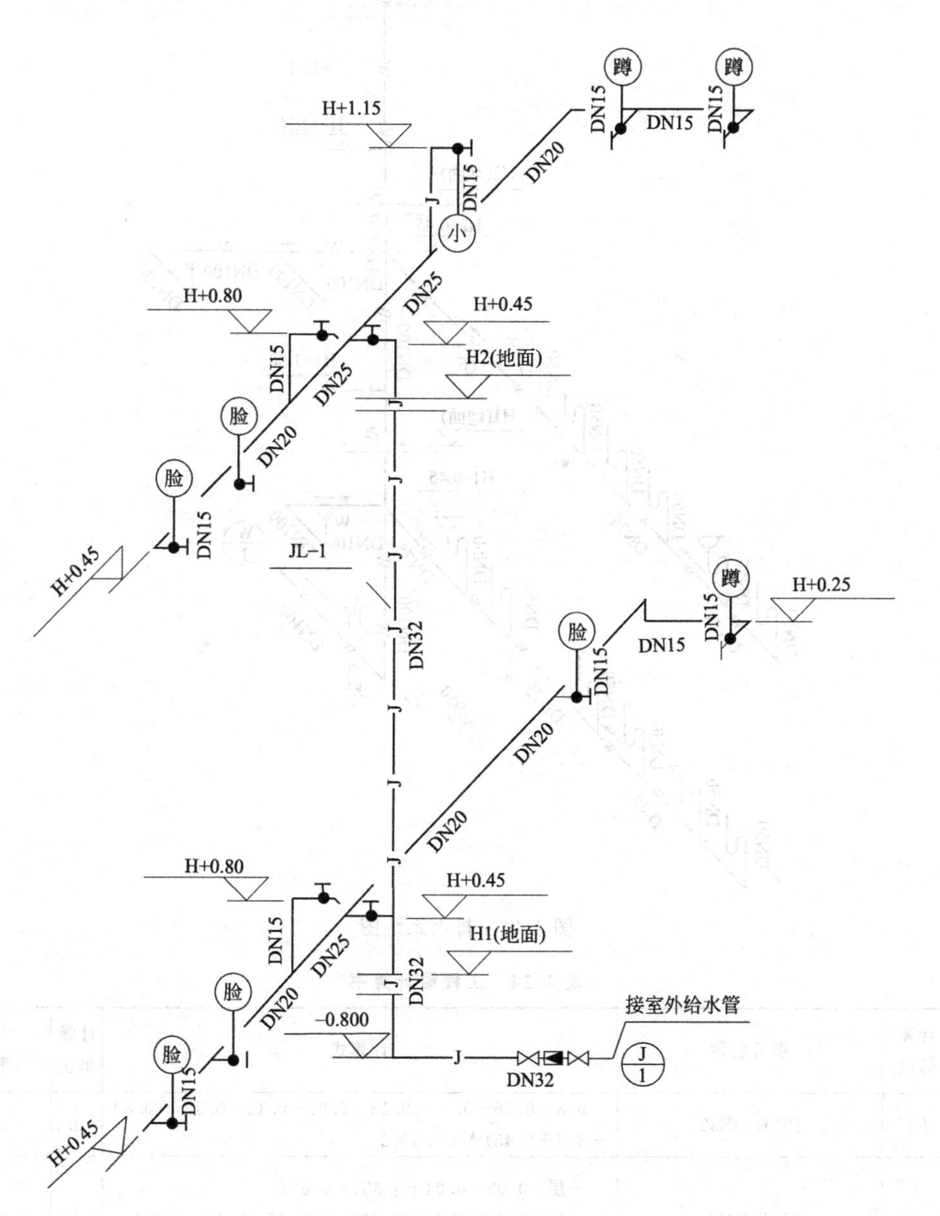
蹲
蹲
DN15
DN15
DN15
H+1.15
DN20
DN15
J
小
DN25
H+0.80
H+0.45
DN15
DN25
H2(地面)
J
脸
DN20
脸
DN15
H+0.45
JL-1
DN32
蹲
H+0.25
脸
DN15
DN15
DN20
DN20
H+0.80
H+0.45
DN15
DN25
H1(地面)
DN32
脸
DN20
接室外给水管
-0.800
J
脸
DN15
DN32
J
1
H+0.45

图 4.21 给水系统图

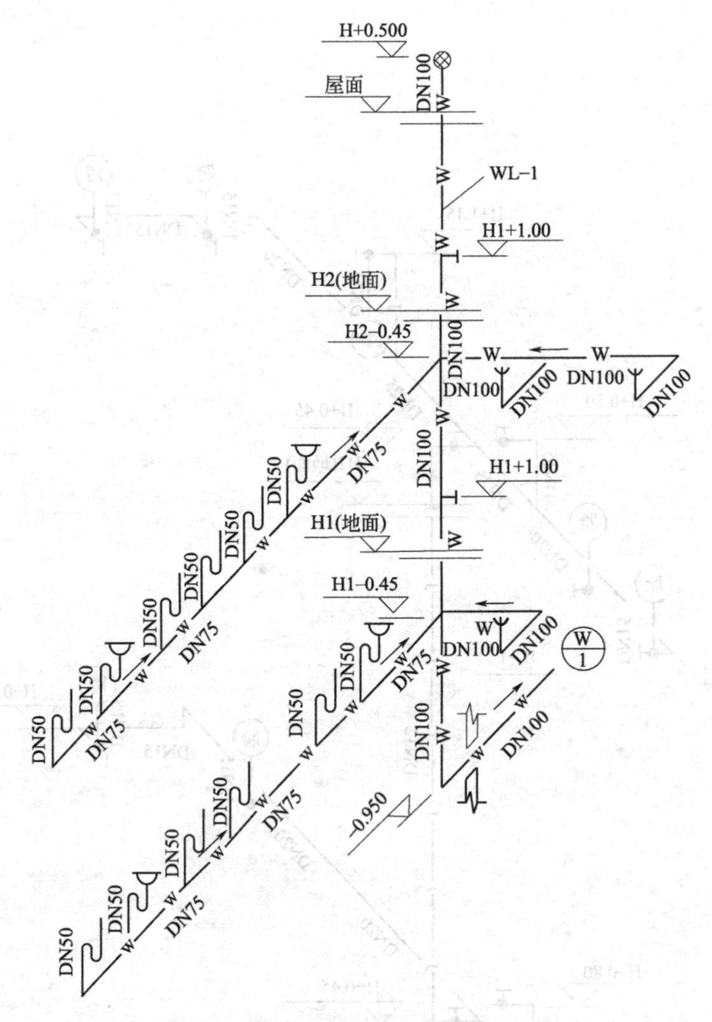

图 4.22 排水系统图

表 4.24 工程量计算书

序号	计算部位	项目名称	计算式	计量单位	工程量
1	J-1	PP-R DN32	0.8＋0.26＋0.90＋0.12＋2.00－0.12－0.30＋(0.80＋3.3＋0.45)↑＋0.3×2	m	8.81
2		PP-R DN25	一层：0.08＋0.24＋0.335＝0.655 二层：(0.08＋0.24＋0.335)＋(0.47＋0.45－0.08)＝1.495	m	2.15
3		PP-R DN20	一层：[3.9－(0.08＋0.12)－(0.12＋0.12＋1.0＋0.65)]＋0.7＝2.51 二层：[3.9－(0.08＋0.12)－(0.47＋0.45－0.08)－0.12＋0.12＋0.33]＋0.7＝3.89	m	6.40
4		PP-R DN15	一层：0.35＋0.35＋(0.8－0.45)↑＋0.65＋1.0＋0.12＋(2.0－0.24－0.60)＋(0.45－0.25)↑＝4.18 二层：0.35＋0.35＋(0.8－0.45)↑＋0.90＝1.95	m	6.13

续表

序号	计算部位	项目名称	计算式	计量单位	工程量
5		DN32 螺纹表	1	组	1.0
6		DN32 螺纹阀	1+1+1=3.0	个	3.0
7		DN50 钢套管	1.0	个	1.0
8		DN50 刚性防水套管	1.0	个	1.0
9	W-1	UPVC DN100	干管:3.0+0.24+0.12+(0.5+3.3×2+0.95)=11.41 一层:(2.0−0.24−0.60−0.12)+(0.305−0.12)+0.45↑=1.68 二层:0.33+0.90+(0.64−0.12)×2=2.27	m	15.36
10		UPVC DN75	一层:6.30−0.24−0.45−0.12=5.49 二层:5.49	m	10.98
11		UPVC DN50	一层:0.45×6=2.7 二层:0.45×6=2.7	m	5.40
12		DN150 刚性防水套管	排水管穿越基础、屋面各 1 个	个	2.0
13		坐式大便器	1.0	个	1.0
14		蹲式大便器	2.0	个	2.0
15		挂式小便器	1.0	个	1.0
16		台式洗脸盆	4.0	个	4
17		挂式洗脸盆	1.0	个	1.0
18		DN50 地漏	2+2=4.0	个	4.0
19		污水盆	1+1	个	2.0

表 4.25　工程量汇总表

序号	项目名称	计算式	计量单位	工程量
1	PP-R DN32		m	8.81
2	PP-R DN25		m	2.15
3	PP-R DN20		m	6.40
4	PP-R DN15		m	6.13
5	UPVC DN100		m	15.36
6	UPVC DN75		m	10.98
7	UPVC DN50		m	5.40
8	DN32 螺纹表		组	1.0
9	DN32 螺纹阀		个	3.0
10	DN50 钢套管		个	1.0
11	DN50 刚性防水套管		个	1.0
12	DN150 刚性防水套管		个	2.0
13	坐式大便器		个	1.0
14	蹲式大便器		个	2.0
15	挂式小便器		个	1.0
16	台式洗脸盆		个	4
17	挂式洗脸盆		个	1.0
18	DN50 地漏		个	4.0
19	污水盆		个	2.0

投 标 总 价

招 标 人：________________

工 程 名 称：综合楼给排水工程

投标总价(小写)：10795.28

(大写)：壹万零柒佰玖拾伍元贰角捌分

投 标 人：________________

(单位盖章)

法 定 代 表 人

或 其 授 权 人：________________

(签字或盖章)

编 制 人：________________

(造价人员签字盖专用章)

时 间： 年 月 日

总说明

工程名称：综合楼给排水工程　　　　第1页　共1页

1. 工程概况：二层综合楼，层高3.3m，内设无障碍卫生间、男厕所各一，详见施工图。
2. 投标报价范围：综合楼范围内的给排水工程，不包括管沟土方。
3. 投标报价编制依据：
1）《建设工程工程量清单计价规范》(GB 50500—2013)。
2）《通用安装工程工程量计算规范》(GB 50856—2013)。
3）江苏省建设工程费用定额（2014年）。
4）江苏省安装工程计价定额（2014版）。
5）招标文件、招标工程量清单及其补充通知、答疑纪要。
6）建设工程设计文件及相关资料。
7）施工现场情况、工程特点及拟定的投标施工组织设计。
8）与建设项目相关的标准、规范等技术资料。
9）市场价格信息或××市工程造价管理机构发布的2015年12月工程造价信息。
10）其他的相关资料。
4. 增值税计税采用一般计税方法。

单位工程投标报价汇总表

工程名称：综合楼给排水工程　　　　标段：　　　　第1页　共1页

序号	汇总内容	金额/元	其中:暂估价/元
1	分部分项工程	9087.89	
1.1	人工费	1522.96	
1.2	材料费	6730.12	
1.3	施工机具使用费	12.30	
1.4	企业管理费	609.18	
1.5	利润	213.20	
2	措施项目	361.66	—
2.1	单价措施项目费	86.44	—
2.2	总价措施项目费	275.22	
2.2.1	其中:安全文明施工措施费	137.61	
3	其他项目		—
3.1	其中:暂列金额		—
3.2	其中:专业工程暂估价		—
3.3	其中:计日工		—
3.4	其中:总承包服务费		—
4	规费	275.93	—
4.1	社会保险费	226.79	—
4.2	住房公积金	39.69	—
4.3	工程排污费	9.45	—
5	税金	972.55	—
	投标报价合计=1+2+3+4+5	10698.03	

分部分项工程和单价措施项目清单与计价表

工程名称：综合楼给排水工程　　　　标段：　　　　第　页　共　页

序号	项目编码	项目名称	项目特征描述	计量单位	工程量	金额/元		
						综合单价	合价	其中暂估价
1	031001006001	塑料管	1. 安装部位：室内 2. 介质：给水 3. 材质、规格：PP-R　DN32 4. 连接形式：热熔 5. 压力试验及吹、洗设计要求：水压试验、消毒冲洗	m	8.81	35.06	308.88	
2	031001006002	塑料管	1. 安装部位：室内 2. 材质、规格：PP-R　DN25 3. 连接形式：热熔 4. 压力试验及吹、洗设计要求：水压试验、消毒冲洗	m	2.15	28.87	62.07	
3	031001006003	塑料管	1. 安装部位：室内 2. 介质：给水 3. 材质、规格：PP-R　DN20 4. 连接形式：热熔 5. 压力试验及吹、洗设计要求：水压试验、消毒冲洗	m	6.40	23.08	147.71	
4	031001006004	塑料管	1. 安装部位：室内 2. 介质：给水 3. 材质、规格：PP-R　DN15 4. 连接形式：热熔 5. 压力试验及吹、洗设计要求：水压试验、消毒冲洗	m	6.13	20.98	128.61	
5	031001006005	塑料管	1. 安装部位：室内 2. 介质：排水 3. 材质、规格：UPVC $\Phi110$ 4. 连接形式：粘接 5. 压力试验及吹、洗设计要求：灌水、通球试验	m	15.36	54.24	833.13	

续表

序号	项目编码	项目名称	项目特征描述	计量单位	工程量	金额/元		
						综合单价	合价	其中 暂估价
6	031001006006	塑料管	1. 安装部位：室内 2. 介质：排水 3. 材质、规格：UPVC Φ75 4. 连接形式：粘接 5. 压力试验及吹、洗设计要求：灌水、通球试验	m	10.98	39.40	432.61	
7	031001006007	塑料管	1. 安装部位：室内 2. 介质：排水 3. 材质、规格：UPVC Φ50 4. 连接形式：粘接 5. 压力试验及吹、洗设计要求：灌水、通球试验	m	5.40	25.95	140.13	
8	031003013001	水表	1. 安装部位：室外 2. 型号、规格：DN32 3. 连接形式：螺纹连接 4. 附件配置：截止阀 J11W-16T DN32 一个	组	1.00	160.82	160.82	
9	031003001001	螺纹阀门	1. 类型：截止阀 J11W-16T 2. 材质：铜 3. 规格、压力等级：DN32 4. 连接形式：螺纹	个	3.00	64.98	194.94	
10	031002003001	套管	1. 名称、类型：穿楼板套管 2. 材质：钢 3. 规格：DN50 4. 填料材质：油麻	个	1.00	28.06	28.06	
11	031002003002	套管	1. 名称、类型：刚性防水套管 2. 材质：碳钢 3. 规格：DN50 4. 填料材质：油麻	个	1.00	48.73	48.73	
12	031002003003	套管	1. 名称、类型：刚性防水套管 2. 材质：碳钢 3. 规格：DN150 4. 填料材质：油麻	个	2.00	86.67	173.34	

续表

序号	项目编码	项目名称	项目特征描述	计量单位	工程量	金额/元		
						综合单价	合价	其中 暂估价
13	031004006001	大便器	1. 材质：陶瓷 2. 规格、类型：坐式 3. 组装形式：连体水箱冲洗 4. 附件名称、数量：角阀1个	组	1.00	688.66	688.66	
14	031004006002	大便器	1. 材质：陶瓷 2. 规格、类型：蹲式 3. 组装形式：低水箱冲洗 4. 附件名称、数量：角阀1个	组	2.00	534.35	1068.70	
15	031004007001	小便器	1. 材质：陶瓷 2. 规格、类型：挂式 3. 组装形式：DN15 自闭式冲洗阀冲洗	组	1.00	491.53	491.53	
16	031004003001	洗脸盆	1. 材质：陶瓷 2. 规格、类型：台式 3. 组装形式：冷水 4. 附件名称、数量：铜镀铬水嘴、角阀各1个	组	4.00	736.93	2947.72	
17	031004003002	洗脸盆	1. 材质：陶瓷 2. 规格、类型：挂式 3. 组装形式：冷水 4. 附件名称、数量：铜镀铬水嘴、角阀各1个	组	1.00	640.35	640.35	
18	031004008001	其他成品卫生器具：污水盆	1. 材质：陶瓷 2. 规格、类型：2号 3. 附件名称、数量：水嘴1个	组	2.00	179.59	359.18	
19	031004014001	给、排水附(配)件：地漏	1. 材质：铸钢 2. 型号、规格：DN50	个	4.00	58.18	232.72	
		分部分项合计					9087.89	
20	031301017001	脚手架搭拆		项	1.00	86.44	86.44	
		单价措施合计					86.44	

综合单价分析表

工程名称：综合楼给排水工程　　　　第1页　共20页

项目编码	031001006001		项目名称	塑料管				计量单位	m	工程量	8.81		
清单综合单价组成明细													
定额编号	定额项目名称	定额单位	数量	单价/元					合价/元				
				人工费	材料费	机械费	管理费	利润	人工费	材料费	机械费	管理费	利润
10-236	室内给水塑料管（热溶、电溶连接）32/40	10m	0.1	87.32	14.26	0.94	34.93	12.22	8.73	1.43	0.09	3.49	1.22
10-371	管道消毒冲洗 DN50	100m	0.01	36.21	23.16		14.53	5.11	0.36	0.23		0.15	0.05
综合人工工日		小计							9.09	1.66	0.09	3.64	1.27
0.1229 工日		未计价材料费							19.30				
清单项目综合单价									35.06				
材料费明细	主要材料名称、规格、型号					单位	数量		单价/元	合价/元	暂估单价/元	暂估合价/元	
	PP-R 给水管 DN32					m	1.02		12.86	13.12			
	PP-R 管件 DN32					个	0.803		7.7	6.18			
	其他材料费								—	1.66	—		
	材料费小计								—	20.96	—		

综合单价分析表

工程名称：综合楼给排水工程　　　　第 2 页　共 20 页

项目编码	031001006002		项目名称	塑料管				计量单位	m	工程量	2.15		
清单综合单价组成明细													
定额编号	定额项目名称	定额单位	数量	单价/元					合价/元				
				人工费	材料费	机械费	管理费	利润	人工费	材料费	机械费	管理费	利润
10-235	室内给水塑料管(热溶、电溶连接)25/32	10m	0.1	87.3	13.35	0.56	34.93	12.23	8.73	1.34	0.06	3.49	1.22
10-371	管道消毒冲洗 DN50	100m	0.01	36.28	23.26		14.42	5.12	0.36	0.23		0.14	0.05
综合人工工日				小计					9.09	1.57	0.06	3.63	1.27
0.1228 工日				未计价材料费					13.25				
清单项目综合单价									28.87				
材料费明细	主要材料名称、规格、型号					单位	数量		单价/元	合价/元	暂估单价/元	暂估合价/元	
	PP-R 给水管 DN25					m	1.02		8.58	8.75			
	PP-R 管件 DN25					个	0.978		4.6	4.5			
	其他材料费								—	1.57	—		
	材料费小计								—	14.82	—		

综合单价分析表

工程名称：综合楼给排水工程　　　　　　　　　　　第 3 页　共 20 页

项目编码	031001006003		项目名称	塑料管					计量单位	m	工程量	6.4	
清单综合单价组成明细													
定额编号	定额项目名称	定额单位	数量	单价/元					合价/元				
				人工费	材料费	机械费	管理费	利润	人工费	材料费	机械费	管理费	利润
10-234	室内给水塑料管（热溶、电溶连接）20/25	10m	0.1	76.95	14.17	0.55	30.78	10.77	7.7	1.42	0.06	3.08	1.08
10-371	管道消毒冲洗 DN50	100m	0.01	36.25	23.13		14.53	5.16	0.36	0.23		0.15	0.05
综合人工工日		小　计							8.06	1.65	0.06	3.23	1.13
0.1089 工日		未计价材料费							8.96				
清单项目综合单价									23.08				
材料费明细	主要材料名称、规格、型号				单位		数量		单价/元	合价/元	暂估单价/元	暂估合价/元	
	PP-R 给水管 DN20				m		1.02		5.4	5.51			
	PP-R 管件 DN20				个		1.152		3	3.46			
	其他材料费								—	1.65	—		
	材料费小计								—	10.61	—		

综合单价分析表

工程名称：综合楼给排水工程　　　　第 4 页　共 20 页

项目编码	031001006004		项目名称	塑料管					计量单位	m	工程量	6.13	
清单综合单价组成明细													
定额编号	定额项目名称	定额单位	数量	单价/元					合价/元				
				人工费	材料费	机械费	管理费	利润	人工费	材料费	机械费	管理费	利润
10-233	室内给水塑料管(热溶、电溶连接)15/20	10m	0.1	76.97	14.18	0.54	30.78	10.77	7.7	1.42	0.05	3.08	1.08
10-371	管道消毒冲洗 DN50	100m	0.01	36.22	23.16		14.52	5.06	0.36	0.23		0.15	0.05
综合人工工日		小　计							8.06	1.65	0.05	3.23	1.13
0.109 工日		未计价材料费							6.86				
清单项目综合单价									20.98				
材料费明细	主要材料名称、规格、型号					单位	数量		单价/元	合价/元	暂估单价/元	暂估合价/元	
	PP-R 给水管 DN15					m	1.02		3.52	3.59			
	PP-R 管件 DN15					个	1.637		2	3.27			
	其他材料费								—	1.65	—		
	材料费小计								—	8.51	—		

综合单价分析表

工程名称：综合楼给排水工程　　　　第5页　共20页

项目编码	031001006005		项目名称	塑料管					计量单位	m	工程量	15.36	
清单综合单价组成明细													
定额编号	定额项目名称	定额单位	数量	单价/元					合价/元				
				人工费	材料费	机械费	管理费	利润	人工费	材料费	机械费	管理费	利润
10-311	室内承插塑料排水管(零件粘接)DN110	10m	0.1	162.8	34.67	1.11	65.12	22.79	16.28	3.47	0.11	6.51	2.28
综合人工工日		小　计							16.28	3.47	0.11	6.51	2.28
0.22 工日		未计价材料费							25.59				
清单项目综合单价									54.24				
材料费明细	主要材料名称、规格、型号					单位	数量		单价/元	合价/元	暂估单价/元	暂估合价/元	
	承插塑料排水管 DN100					m	0.852		18.01	15.34			
	承插塑料排水管件 DN100					个	1.138		9	10.24			
	其他材料费								—	3.47	—		
	材料费小计								—	29.06	—		

综合单价分析表

工程名称：综合楼给排水工程　　　　第 6 页　共 20 页

项目编码	031001006006		项目名称		塑料管				计量单位	m	工程量	10.98	
清单综合单价组成明细													
定额编号	定额项目名称	定额单位	数量	单价/元					合价/元				
				人工费	材料费	机械费	管理费	利润	人工费	材料费	机械费	管理费	利润
10-310	室内承插塑料排水管(零件粘接)DN75	10m	0.1	146.52	25.65	1.11	58.61	20.51	14.65	2.57	0.11	5.86	2.05
综合人工工日		小　计							14.65	2.57	0.11	5.86	2.05
0.198 工日		未计价材料费							14.16				
清单项目综合单价									39.40				
材料费明细	主要材料名称、规格、型号					单位	数量		单价/元	合价/元	暂估单价/元	暂估合价/元	
	承插塑料排水管 DN75					m	0.963		9.43	9.08			
	承插塑料排水管件 DN75					个	1.076		4.72	5.08			
	其他材料费								—	2.57	—		
	材料费小计								—	16.73	—		

综合单价分析表

工程名称：综合楼给排水工程　　　　　　　　　　第 7 页　共 20 页

项目编码	031001006007		项目名称	塑料管					计量单位	m	工程量	5.4	
清单综合单价组成明细													
定额编号	定额项目名称	定额单位	数量	单价/元					合价/元				
				人工费	材料费	机械费	管理费	利润	人工费	材料费	机械费	管理费	利润
10-309	室内承插塑料排水管(零件粘接)DN50	10m	0.1	107.3	20.21	1.11	42.93	15.02	10.73	2.02	0.11	4.29	1.5
综合人工工日		小　计							10.73	2.02	0.11	4.29	1.5
0.145 工日		未计价材料费							7.3				
清单项目综合单价									25.95				
材料费明细	主要材料名称、规格、型号					单位	数量		单价/元	合价/元	暂估单价/元	暂估合价/元	
	承插塑料排水管 DN50					m	0.967		5.15	4.98			
	承插塑料排水管件 DN50					个	0.902		2.57	2.32			
	其他材料费								—	2.02	—		
	材料费小计								—	9.32	—		

综合单价分析表

工程名称：综合楼给排水工程　　　　第 8 页　共 20 页

项目编码	031003013001		项目名称	水表					计量单位	组	工程量	1	
清单综合单价组成明细													
定额编号	定额项目名称	定额单位	数量	单价/元					合价/元				
				人工费	材料费	机械费	管理费	利润	人工费	材料费	机械费	管理费	利润
10-629	螺纹水表安装 DN32	组	1	39.22	34.39		15.69	5.49	39.22	34.39		15.69	5.49
综合人工工日		小　计							39.22	34.39		15.69	5.49
0.53 工日		未计价材料费							66.03				
清单项目综合单价									160.82				
材料费明细	主要材料名称、规格、型号					单位	数量		单价/元	合价/元	暂估单价/元	暂估合价/元	
	螺纹水表 DN32					只	1		66.03	66.03			
	其他材料费								—	34.39	—		
	材料费小计								—	100.42	—		

综合单价分析表

工程名称：综合楼给排水工程　　　　第9页　共20页

项目编码	031003001001		项目名称		螺纹阀门				计量单位	个	工程量	3	
清单综合单价组成明细													
定额编号	定额项目名称	定额单位	数量	单价/元					合价/元				
				人工费	材料费	机械费	管理费	利润	人工费	材料费	机械费	管理费	利润
10-421	螺纹阀门安装 DN32	个	1	10.36	10.05		4.14	1.45	10.36	10.05		4.14	1.45
综合人工工日		小计							10.36	10.05		4.14	1.45
0.14 工日		未计价材料费							38.98				
清单项目综合单价									64.98				
材料费明细	主要材料名称、规格、型号					单位	数量		单价/元	合价/元	暂估单价/元	暂估合价/元	
	螺纹阀门 DN32					个	1.01		38.59	38.98			
	其他材料费								—	10.05	—		
	材料费小计								—	49.03	—		

综合单价分析表

工程名称：综合楼给排水工程　　　　　　　　　　第 10 页　共 20 页

项目编码	031002003001		项目名称	套管					计量单位	个	工程量	1	
清单综合单价组成明细													
定额编号	定额项目名称	定额单位	数量	单价/元					合价/元				
				人工费	材料费	机械费	管理费	利润	人工费	材料费	机械费	管理费	利润
10-397	过墙过楼板钢套管制作、安装 DN50	10 个	0.1	122.8	73.5	17.9	49.1	17.2	12.28	7.35	1.79	4.91	1.72
综合人工工日		小　计							12.28	7.35	1.79	4.91	1.72
0.166 工日		未计价材料费											
清单项目综合单价									28.06				
材料费明细	主要材料名称、规格、型号			单位	数量				单价/元	合价/元	暂估单价/元	暂估合价/元	
	其他材料费								—	7.35	—		
	材料费小计								—	7.35	—		

综合单价分析表

工程名称：综合楼给排水工程　　　　第 11 页　共 20 页

项目编码	031002003002		项目名称	套管				计量单位	个	工程量	1		
清单综合单价组成明细													
定额编号	定额项目名称	定额单位	数量	单价/元					合价/元				
				人工费	材料费	机械费	管理费	利润	人工费	材料费	机械费	管理费	利润
10-388	刚性防水套管制作安装 DN50	10 个	0.1	228.7	117.3	17.9	91.5	32	22.87	11.73	1.79	9.15	3.2
综合人工工日		小　计							22.87	11.73	1.79	9.15	3.2
0.309 工日		未计价材料费											
清单项目综合单价									48.73				
材料费明细	主要材料名称、规格、型号				单位	数量			单价/元	合价/元	暂估单价/元	暂估合价/元	
	其他材料费								—	11.73	—		
	材料费小计								—	11.73	—		

综合单价分析表

工程名称：综合楼给排水工程　　　　第 12 页　共 20 页

项目编码	031002003003	项目名称		套管				计量单位		个	工程量	2	
清单综合单价组成明细													
定额编号	定额项目名称	定额单位	数量	单价/元					合价/元				
				人工费	材料费	机械费	管理费	利润	人工费	材料费	机械费	管理费	利润
10-391	刚性防水套管制作安装 DN150	10 个	0.1	358.9	296.15	17.85	143.55	50.25	35.89	29.62	1.79	14.36	5.03
综合人工工日		小　计							35.89	29.62	1.79	14.36	5.03
0.485 工日		未计价材料费											
清单项目综合单价											86.67		
材料费明细	主要材料名称、规格、型号					单位	数量		单价/元	合价/元	暂估单价/元	暂估合价/元	
	其他材料费								—	29.62	—		
	材料费小计								—	29.62	—		

综合单价分析表

工程名称：综合楼给排水工程　　　　第 13 页　共 20 页

项目编码	031004006001	项目名称	大便器					计量单位	组		工程量	1	
清单综合单价组成明细													
定额编号	定额项目名称	定额单位	数量	单价/元					合价/元				
				人工费	材料费	机械费	管理费	利润	人工费	材料费	机械费	管理费	利润
10-705	坐式大便器连体水箱坐便安装	10 套	0.1	427	80.9		170.8	59.8	42.7	8.09		17.08	5.98
综合人工工日		小　计							42.7	8.09		17.08	5.98
0.577 工日		未计价材料费							614.82				
清单项目综合单价									688.66				

材料费明细	主要材料名称、规格、型号	单位	数量	单价/元	合价/元	暂估单价/元	暂估合价/元
	连体坐便器	套	1.01	557.41	562.98		
	角阀	个	1.01	38.59	38.98		
	金属软管	个	1	12.86	12.86		
	其他材料费			—	8.09	—	
	材料费小计			—	622.91	—	

综合单价分析表

工程名称：综合楼给排水工程　　　　第 14 页　共 20 页

项目编码	031004006002		项目名称		大便器				计量单位	组	工程量	2	
清单综合单价组成明细													
定额编号	定额项目名称	定额单位	数量	单价/元					合价/元				
				人工费	材料费	机械费	管理费	利润	人工费	材料费	机械费	管理费	利润
10-695	陶瓷蹲式大便器，陶瓷低水箱	10 套	0.1	607.55	337.09		243	85.05	60.76	33.71		24.3	8.51
综合人工工日			小　计						60.76	33.71		24.3	8.51
0.821 工日			未计价材料费						407.07				
清单项目综合单价									534.35				
材料费明细	主要材料名称、规格、型号					单位	数量		单价/元	合价/元	暂估单价/元	暂估合价/元	
	蹲式陶瓷大便器					套	1.01		222.96	225.19			
	瓷蹲式大便器低水箱					个	1.01		128.63	129.92			
	角阀					个	1.01		38.59	38.98			
	金属软管					个	1.01		12.86	12.99			
	其他材料费								—	33.71	—		
	材料费小计								—	440.78	—		

综合单价分析表

工程名称：综合楼给排水工程　　　　第 15 页　共 20 页

项目编码	031004007001			项目名称	小便器				计量单位	组		工程量	1
清单综合单价组成明细													
定额编号	定额项目名称	定额单位	数量	单价/元					合价/元				
				人工费	材料费	机械费	管理费	利润	人工费	材料费	机械费	管理费	利润
10-707	挂斗式小便器安装（普通式）	10 套	0.1	211.6	85.51		84.7	29.6	21.16	8.55		8.47	2.96
综合人工工日		小　计							21.16	8.55		8.47	2.96
0.286 工日		未计价材料费							450.39				
清单项目综合单价									491.53				
材料费明细	主要材料名称、规格、型号					单位	数量		单价/元	合价/元	暂估单价/元	暂估合价/元	
	普通型陶瓷小便器　挂式					套	1.01		343.02	346.45			
	自闭式冲洗阀					个	1.01		102.91	103.94			
	其他材料费								—	8.55	—		
	材料费小计								—	458.94	—		

综合单价分析表

工程名称：综合楼给排水工程　　　　　　　　第 16 页　共 20 页

项目编码	031004003001		项目名称		洗脸盆				计量单位	组	工程量	4	
清单综合单价组成明细													
定额编号	定额项目名称	定额单位	数量	单价/元					合价/元				
				人工费	材料费	机械费	管理费	利润	人工费	材料费	机械费	管理费	利润
10-680	台上式洗脸盆安装	10 组	0.1	895.4	100.79		358.15	125.35	89.54	10.08		35.82	12.54
综合人工工日		小　计							89.54	10.08		35.82	12.54
1.21 工日		未计价材料费							588.96				
清单项目综合单价									736.93				
材料费明细	主要材料名称、规格、型号					单位	数量		单价/元	合价/元	暂估单价/元	暂估合价/元	
	洗面盆					套	1.01		300.14	303.14			
	扳把式脸盆水嘴					套	1.01		154.36	155.9			
	角阀					个	2.02		38.59	77.95			
	金属软管					个	2.02		12.86	25.98			
	洗脸盆下水口(铜)					个	1.01		25.73	25.99			
	其他材料费								—	10.08	—		
	材料费小计								—	599.04	—		

综合单价分析表

工程名称：综合楼给排水工程　　　　第 17 页　共 20 页

项目编码	031004003002			项目名称	洗脸盆				计量单位	组	工程量	1	
清单综合单价组成明细													
定额编号	定额项目名称	定额单位	数量	单价/元					合价/元				
				人工费	材料费	机械费	管理费	利润	人工费	材料费	机械费	管理费	利润
10-671	洗脸盆安装(钢管组成，冷水)	10 组	0.1	332.3	88.74		132.9	46.5	33.23	8.87		13.29	4.65
综合人工工日		小　计							33.23	8.87		13.29	4.65
0.449 工日		未计价材料费							580.31				
清单项目综合单价									640.35				
材料费明细	主要材料名称、规格、型号					单位	数量		单价/元	合价/元	暂估单价/元	暂估合价/元	
	洗面盆					套	1.01		343.02	346.45			
	立式水嘴 DN15					个	1.01		154.36	155.9			
	角阀					个	1.01		38.59	38.98			
	金属软管					个	1.01		12.86	12.99			
	洗脸盆下水口(铜)					个	1.01		25.73	25.99			
	其他材料费								—	8.87	—		
	材料费小计								—	589.18	—		

综合单价分析表

工程名称：综合楼给排水工程　　　　　　第 18 页　共 20 页

项目编码	031004008001		项目名称	其他成品卫生器具：污水盆				计量单位	组	工程量	2		
清单综合单价组成明细													
定额编号	定额项目名称	定额单位	数量	单价/元					合价/元				
				人工费	材料费	机械费	管理费	利润	人工费	材料费	机械费	管理费	利润
10-681	洗涤盆安装(单嘴)	10 组	0.1	272.3	77.24		108.95	38.1	27.23	7.72		10.9	3.81
综合人工工日		小　计							27.23	7.72		10.9	3.81
0.368 工日		未计价材料费							129.93				
清单项目综合单价									179.59				
材料费明细	主要材料名称、规格、型号					单位	数量		单价/元	合价/元	暂估单价/元	暂估合价/元	
	洗涤盆					只	1.01		77.18	77.95			
	水嘴					个	1.01		25.73	25.99			
	排水栓					套	1.01		25.73	25.99			
	其他材料费								—	7.72	—		
	材料费小计								—	137.65	—		

综合单价分析表

工程名称：综合楼给排水工程　　　　第 19 页　共 20 页

项目编码	031004014001		项目名称	给、排水附(配)件:地漏					计量单位	个	工程量	4	
清单综合单价组成明细													
定额编号	定额项目名称	定额单位	数量	单价/元					合价/元				
				人工费	材料费	机械费	管理费	利润	人工费	材料费	机械费	管理费	利润
10-749	地漏安装 DN50	10 个	0.1	112.48	22.63		45	15.75	11.25	2.26		4.5	1.58
综合人工工日		小　计							11.25	2.26		4.5	1.58
0.152 工日		未计价材料费							38.59				
清单项目综合单价									58.18				
材料费明细	主要材料名称、规格、型号					单位	数量		单价/元	合价/元	暂估单价/元	暂估合价/元	
	普通地漏 DN50					个	1		38.59	38.59			
	其他材料费								—	2.26	—		
	材料费小计								—	40.85	—		

综合单价分析表

工程名称：综合楼给排水工程　　　　第 20 页　共 20 页

项目编码	031301017001	项目名称	脚手架搭拆					计量单位	项	工程量	1		
清单综合单价组成明细													
定额编号	定额项目名称	定额单位	数量	单价/元					合价/元				
				人工费	材料费	机械费	管理费	利润	人工费	材料费	机械费	管理费	利润
10-9300	第 10 册脚手架搭拆费增加人工费 5%，其中人工工资 25%，材料费 75%	项	1	19.04	57.11		7.62	2.67	19.04	57.11		7.62	2.67
综合人工工日		小　计							19.04	57.11		7.62	2.67
		未计价材料费											
清单项目综合单价											86.44		

材料费明细	主要材料名称、规格、型号	单位	数量	单价/元	合价/元	暂估单价/元	暂估合价/元
	其他材料费			—	57.11	—	
	材料费小计			—	57.11	—	

总价措施项目清单与计价表

工程名称：综合楼给排水工程　　　　标段：　　　　第1页　共1页

序号	项目编码	项目名称	计算基础	费率/%	金额/元	调整费率/%	调整后金额/元	备注
1	031302001001	安全文明施工			137.61			
1.1	1.1	基本费	分部分项工程费＋单价措施清单合价－分部分项工程设备费－单价措施工程设备费	1.5	137.61			
1.2	1.2	增加费	分部分项工程费＋单价措施清单合价－分部分项工程设备费－单价措施工程设备费					
2	031302002001	夜间施工增加费						
3	031302003001	非夜间施工照明						
4	031302005001	冬雨季施工增加费						
5	031302006001	已完工程及设备保护						
6	031302008001	临时设施	分部分项工程费＋单价措施清单合价－分部分项工程设备费－单价措施工程设备费	1.5	137.61			
7	031302009001	赶工措施						
8	031302010001	工程按质论价						
9	031302011001	住宅分户验收						
合计					275.22			

其他项目清单与计价汇总表

工程名称：综合楼给排水工程　　　　标段：　　　　第1页　共1页

序号	项目名称	金额/元	结算金额/元	备注
1	暂列金额			
2	暂估价			
2.1	材料(工程设备)暂估价	—		
2.2	专业工程暂估价			
3	计日工			
4	总承包服务费			
合　计				—

暂列金额明细表

工程名称：综合楼给排水工程　　　　标段：　　　　第1页　共1页

序号	项目名称	计量单位	暂定金额/元	备注
合　计			0.00	—

材料（工程设备）暂估单价及调整表

工程名称：综合楼给排水工程　　　　标段：　　　　第1页　共1页

序号	材料编码	材料(工程设备)名称、规格、型号	计量单位	数量		暂估/元		确认/元		差额±/元		备注
				投标	确认	单价	合价	单价	合价	单价	合价	
合　计												

专业工程暂估价及结算价表

工程名称：综合楼给排水工程　　　　标段：　　　　第1页　共1页

序号	工程名称	工程内容	暂估金额/元	结算金额/元	差额±/元	备注
合　计			0.00			—

计日工表

工程名称：综合楼给排水工程　　　　标段：　　　　第1页　共1页

编号	项目名称	单位	暂定数量	实际数量	综合单价/元	合价/元	
						暂定	实际
一	人工						
人工小计							
二	材料						
材料小计							
三	施工机械						
施工机械小计							
四、企业管理费和利润　按　的　%							
总计							

总承包服务费计价表

工程名称：综合楼给排水工程　　　　标段：　　　　第1页　共1页

序号	项目名称	项目价值/元	服务内容	计算基础	费率/%	金额/元
	合计	—	—		—	0.00

规费、税金项目计价表

工程名称：综合楼给排水工程　　　　标段：　　　　第1页　共1页

序号	项目名称	计算基础	计算基数/元	计算费率/%	金额/元
1	规费		275.93		275.93
1.1	社会保险费	分部分项工程费＋措施项目费＋其他项目费－工程设备费	9449.55	2.4	226.79
1.2	住房公积金		9449.55	0.42	39.69
1.3	工程排污费		9449.55	0.1	9.45
2	税金	分部分项工程费＋措施项目费＋其他项目费＋规费－按规定不计税的工程设备金额	9725.48	10.0	972.55
合计					1248.48

发包人提供材料和工程设备一览表

工程名称：综合楼给排水工程　　　　标段：　　　　第1页　共1页

序号	材料编码	材料(工程设备)名称、规格、型号	单位	数量	单价/元	合价/元	交货方式	送达地点	备注
合计					0.00				

承包人供应材料一览表

工程名称：综合楼给排水工程　　　　标段：　　　　　　　　第1页　共1页

序号	材料编码	材料名称	规格型号等特殊要求	单位	数量	单价/元	合价/元	备注
1		PP-R 管件	DN32	个	7.0744	7.70	54.47	
2		PP-R 管件	DN25	个	2.1027	4.60	9.67	
3		PP-R 管件	DN20	个	7.3728	3.00	22.12	
4		PP-R 管件	DN15	个	10.0348	2.00	20.07	
5	14210102	金属软管		个	12.11	12.86	155.73	
6	14310377	承插塑料排水管	DN50	m	5.2218	5.15	26.89	
7	14310378	承插塑料排水管	DN75	m	10.5737	9.43	99.71	
8	14310379	承插塑料排水管	DN100	m	13.0867	18.01	235.69	
9	14311503	PP-R 给水管	DN32	m	8.9862	12.86	115.56	
10	14311503	PP-R 给水管	DN25	m	2.193	8.58	18.82	
11	14311503	PP-R 给水管	DN20	m	6.528	5.40	35.25	
12	14311503	PP-R 给水管	DN15	m	6.2526	3.52	22.01	
13	15230307	承插塑料排水管件	DN50	个	4.8708	2.57	12.52	
14	15230308	承插塑料排水管件	DN75	个	11.8145	4.72	55.76	
15	15230309	承插塑料排水管件	DN100	个	17.4797	9.00	157.32	
16	16310106	螺纹阀门	DN32	个	3.03	38.59	116.93	
17	16413540	角阀		个	12.12	38.59	467.71	
18	16413540	自闭式冲洗阀		个	1.01	102.91	103.94	
19	18090101	洗面盆		套	4.04	300.14	1212.57	
20	18090101	洗面盆		套	1.01	343.02	346.45	
21	18130101	洗涤盆		只	2.02	77.18	155.90	
22	18150101	蹲式陶瓷大便器		套	2.02	222.96	450.38	
23	18150322	连体坐便器		套	1.01	557.41	562.98	
24	18170104	普通型陶瓷小便器	挂式	套	1.01	343.02	346.45	
25	18250141	瓷蹲式大便器低水箱		个	2.02	128.63	259.83	
26	18410301	水嘴		个	2.02	25.73	51.97	
27	18413505	立式水嘴	DN15	个	1.01	154.36	155.90	
28	18413513	扳把式脸盆水嘴		套	4.04	154.36	623.61	
29	18430101	排水栓		套	2.02	25.73	51.97	
30	18430305	普通地漏	DN50	个	4.00	38.59	154.36	
31	18470308	洗脸盆下水口(铜)		个	5.05	25.73	129.94	
32	21010306	螺纹水表	DN32	只	1.00	66.03	66.03	

5 消防工程

《通用安装工程工程量计算规范》(GB 50856—2013) 附录 J 消防工程适用于采用工程量清单计价的工业与民用建筑的新建、扩建和整体更新改造的消防工程，主要内容包括：水灭火系统、气体灭火系统、泡沫灭火系统、火灾自动报警系统、消防系统调试等 5 个部分。水灭火系统中包括消火栓灭火系统和自动喷淋灭火系统两部分。

5.1 水灭火系统

5.1.1 工程量清单项目

水灭火系统工程量清单项目设置、项目特征描述的内容、计量单位及工程量计算规则，应按《通用安装工程工程量计算规范》附录 J.1 的规定执行，见表 5.1 所示。

管道安装部位是指室内和室外。水灭火系统室内、外管道界限的划分方法与生活用给水管道室内外划分方法相同，如下所述。

① 水灭火系统管道室内、外划分，以建筑外墙皮 1.5m 处为分界点，入口处设阀门时，以阀门为分界点。

② 消防水泵房内的管道为工业管道，应按《通用安装工程工程量计算规范》附录 H 工业管道工程相关项目编码列项。设在建筑物内的消防泵间管道与消防管道的划分以泵房外墙皮或泵房屋顶板为分界点。

水灭火系统管道与市政管道的划分：有水表井的，以水表井为界；无水表井的，以与市政给水管道的碰头点为界。

水灭火系统管道连接形式有螺纹连接、法兰连接和沟槽式管件连接。

水喷淋（雾）喷头安装部位应区分有吊顶、无吊顶。

报警装置适用于湿式报警装置（ZSS 型）、干湿两用报警装置（ZSL 型）、电动雨淋报警装置（ZSYL 型）、预作用报警装置（ZSU 型）等报警装置安装。报警装置安装包括装配管(除水力警铃进水管）的安装，水力警铃进水管并入消防管道工程量。

室内消火栓安装方式有悬挂嵌入式和落地式；型号规格包括消火栓箱材质规格、栓口直径及栓口数量（单、双）。

表 5.1 J.1 水灭火系统（编码：030901）

项目编码	项目名称	项目特征	计量单位	工程量计算规则	工作内容
030901001	水喷淋钢管	1. 安装部位 2. 材质、规格 3. 连接形式 4. 钢管镀锌设计要求 5. 压力试验及冲洗设计要求 6. 管道标识设计要求	m	按设计图示管道中心线以长度计算	1. 管道及管件安装 2. 钢管镀锌 3. 压力试验 4. 冲洗 5. 管道标识
030901002	消火栓钢管				
030901003	水喷淋（雾）喷头	1. 安装部位 2. 材质、型号、规格 3. 连接形式 4. 装饰盘设计要求	个	按设计图示数量计算	1. 安装 2. 装饰盘安装 3. 严密性试验
030901004	报警装置	1. 名称 2. 型号、规格	组		1. 安装 2. 电气接线 3. 调试
030901005	温感式水幕装置	1. 型号、规格 2. 连接形式			
030901006	水流指示器	1. 规格、型号 2. 连接形式	个		
030901007	减压孔板	1. 材质、规格 2. 连接形式			
030901008	末端试水装置	1. 规格 2. 组装形式	组		
030901009	集热板制作安装	1. 材质 2. 支架形式	个		1. 制作、安装 2. 支架制作、安装
030901010	室内消火栓	1. 安装方式 2. 型号、规格 3. 附件材质、规格	套		1. 箱体及消火栓安装 2. 配件安装
030901011	室外消火栓				1. 安装 2. 配件安装
030901012	消防水泵接合器	1. 安装部位 2. 型号、规格 3. 附件材质、规格	套		1. 安装 2. 附件安装
030901013	灭火器	1. 形式 2. 规格、型号	（组）	按设计图示数量计算	设置
030901014	消防水炮	1. 水炮类型 2. 压力等级 3. 保护半径	台		1. 本体安装 2. 调试

室外消火栓安装方式分地上式、地下式。

消防水泵接合器的安装部位有地上、地下、壁挂，型号规格包括直径及压力等级。

灭火器安装形式有放置式、悬挂式和挂墙式。

消防水炮分普通手动水炮、智能控制水炮。

水灭火系统管道安装按设计图示管道中心线以“m”为计量单位计算，不扣除阀门、管件及各种组件所占长度。

系统组件按设计图示数量以“个”“组”“套”为计量单位计算。

需要注意的是：消防管道上的阀门、管道支架及设备支架、水箱、套管制作安装，应按《通用安装工程工程量计算规范》附录K给排水、采暖、燃气工程相关项目编码列项及计价。管道除锈、刷油、保温均应按《通用安装工程工程量计算规范》附录M刷油、防腐蚀、绝热工程相关项目编码列项及计价。各种消防泵、稳压泵等机械设备安装按《通用安装工程工程量计算规范》附录A机械设备安装工程相关项目编码列项及计价。埋地管道的土石方及砌筑工程按《房屋建筑与装饰工程工程量计算规范》附录A土石方工程、附录D砌筑工程相关项目编码列项及计价。

5.1.2 综合单价确定

水灭火系统管道安装按设计管道中心线长度以延长米计算，不扣除阀门、管件及各种组件所占长度。按系统类别、安装部位、连接方式（丝扣、法兰、沟槽式）和公称直径不同套用相应定额。其中，室外消防给水管道和消火栓灭火系统的管道套用《江苏省安装工程计价定额》中的《第十册 给排水、采暖、燃气工程》第一章相应子目；建筑内设置的自动喷水灭火系统的管道套用《江苏省安装工程计价定额》中的《第九册 消防工程》相应定额子目。

水灭火系统管道安装定额包括工序内一次性水压试验；镀锌钢管法兰连接定额，管件是按成品、弯头两端是按接短管焊法兰考虑的，定额中包括了直管、管件、法兰等全部安装工序内容，但管件、法兰及螺栓为未计价材料，管件、法兰及螺栓的主材数量应按设计规定另行计算。螺纹连接的镀锌钢管每10m长消耗的管件数量可按表5.2确定。

表5.2 镀锌钢管螺纹连接管件含量表

项目	名称	公称直径/mm						
		25	32	40	50	70	80	100
管件含量	四通	0.02	1.20	0.53	0.69	0.73	0.95	0.47
	三通	2.29	3.24	4.02	4.13	3.04	2.95	2.12
	弯头	4.92	0.98	1.69	1.78	1.87	1.47	1.16
	管箍		2.65	5.99	2.73	3.27	2.89	1.44
	小计	7.23	8.07	12.23	9.33	8.91	8.26	5.19

若实际工程中采用镀锌无缝钢管，组价时仍套用镀锌钢管安装的相应子目。镀锌钢管与无缝钢管对应关系见表5.3所示。

表5.3 镀锌钢管和无缝钢管规格对应关系表 单位：mm

公称直径	15	20	25	32	40	50	70	80	100	150	200
无缝钢管外径	20	25	32	38	45	57	76	89	108	159	219

自动喷水灭火系统管网水冲洗以设计管道中心线延长米计算，不扣除阀门、管件及各种组件所占长度。按管道公称直径不同，套用《安装工程计价定额》第九册相应定额子目。该定额只适用于自动喷水灭火系统，管网水冲洗定额是按水冲洗考虑的，若采用水压气动冲洗法时，可按施工方案另行计算。

喷头安装不分型号、规格和类型，只按有吊顶与无吊顶分档，以“个”为计量单位。吊顶内喷头安装已考虑装饰盘的安装。

报警装置安装按不同公称直径，以“组”为计量单位。干湿两用报警装置、电动雨淋报警装置、预作用报警装置安装皆接执行湿式报警阀装置安装定额，其中人工乘以系数1.2，其余不变。报警装置安装包括装配管（除水力警铃进水管）的安装，水力警铃进水管并入消防管道工程量。

(1) 湿式报警装置　包括湿式阀、蝶阀、装配管、供水压力表、装置压力表、试验阀、泄放试验阀、泄放试验管、试验管流量计、过滤器、延时器、水力警铃、报警截止阀、漏斗、压力开关等。如图 5.1 所示。

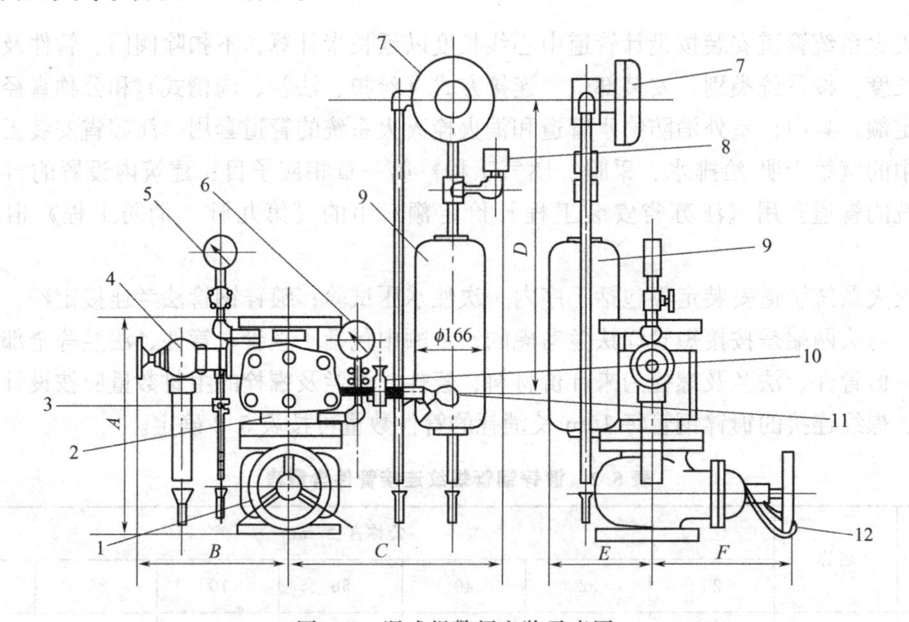

图 5.1　湿式报警阀安装示意图

1—控制阀；2—报警阀；3—试警铃阀；4—放水阀；5,6—压力表；
7—水力警铃；8—压力开关；9—延迟器；10—警铃管阀门；11—滤网；12—软锁

(2) 干湿两用报警装置　包括两用阀、蝶阀、装配管、加速器、加速器压力表、供水压力表、试验阀、泄放试验阀（湿式、干式）、挠性接头、泄放试验管、试验管流量计、排气阀、截止阀、漏斗、过滤器、延时器、水力警铃、压力开关等。

(3) 电动雨淋报警装置包括内容　雨淋阀、蝶阀、装配管、压力表、泄放试验阀、流量表、截止阀、注水阀、止回阀、电磁阀、排水阀、手动应急球阀、报警试验阀、漏斗、压力开关、过滤器、水力警铃等。

(4) 预作用报警装置　包括报警阀、控制蝶阀、压力表、流量表、截止阀、排放阀、注水阀、止回阀、泄放阀、报警试验阀、液压切断阀、装配管、供水检验管、气压开关、试压电磁阀、空压机、应急手动试压器、漏斗、过滤器、水力警铃等。

温感式水幕装置安装，按不同型号和规格以“组”为计量单位。包括给水三通至喷头、阀门间的管道、管件、阀门、喷头等全部内容的安装，但给水三通至喷头、阀门间管道的主材数量按设计管道中心长度另加损耗计算，喷头数量按设计数量另加损耗计算。

水流指示器、减压孔板安装，按不同规格均以“个”为计量单位。减压孔板若在法兰盘内安装，其法兰计入组价中。

集热板制作安装以“个”为计量单位。

室内消火栓安装按不同栓口数量（单出口和双出口），以“套”为计量单位。室内消火栓组合卷盘安装，执行室内消火栓安装的相应子目，定额基价乘以系数 1.2。室内消火栓安装包括消火栓箱、消火栓、水枪、水龙头、水龙带接扣、自救卷盘、挂架、消防按钮；落地消火栓箱包括箱内手提灭火器。

室外消火栓安装按不同型式（地上式 SS、地下式 SX）、工作压力等级（1.0MPa、1.6MPa）、覆土深度，以“套”为计量单位。地上式消火栓安装包括地上式消火栓、法兰接管、弯管底座；地下式消火栓安装包括地下式消火栓、法兰接管、弯管底座或消火栓三通。

末端试水装置按不同规格均以“组”为计量单位。末端试水装置包括压力表、控制阀等附件安装，如图 5.2 所示。末端试水装置安装中不含连接管及排水管安装，其工程量并入消防管道。

消防水泵接合器安装按不同型式（地上式 SQ、地下式 SQX、墙壁式 SQB）、规格（DN100、DN150），以“套”为计量单位。消防水泵接合器安装包括法兰接管及弯头、阀门、止回阀、安全阀、弯管底座、标牌等附件安装。如图 5.3 所示。如设计要求用短管时，其本身价值可另行计算，其余不变。

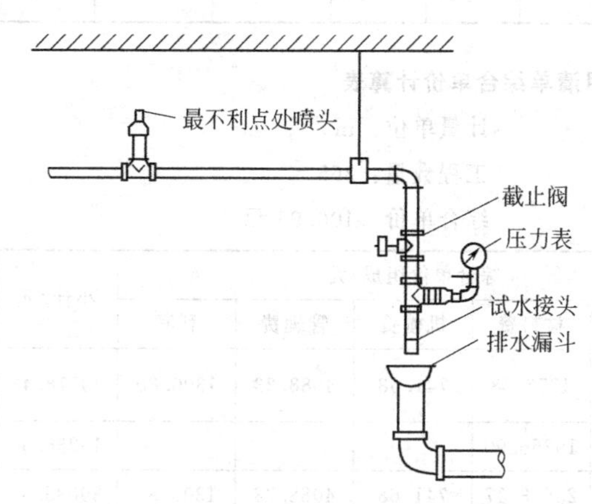

图 5.2　末端试水装置

图 5.3　地上式水泵接合器

灭火器安装按不同安装方式以“具”为计量单位。

消防水炮分不同规格、控制方式（手动、智能控制），以“台”为计量单位。

隔膜式气压水罐安装，区分不同规格以“台”为计量单位。出入口法兰和螺栓按设计规定另行计算。地脚螺栓是按设备带有考虑的，定额中包括指导二次灌浆用工，但二次灌浆费用应按相应定额另行计算。

在采用《江苏省安装工程计价定额》中的《第九册　消防工程》和《第八册 给排水、采暖、燃气工程》作为水灭火系统管道安装清单项目计价定额时，水压试验的相关费用已包括在管道安装的定额基价中，因此，水压试验的费用不需另外计算。

在确定水灭火系统工程量清单项目综合单价时，还需注意以下两点。

① 设置于管道间、管廊内的管道安装，其人工费乘以系数 1.3。

② 主体结构为现场浇注采用钢模施工的工程，内外浇注的定额人工费乘以系数 1.05，内浇外砌的定额人工费乘以系数 1.03。这里钢模指的是大块钢模。

上述两项费用若存在，组价时需计入分部分项工程项目综合单价内。

【例 5.1】 某综合楼水灭火系统，设计图纸要求室内消火栓系统采用 DN100 镀锌钢管，螺纹连接，水压试验。编制工程量清单并确定其综合单价。已知工程类别二类。

解 工程量清单见表5.4所示。综合单价计算过程见表5.5所示。室内消火栓管道计价时应套用《江苏省安装工程计价定额》中的《第十册 给排水、采暖、燃气工程》第一章相应子目。

表5.4 分部分项工程项目和单价措施项目清单与计价表

工程项目名称：××消防工程　　　　标段：　　　　第____页 共____页

序号	项目编码	项目名称	项目特征描述	计量单位	工程数量	金额/元		
						综合单价	合价	其中：暂估价
1	030901002001	消火栓钢管	1. 安装部位：室内 2. 材质、规格：镀锌钢管、DN100 3. 连接形式：螺纹连接 4. 压力试验及冲洗设计要求：水压试验	m	365			

表5.5 分部分项工程项目清单综合单价计算表

工程名称：××消防工程　　　　计量单位：m

项目编码：030901002001　　　　工程数量：365

项目名称：消火栓钢管　　　　综合单价：106.95元

序号	定额编号	工程内容	单位	数量	综合单价组成/元					小计/元
					人工费	材料费	机械费	管理费	利润	
1	10-167	DN100镀锌钢管(螺纹)	10m	36.50	9291.44	4356.28	741.68	4088.23	1300.80	19778.43
2		材料：DN100钢管	m	372.30		19256.90				19256.90
		合计			9291.44	23613.17	741.68	4088.23	1300.80	39035.33

5.2 火灾自动报警系统

5.2.1 工程量清单项目

火灾自动报警系统工程量清单项目设置、项目特征描述的内容、计量单位及工程量计算规则，应按《通用安装工程工程量计算规范》附录J.4的规定执行，见表5.6所示。

编制清单时，依据施工图所示的各项工程实体内容，确定清单项目名称，详细描述其项目特征，并按对应的项目编码编好后三位码。

点型探测器的项目特征：首先要正确描述探测器的名称（如型号、生产厂家），其次区分探测器的接线方式是总线制还是多线制，最后要区分探测器的类型是感烟、感温、红外光束、火焰还是可燃气体。工作内容则应包括探头安装、底座安装、校接线、探测器调试。

线型探测器以其安装方式为项目特征，安装方式为环绕、正弦及直线。其工作内容中除了探测器本体安装、校接线、调试外，另将控制模块和报警终端进行了综合。

按钮的规格包括消火栓按钮、手动报警按钮、气体灭火起/停按钮。

表 5.6 J.4 火灾自动报警系统（编码：030904）

<table>
<tr><th>项目编码</th><th>项目名称</th><th>项目特征</th><th>计量单位</th><th>工程量计算规则</th><th>工作内容</th></tr>
<tr><td>030904001</td><td>点型探测器</td><td>1. 名称
2. 规格
3. 线制
4. 类型</td><td>个</td><td>按设计图示数量计算</td><td>1. 底座安装
2. 探头安装
3. 校接线
4. 编码
5. 探测器调试</td></tr>
<tr><td>030904002</td><td>线型探测器</td><td>1. 名称
2. 规格
3. 安装方式</td><td>m</td><td>按设计图示长度计算</td><td>1. 探测器安装
2. 接口模块安装
3. 报警终端安装
4. 校接线</td></tr>
<tr><td>030904003</td><td>按钮</td><td rowspan="3">1. 名称
2. 规格</td><td rowspan="3">个</td><td rowspan="9">按设计图示数量计算</td><td rowspan="5">1. 安装
2. 校接线
3. 编码
4. 调试</td></tr>
<tr><td>030904004</td><td>消防警铃</td></tr>
<tr><td>030904005</td><td>声光报警器</td></tr>
<tr><td>030904006</td><td>消防报警电话插孔(电话)</td><td>1. 名称
2. 规格</td><td>个、部</td></tr>
<tr><td>030904007</td><td>消防广播(扬声器)</td><td>1. 名称
2. 功率</td><td>个</td></tr>
<tr><td>030904008</td><td>模块(模块箱)</td><td>1. 名称
2. 规格
3. 类型</td><td>个、台</td><td>1. 安装
2. 校接线
3. 编码</td></tr>
<tr><td>030904009</td><td>区域报警控制箱</td><td rowspan="2">1. 多线制
2. 总线制
3. 安装方式
4. 控制点数量</td><td rowspan="3">台</td><td rowspan="3">1. 本体安装
2. 校接线、摇测绝缘电阻
3. 排线、绑扎、导线标识
4. 显示器安装</td></tr>
<tr><td>030904010</td><td>联动控制箱</td></tr>
<tr><td>030904011</td><td>远程控制箱(柜)</td><td>1. 规格
2. 控制回路</td></tr>
<tr><td>030904012</td><td>火灾报警系统控制主机</td><td rowspan="3">1. 规格、线制
2. 控制回路
3. 安装方式</td><td rowspan="4">台</td><td rowspan="6">按设计图示数量计算</td><td rowspan="3">1. 安装
2. 校接线
3. 调试</td></tr>
<tr><td>030904013</td><td>联动控制主机</td></tr>
<tr><td>030904014</td><td>消防广播及对讲电话主机(柜)</td></tr>
<tr><td>030904015</td><td>火灾报警控制微机(CRT)</td><td>1. 规格
2. 安装方式</td><td rowspan="2">1. 安装
2. 调试</td></tr>
<tr><td>030904016</td><td>备用电源及电池主机(柜)</td><td>1. 名称
2. 容量</td><td>套</td></tr>
<tr><td>030904017</td><td>报警联动一体机</td><td>1. 规格、线制
2. 控制回路
3. 安装方式</td><td>台</td><td>1. 安装
2. 校接线</td></tr>
</table>

注：1. 消防报警系统配管、配线、接线盒均应按本规范附录 D 电气设备安装工程相关项目编码列项。

2. 消防广播及对讲电话主机包括功放、录音机、分配器、控制柜等设备。

3. 点型探测器包括火焰、烟感、温感、红外光束、可燃气体探测器等。

模块（接口）名称分为控制模块（接口）和报警接口。控制模块（接口）是指仅能起控制作用的模块（接口），亦称为中继器，依据其给出控制信号的数量，输出方式分为单输出和多输出两种形式。报警模块（接口）不起控制作用，只能起监视、报警作用。

报警控制器、联动控制器、报警联动一体机项目特征均为线制（多线制、总线制）、安装方式（壁挂式、落地式、琴台式）、控制点数量。工作内容中除了控制器本体安装、校接线、调试外，另将消防报警备用电源进行了综合。

报警控制器控制点数量：多线制“点”是指报警控制器所带报警器件（探测器、报警按钮等）的数量。总线制“点”是指报警控制器所带的有地址编码的报警器件（探测器、报警按钮、模块等）的数量。如果一个模块带数个探测器，则只能计为一点。

联动控制器控制点数量：多线制“点”是指联动控制器所带联动设备的状态控制和状态显示的数量。总线制“点”是指联动控制器所带的有控制模块（接口）的数量。

报警联动一体机控制点数量：多线制“点”是指报警联动一体机所带报警器件与联动设备的状态控制和状态显示的数量。总线制“点”是指报警联动一体机所带的有地址编码的报警器件与控制模块（接口）的数量。

重复显示器（楼层显示器）按总线制与多线制区分。

报警装置按报警形式分为声光报警和警铃报警。

远程控制器按其控制回路数区别列项。

5.2.2 综合单价确定

点型探测器包括火焰、烟感、温感、红外光束、可燃气体探测器等按线制的不同分为多线制与总线制，不分规格、型号、安装方式与位置，以“个”为计量单位。探测器安装包括了探头和底座的安装及本体调试。

红外线探测器以“对”为计量单位。红外线探测器是成对使用的，在计算时一对为两只。定额中包括了探头支架安装和探测器的调试、对中。

火焰探测器、可燃气体探测器按线制的不同分为多线制与总线制两种，计算时不分规格、型号、安装方式与位置，以“个”为计量单位。探测器安装包括了探头和底座的安装及本体调试。

线形探测器的安装方式按环绕、正弦及直线综合考虑，不分线制及保护形式，以“m”为计量最单位．定额中未包括探测器连接的一只模块和终端，其工程量应按相应定额另行计算。

按钮包括消火栓按钮、手动报警按钮、气体灭火起/停按钮，以“个”为计量单位，按照在轻质墙体和硬质墙体上安装两种方式综合考虑，执行时不得因安装方式不同而调整。

控制模块（接口）是指仅能起控制作用的模块（接口），亦称为中继器，依据其给出控制信号的数量，分为单输出和多输出两种形式。执行时不分安装方式，按照输出数量以“个”为计量单位。

报警模块（接口）不起控制作用，只起监视、报警作用，执行时不分安装方式，以“个”为计量单位。

报警控制器、联动控制器、报警联动一体机按线制的不同分为多线制与总线制两种，其中又按其安装方式不同分为壁挂式和落地式。在不同线制、不同安装方式中按照“点”数的不同划分定额项目，以“台”为计量单位。报警控制器多线制“点”是指报警控制器所带报警器件（探测器、报警按钮等）的数量，总线制“点”是指报警控制器所带的有地址编码的报警器件（探测器、报警按钮、模块等）的数量。如果一个模块带数个探测器，则只能计为一点；联动控制器多线制“点”是指联动控制器所带联动设备的状态控制和状态显示的数量，总线制“点”是指联动控制器所带的有控制模块（接口）的数量。报警联动一体机多线制“点”是指报警联动一体机所带报警器件与联动设备的状态控制和状态显示的数量。总线制“点”是指报警联动一体机所带的有地址编码的报警器件与控制模块（接口）的数量。

重复显示器（楼层显示器）不分规格、型号、安装方式，按总线制与多线制划分，以“台”为计量单位。

警报装置分为声光报警和警铃报警两种形式，均以“台”为计量单位。

远程控制器按其控制回路数以“台”为计量单位。

火灾事故广播中的功放机、录音机的安装按柜内及台上两种方式综合考虑，分别以“个”为计量单位。

消防广播控制柜是指安装成套消防广播设备的成品机柜，不分规格、型号以“台”为计量单位。

火灾事故广播中的扬声器不分规格、型号，按照吸顶式与壁挂式以“个”为计量单位。

广播用分配器是指单独安装的消防广播用分配器（操作盘），以“台”为计量单位。

消防通信系统中的电话交换机按“门”数不同以“台”为计量单位；通信分机、插孔是指消防专用电话分机与电话插孔，不分安装方式，分别以“部”、“个”为计量单位。

报警备用电源综合考虑了规格、型号，以“套”为计量单位。

火灾报警控制微机（CRT）安装，以“台”为计量单位。

设备支架、底座、基础的制作与安装和构件加工制作均执行《第四册 电气设备安装工程》相应定额。

5.3 消防系统调试

5.3.1 工程量清单项目

消防系统调试工程量清单项目设置、项目特征描述的内容、计量单位及工程量计算规则，应按《通用安装工程工程量计算规范》附录 J.5 的规定执行，见表 5.7 所示。

消防系统调试是指一个单位工程的消防工程全系统安装完毕且连通，为检验其达到国家有关消防施工验收规范、标准所进行的全系统的检测、调整和试验。其主要内容是：检查系统的各线路设备安装是否符合要求，对系统各单元的设备进行单独通电检验。进行线路接口试验，并对设备进行功能确认。断开消防系统，进行加烟、加温、加光及标准校验气体进行模拟试验。按照设计要求进行报警与联动试验，整体试验及自动灭火试验。做好调试记录。

消防系统调试包括自动报警系统装置调试，水灭火系统控制装置调试，防火控制系统装置调试，气体灭火系统装置调试等项目。

自动报警系统装置包括各种探测器、报警器、手动报警按钮和报警控制器、消防广播、消防电话等组成的报警系统。其项目特征为点数与线制，其点数为按多线制与总线制的报警器的点数。按不同点数以系统为单位编制工程量清单并计价。

表 5.7 J.5 消防系统调试（编码：030905）

项目编码	项目名称	项目特征	计量单位	工程量计算规则	工作内容
030905001	自动报警系统调试	1. 点数 2. 线制	系统	按系统计算	系统调试
030905002	水灭火控制装置调试	系统形式	点	按控制装置的点数计算	调试
030905003	防火控制装置调试	1. 名称 2. 类型	个、部	按设计图示数量计算	
030905004	气体灭火系统装置调试	1. 试验容器规格 2. 气体试喷	点	按调试、检验和验收所消耗的试验容器总数计算	1. 模拟喷气试验 2. 备用灭火器贮存容器切换操作试验 3. 气体试喷

注：1. 自动报警系统，包括各种探测器、报警器、报警按钮、报警控制器、消防广播、消防电话等组成的报警系统；按不同点数以系统计算。

2. 水灭火控制装置，自动喷洒系统按水流指示器数量以点（支路）计算；消火栓系统按消火栓启泵按钮数量以点计算；消防水炮系统按水炮数量以点计算。

3. 防火控制装置，包括电动防火门、防火卷帘门、正压送风阀、排烟阀、防火控制阀、消防电梯等防火控制装置；电动防火门、防火卷帘门、正压送风阀、排烟阀、防火控制阀等调试以个计算，消防电梯以部计算。

4. 气体灭火系统调试，是由七氟丙烷、IG541、二氧化碳等组成的灭火系统；按气体灭火系统装置的瓶头阀以点计算。

水灭火系统控制装置为水喷头、消火栓、消防水泵接合器、水流指示器、末端试水装置等，以系统为单位按不同点数编制工程量清单并计价。自动喷洒系统点数按水流指示器数量计算，消火栓系统点数按消火栓启泵按钮数量计算，消防水炮系统点数按水炮数量计算。

防火控制装置包括电动防火门、防火卷帘门、正压送风阀、排烟阀、防火阀制阀、消防电梯等控制装置。电动防火门、防火卷帘门指可由消防控制中心显示与控制的电动防火门、防火卷帘门，每樘为一个；正压送风阀、排烟阀、防火阀，每一个阀为一个，消防电梯以“部”计算。

气体灭火系统装置调试由驱动瓶起始至气体喷头为止，包括进行模拟喷气试验和储存容器的切换试验。调试按储存容器的规格不同，按气体灭火系统装置的瓶头阀以“点”计算。

5.3.2 综合单价确定

消防系统调试按系统名称、项目特征和工程量套用相应计价定额。清单工程量计算规则同上。

消防系统调试定额是按施工单位、建设单位、检测单位与消防局共四次调试、检验及验收合格为标准编制的。“消防系统调试”定额执行时，安装单位只调试，则定额基价乘以系数 0.7。安装单位只配合检测、验收，基价乘以系数 0.3。

气体灭火控制系统装置调试如需采取安全措施时，应按施工组织设计另行计算。

5.4 计取有关费用的规定

《江苏省安装工程计价定额》中的《第九册 消防工程》中将一些不便单列定额子目进行计算的费用，通过定额设定的计算方法来计算。该费用就是操作物高度超高增加费，简称

"超高费"。超高费的定义及计算方法见第4.6节。

《第九册 消防工程》规定基本高度为5.0m，操作物高度如超过5.0m时，其超过部分工程量（指由5.0m至操作物高度）的定额人工费乘以超高系数。即：

超高增加费=超高部分定额人工费×超高系数

消防工程超高系数见表5.8所示。

表5.8 第九册消防工程超高系数表

标高/m	5～8	5～12	5～16	5～20
超高系数	1.10	1.15	1.20	1.25

超高费应计入相应的分部分项工程项目清单的综合单价中。

5.5 措施项目

通用安装工程措施项目费的计算方法详见第4.7节。这里简要介绍消防工程中常用的措施项目费的相关费率。

5.5.1 单价措施项目费

① 脚手架搭拆费 《江苏省安装工程计价定额》中的《第九册 消防工程》规定的脚手架搭拆费率为5%，其中人工占25%，材料占75%。

② 高层建筑增加费（高层施工增加费）《江苏省安装工程计价定额》第九册规定的高层建筑增加费率见表5.9所示。

表5.9 第九册 消防工程 高层建筑增加费率表

层数		9层以下（30m）	12层以下（40m）	15层以下（50m）	18层以下（60m）	21层以下（70m）	24层以下（80m）	27层以下（90m）	30层以下（100m）	33层以下（110m）
按人工费的/%		10	15	19	23	27	31	36	40	44
其中	工资占/%	10	14	21	21	26	29	31	35	39
	机械费占/%	90	86	79	79	74	71	69	65	61
层数		36层以下（120m）	40层以下（130m）	42层以下（140m）	45层以下（150m）	48层以下（160m）	51层以下（170m）	54层以下（180m）	57层以下（190m）	60层以下（200m）
按人工费的/%		48	54	56	60	63	65	67	68	70
其中	工资占/%	41	43	46	48	51	53	57	60	63
	机械费占/%	59	57	54	52	49	47	43	40	37

③ 安装与生产同时进行增加的费用，按人工费的10%计取，其中人工费占100%，在该人工费的基础上再计算管理费和利润。

④ 在有害身体健康的环境中施工增加的费用，按人工费的10%计取，其中人工费占

100%，在该人工费的基础上再计算管理费和利润。

5.5.2 总价措施项目费

通用安装工程中总价措施项目包括：安全文明施工、夜间施工增加、非夜间施工照明、二次搬运、冬雨季施工增加、已完工程及设备保护。此外，《江苏省建设工程费用定额》(2014 年) 又补充了 5 项总价措施项目：临时设施费、赶工措施费、工程按质论价、特殊条件下施工增加费、住宅工程分户验收。

(1) 安全文明施工费 《江苏省建设工程费用定额》(2014 年) 规定，安全文明施工费计算基数为：

分部分项工程费－除税工程设备费＋单价措施项目费

即：安全文明施工费＝(分部分项工程费－除税工程设备费＋单价措施项目费)×安全文明施工费费率(%)

(2) 其他总价措施项目费 《江苏省建设工程费用定额》(2014 年) 规定，其他总价措施项目费计算基数为：分部分项工程费－除税工程设备费＋单价措施项目费

即：总价措施项目费＝(分部分项工程费－除税工程设备费＋单价措施项目费)×相应费率(%)

其他总价措施项目费费率参见《江苏省建设工程费用定额》(2014 年)。

6

工业管道工程

“工业管道”是指在工艺流程中，输送生产所需各种介质的管道。《通用安装工程工程量计算规范》(GB 50856—2013) 附录 H 工业管道工程适用于采用工程量清单计价的厂区范围内的车间、装置、站、罐区及其相互之间各种生产用介质输送管道和厂区第一个连接点以内生产、生活共用的输送给水、排水、蒸汽、燃气的管道安装工程。其中生产用水、燃气、蒸汽以厂区入口处计量表为分界点，计量表以外为其他专业工程管道，计量表以内为附录 H 适用工程范围；排水以厂区围墙外第一个污水井分界，污水井以外为其他专业工程，污水井以内为附录 H 适用工程范围。

泵房、锅炉房内给水、热水、排水、燃气、蒸汽、软化水管道均为工业管道。锅炉房及水泵房内的管道均以外墙皮（地下室以楼板或外墙皮）为分界点，外墙皮或楼板以外为其他专业工程，外墙皮或楼板以内为附录 H 适用工程范围。

用于生产同时用于生活输送各种介质的管道为共用管道，共用管道应视为工业管道，属附录 H 适用工程范围。

综上所述，给排水工程中城市净水厂、污水处理厂厂区范围内的生产用各种给排水管道、压缩空气管道、油管、煤气管道，以及工业企业污水处理车间内的各种给排水管道都属于工业管道。

厂区范围内的生活用给水、排水、蒸汽、燃气的管道工程执行《通用安装工程工程量计算规范》附录 K 给排水、采暖、燃气工程相应项目。

《通用安装工程工程量计算规范》附录 H 工业管道工程主要内容包括低、中、高压的管道安装、管件安装、阀门安装、法兰安装、板卷管制作、管件制作、管架件制作安装、管材表面及焊缝无损探伤、其他项目制作安装等，共 127 个清单项目。

工业管道按照管道设计压力可划分为低压、中压和高压管道。压力划分范围如下：

低压：$0<P\leqslant 1.6\text{MPa}$

中压：$1.6\text{MPa}<P\leqslant 10\text{MPa}$

高压：$10\text{MPa}<P\leqslant 42\text{MPa}$

蒸汽管道：$P\geqslant 9\text{MPa}$、工作温度 $\geqslant 500℃$。

给排水管道大多数为中、低压管道，本书重点介绍常用的低压管道。

6.1 低压管道

6.1.1 工程量清单项目

低压管道工程量清单项目设置、项目特征描述的内容、计量单位及工程量计算规则，应按《通用安装工程工程量计算规范》附录 H.1 低压管道的规定执行，见表 6.1 所示。

表 6.1 H.1 低压管道（编码：030801）

项目编码	项目名称	项目特征	计量单位	工程量计算规则	工作内容
030801001	低压碳钢管	1. 材质 2. 规格 3. 连接形式、焊接方法 4. 压力试验、吹扫与清洗设计要求 5. 脱脂设计要求			1. 安装 2. 压力试验 3. 吹扫、清洗 4. 脱脂
030801002	低压碳钢伴热管	1. 材质 2. 规格 3. 连接形式 4. 安装位置 5. 压力试验、吹扫与清洗设计要求			1. 安装 2. 压力试验 3. 吹扫、清洗
030801003	衬里钢管预制安装	1. 材质 2. 规格 3. 安装方式(预制安装或成品管道) 4. 连接形式 5. 压力试验、吹扫与清洗设计要求	m	按设计图示管道中心线以长度计算	1. 管道、管件及法兰安装 2. 管道、管件拆除 3. 压力试验 4. 吹扫、清洗
030801004	低压不锈钢伴热管	1. 材质 2. 规格 3. 连接形式 4. 安装位置 5. 压力试验、吹扫与清洗设计要求			1. 安装 2. 压力试验 3. 吹扫、清洗
030801005	低压碳钢板卷管	1. 材质 2. 规格 3. 焊接方法 4. 压力试验、吹扫与清洗设计要求 5. 脱脂设计要求			1. 安装 2. 压力试验 3. 吹扫、清洗 4. 脱脂

续表

项目编码	项目名称	项目特征	计量单位	工程量计算规则	工作内容
030801006	低压不锈钢管	1. 材质 2. 规格 3. 焊接方法 4. 充氩保护方式、部位 5. 压力试验、吹扫与清洗设计要求 6. 脱脂设计要求	m	按设计图示管道中心线以长度计算	1. 安装 2. 焊口充氩保护 3. 压力试验 4. 吹扫、清洗 5. 脱脂
030801007	低压不锈钢板卷管				
030801008	低压合金钢管	1. 材质 2. 规格 3. 焊接方法 4. 压力试验、吹扫与清洗设计要求 5. 脱脂设计要求			1. 安装 2. 压力试验 3. 吹扫、清洗 4. 脱脂
030801009	低压钛及钛合金管	1. 材质 2. 规格 3. 焊接方法 4. 充氩保护方式、部位 5. 压力试验、吹扫与清洗设计要求 6. 脱脂设计要求			1. 安装 2. 焊口充氩保护 3. 压力试验 4. 吹扫、清洗 5. 脱脂
030801010	低压镍及镍合金管				
030801011	低压锆及锆合金管				
030801012	低压铝及铝合金管				
030801013	低压铝及铝合金板卷管				
030801014	低压铜及铜合金管	1. 材质 2. 规格 3. 焊接方法 4. 压力试验、吹扫与清洗设计要求 5. 脱脂设计要求			1. 安装 2. 压力试验 3. 吹扫、清洗 4. 脱脂
030801015	低压铜及铜合金板卷管				
030801016	低压塑料管	1. 材质 2. 规格 3. 连接形式 4. 压力试验、吹扫设计要求 5. 脱脂设计要求			1. 安装 2. 压力试验 3. 吹扫 4. 脱脂
030801017	金属骨架复合管				
030801018	低压玻璃钢管				
030801019	低压铸铁管	1. 材质 2. 规格 3. 连接形式 4. 接口材料 5. 压力试验、吹扫设计要求 6. 脱脂设计要求			1. 安装 2. 压力试验 3. 吹扫 4. 脱脂
030801020	低压预应力混凝土管				

6.1.1.1 项目特征

项目特征反映了清单项目自身的本质特征，它直接影响实体自身价值。工业管道安装，应按压力等级（低、中、高）、规格、材质（碳钢、铸铁、不锈钢、合金钢、铝、铜、塑料等）、连接形式（丝接、焊接、法兰连接、承插连接、卡接、热熔、粘接等）及管道压力检验、吹扫、吹洗方式等不同特征而设置清单项目，编制工程量清单时应明确描述上述各项特征。

(1) 管道规格　应说明管道公称压力PN和直径。直径又可以用公称直径DN、管道内径或管道外径表示。

公称压力：管内介质温度20℃时，管道或附件所能承受的以耐压强度（MPa）表示的压力，用PN表示。同一公称直径（或管道外径）的管道，因为压力等级不同，管材壁厚不同，管道的单价也不一样。

通常镀锌钢管、焊接钢管、铸铁管按公称直径DN表示；无缝钢管、碳素钢板卷管、合金钢、不锈钢、铝、铜、塑料管以外径表示，用外径表示的还应标出管材的壁厚，如$\Phi108\times4$等；混凝土管、钢筋混凝土管以管道内径d表示。

(2) 连接形式　包括螺纹连接、焊接（电弧焊、氧乙炔焊、氩弧焊、氩电联焊）、承插、卡接、热熔、粘接等。

(3) 焊接方法　包括电弧焊、氧乙炔焊、氩弧焊、氩电联焊等。

(4) 管道压力试验、吹扫、清洗方式　压力试验按设计文件要求描述试验方法，如水压试验、气压试验、泄漏性试验、真空试验等。吹扫与清洗按设计文件要求描述吹扫与清洗方法和介质，如水冲洗、空气吹扫、蒸汽吹扫、化学清洗、油清洗等。

管道安装完毕后，就要按设计规定对管道系统进行系统强度试验和严密性试验，其目的是为了检查管道系统承受压力情况和各个连接部位的严密性。一般输送液体介质的管道采用清洁的水做水压试验，输送气体介质的管道采用气体进行气压试验；有些管道除强度试验和严密性试验外，还要作特殊试验，如真空管道作真空度试验，输送剧毒及有火灾危险的介质，要进行泄漏性试验，这些试验都要按设计规定进行，若设计无明确规定，可按管道施工及验收规范的规定进行。

管道安装好后，应清除管道内的杂物，清除的方法一般是用压缩空气吹扫或水冲洗，凡是输送液体介质的管道，一般要求用水冲洗；输送气体介质的管道，一般要求用空气吹扫；输送动力蒸汽的管道，要求采用蒸汽吹扫。

油清洗适用于大型机械的润滑油、密封油等油管道系统的清洗。

(5) 脱脂设计要求　脱脂按设计文件要求描述脱脂介质种类，如二氯乙烷、三氯乙烯、四氯化碳、动力苯、丙酮或酒精等。

有些工业管道因输送介质的需要，要求管道内不允许有任何油迹，这样就必须进行脱脂处理，除掉管内的油迹。

(6) 充氩保护方式、部位　分为管内局部充氩和管外充氩保护。

6.1.1.2　工程量计算规则

按设计图示管道中心线以长度计算，不扣除阀门、管件所占长度；室外埋设管道不扣除附属构筑物（井）所占长度；方形补偿器以其所占长度列入管道安装工程量。

管道安装若涉及管道支架制作安装、管件连接、阀门安装、法兰连接等内容应按《通用安装工程工程量计算规范》附录H工业管道工程相关内容另编码列项及计价。管道及支架的除锈、刷油、保温及防腐等内容，除注明者外均按《通用安装工程工程量计算规范》附录M刷油、防腐、绝热工程相关项目编码列项及计价。

《通用安装工程工程量计算规范》附录H工业管道工程中不设管沟土方工程的清单，如涉及管沟土方的开挖、运输和回填，应按《房屋建筑与装饰工程工程量计算规范》附录A

土石方工程、附录D砌筑工程相关项目编码列项，计价时执行《江苏省建筑工程计价定额》有关子目。

管沟土方工程量清单设置见表6.2。

表6.2 A.1土方工程（编码：010101）

项目编码	项目名称	项目特征	计量单位	工程量计算规则	工程内容
010101007	管沟土方	1. 土壤类别 2. 管外径 3. 挖沟深度 4. 回填要求	1. m 2. m^3	1. 按设计图示以管道中心线长度计算 2. 按设计图示管底垫层面积乘以挖土深度计算；无管底垫层，按管外径的水平投影面积乘以挖土深度计算。不扣除各类井的长度，井的土方并入	1. 排地表水 2. 土方开挖 3. 围护（挡土板）、支撑 4. 运输 5. 回填

6.1.2 综合单价确定

(1) 管道安装　管道安装以设计管道中心线以长度计算，不扣除阀门及各种管件所占长度。按不同压力等级、材质、焊接形式、公称直径，套用《江苏省安装工程计价定额》中的《第八册　工业管道工程》相应定额子目。管道为未计价材料，应按定额材料消耗量计算主材用量。

本册管道安装定额的工作内容：仅为直管安装，不包括管件连接、管道压力试验内容，这与《江苏省安装工程计价定额》中的《第九册　消防工程》、《第十册　给排水、采暖、燃气工程》相关管道安装定额的工作内容有较大的区别，管件安装需另编码列项及计价。也不包括管道的吹扫、清洗，管道的压力试验、吹扫、清洗的费用可按《第八册　工业管道工程》定额有关章节规定另计。

(2) 管道压力试验、吹扫、清洗　管道压力试验、吹扫、清洗，按管道中心线以长度计算，不扣除管件、阀门所占长度，按不同压力等级、规格，不分材质套用《第八册　工业管道工程》第六章相应定额子目。

液压试验和气压试验已包括强度试验和严密性试验工作内容；泄漏性试验适用于输送剧毒、有毒及可燃介质的管道，按压力、规格、不分材质以"m"为计量单位。

(3) 焊口充氩保护　管道焊口焊接充氩保护不分材质以"口"为计量单位。执行定额时，按设计及规范要求选用项目。按管道规格、充氩部位（管内、外）的不同，套用《江苏省安装工程计价定额》的《第八册　工业管道工程》第八章"其他"的有关定额子目。

管道焊口焊接充氩保护定额，适用于各种材质氩弧焊接或氩电联焊接方法的项目。

充氩保护、管道脱脂都属于特殊情况下所设工程内容，必须是图纸有明确要求或规范、规程中有规定要求的才可以列项计价。

【例6.1】 某污水处理车间管道安装，$\Phi 219 \times 8$无缝钢管315m，采用手工电弧焊。设计文件要求安装完毕进行水压试验、水冲洗。工程类别二类。编制工程量清单，并确定其综合单价。

解　分部分项工程项目清单见表6.3所示，综合单价计算过程见表6.4所示。为便于对照计价定额数据，本章例题的人工费按计价定额数据执行，不做调整。材料、机械费均为除税价格，增值税采用一般计税方法，特此说明。

表 6.3 分部分项工程和单价措施项目清单与计价表

工程名称：××车间工业管道工程　　　　标段：　　　　第____页　共____页

序号	项目编码	项目名称	项目特征描述	计量单位	工程数量	金额/元		
						综合单价	合价	其中：暂估价
1	030801001001	低压碳钢管	1. 材质：热轧无缝钢管 2. 规格：Φ219×8 3. 焊接方法：手工电弧焊 4. 压力试验、吹扫与清洗设计要求：水压试验，水冲洗	m	315			

表 6.4 分部分项工程项目清单综合单价计算表

工程名称：××车间工业管道工程　　　　计量单位：m

项目编码：030801001001　　　　工程数量：315

项目名称：低压碳钢管　　　　综合单价：215.84 元

序号	定额编号	工程内容	单位	数量	综合单价组成/元					小计/元
					人工费	材料费	机械费	管理费	利润	
1	8-36	DN200 碳钢管（电弧焊）	10m	31.50	3225.92	502.43	2995.34	1419.40	451.63	8594.71
2		材料：Φ219×8 无缝钢管	m	296.42		55726.02				55726.02
3	8-2429	低压管道液压试验	100m	3.15	1009.32	271.88	78.81	434.01	141.31	1935.33
4	8-2476	管道水冲洗	100m	3.15	606.06	296.23	93.27	266.67	84.85	1347.07
5		材料：水	t	137.78		385.79				385.79
		小计			4841.30	57182.33	3167.42	2120.08	677.78	67988.91

6.2 低压管件

6.2.1 工程量清单项目

低压管件工程量清单项目设置、项目特征描述的内容、计量单位及工程量计算规则，应按《通用安装工程工程量计算规范》附录 H.4 低压管件的规定执行，见表 6.5 所示。

管件包括弯头、三通、四通、异径管、管接头、管帽、方形补偿器弯头、管道上仪表一次部件、仪表温度计扩大管制作安装等。

管件安装按压力等级、材质、规格、连接形式及焊接方式不同分别列项编制工程量清单。

管件安装工程量按设计图示数量以“个”为计量单位计算。

编制管件安装清单工程量时需注意以下几点。

表 6.5 H.4 低压管件（编码：030804）

<table>
<tr><th>项目编码</th><th>项目名称</th><th>项目特征</th><th>计量单位</th><th>工程量计算规则</th><th>工作内容</th></tr>
<tr><td>030804001</td><td>低压碳钢管件</td><td rowspan="2">1. 材质
2. 规格
3. 连接方式
4. 补强圈材质、规格</td><td rowspan="13">个</td><td rowspan="18">按设计图示数量计算</td><td rowspan="2">1. 安装
2. 三通补强圈制作、安装</td></tr>
<tr><td>030804002</td><td>低压碳傳板卷管件</td></tr>
<tr><td>030804003</td><td>低压不锈钢管件</td><td rowspan="3">1. 材质
2. 规格
3. 焊接方法
4. 补强圈材质、规格
5. 充氩保护方式、部位</td><td rowspan="3">1. 安装
2. 管件焊口充氩保护
3. 三通补强圈制作、安装</td></tr>
<tr><td>030804004</td><td>低压不锈钢板卷管件</td></tr>
<tr><td>030804005</td><td>低压合金钢管件</td></tr>
<tr><td>030804006</td><td>低压加热外套碳钢管件(两半)</td><td rowspan="2">1. 材质
2. 规格
3. 连接形式</td><td rowspan="2">安装</td></tr>
<tr><td>030804007</td><td>低压加热外套不锈钢管件(两半)</td></tr>
<tr><td>030804008</td><td>低压铝及铝合金管件</td><td rowspan="2">1. 材质
2. 规格
3. 焊接方法
4. 补强圈材质、规格</td><td rowspan="2">1. 安装
2. 三通补强圈制作、安装</td></tr>
<tr><td>030804009</td><td>低压铝及铝合金板卷管件</td></tr>
<tr><td>030804010</td><td>低压铜铜合金管件</td><td>1. 材质
2. 规格
3. 焊接方法</td><td>安装</td></tr>
<tr><td>030804011</td><td>低压钛及钛合金管件</td><td rowspan="3">1. 材质
2. 规格
3. 焊接方法
4. 充氩保护方式、部位</td><td rowspan="3">1. 安装
2. 管件焊口充氩保护</td></tr>
<tr><td>030804012</td><td>低压锆及锆合金管件</td></tr>
<tr><td>030804013</td><td>低压镍及镍合金管件</td></tr>
<tr><td>030804014</td><td>低压塑料管件</td><td rowspan="5">1. 材质
2. 规格
3. 连接形式
4. 接口材料</td><td rowspan="5">个</td><td rowspan="5">安装</td></tr>
<tr><td>030804015</td><td>金属骨架复合管件</td></tr>
<tr><td>030804016</td><td>低压玻璃钢管件</td></tr>
<tr><td>030804017</td><td>低压铸铁管件</td></tr>
<tr><td>030804018</td><td>低压预应力混凝土转换件</td></tr>
</table>

① 在主管上挖眼接管三通和摔制异径管，均以主管径按管件安装工程量计算，不另计三通、异径管制作费和主材费；挖眼接管三通支线管径小于主管径 1/2 时，不计算管件安装工程量；在主管上挖眼接管焊接接头、凸台等配件，按配件管径计算管件工程量。

② 三通、四通、异径管的规格均按大管径计算。

③ 管件用法兰连接，执行法兰安装工程量清单项目及计价，管件本身安装不再计算安装费用。

④ 半加热外套管摔口后焊接在内套管上，每处焊口按一个管件计算；外套管碳钢管如焊接不锈钢内套管上时，焊口间需加不锈钢短管衬垫，每处焊口按两个管件计算。

⑤ 管件压力试验、吹扫、清洗、脱脂均包括在管道安装中。

管件安装若涉及管件制作，管件制作需另编码列项及计价。

6.2.2 综合单价确定

(1) 管件安装　各种管件安装不分种类，均以“个”计。按压力等级、材质、规格、焊接方式不同套用《江苏省安装工程计价定额》中的《第八册　工业管道工程》第二章有关定额子目。

管件连接定额中已综合考虑了弯头、三通、异径管、管接头等管口含量的差异，同一规格的管件安装均执行相同的定额，成品四通安装套用定额时，可执行相同规格管件连接相应子目，基价乘以系数 1.4。

计算管件安装预算工程量时注意以下几点。

① 在主管上挖眼接管三通、摔制异径管，均按不同压力、材质、规格，以主管径执行管件连接相应定额，不另计制作费和主材费。

② 挖眼接管三通支线管径小于主管径的 1/2 时，其焊口已包括在支管直管安装内，不计算管件安装工程量；在主管上挖眼焊接管接头、凸台等配件，按配件管径计算管件工程。

③ 管件用法兰连接时，执行法兰安装相应项目，管件本身安装不再计算安装费。

(2) 三通补强圈制作、安装　以“个”计，按压力等级、材质、规格不同套用《第八册　工业管道工程》第五章“板卷管制作与管件制作”中的相应子目。

(3) 管件焊口充氩保护　焊口焊接充氩保护，按不同的规格、充氩部位（管内、外），不分材质以“口”为计量单位。

管道焊口焊接充氩保护定额，适用于各种材质氩弧焊接或氩电联焊接方法的项目。执行定额时，按设计及规范要求选用该项目。

在管道上安装的仪表部件，由管道安装专业负责安装，计价时注意以下几点。

① 在管道上安装的仪表一次部件，执行本章管件连接相应定额乘以系数 0.7。

② 仪表的温度扩大管制作安装，执行本章管件连接定额乘以系数 1.5。

管件压力试验、吹扫、清洗、脱脂等均包括在管道安装中；管件除锈、刷油、防腐、保温等均包括在管道的刷油、防腐、保温安装中。

【例 6.2】 某污水处理车间管道安装工程，$\Phi 219\times 8$ 无缝冲压弯头 15 只，采用手工电弧焊。编制工程量清单，并确定其综合单价。工程类别为二类。

解　分部分项工程项目清单见表 6.6 所示，综合单价计算过程见表 6.7 所示。

表 6.6　分部分项工程和单价措施项目清单与计价表

工程名称：××车间工业管道工程　　　标段：　　　　第___页 共___页

序号	项目编码	项目名称	项目特征描述	计量单位	工程数量	金额/元		
						综合单价	合价	其中：暂估价
1	030804001001	低压碳钢管件	1. 材质：碳钢 2. 规格：Φ219×8 无缝冲压弯头 3. 连接方法：手工电弧焊	个	15			

表 6.7　分部分项工程项目清单综合单价计算表

工程名称：　　　　　　　　　　　　　　计量单位：个

项目编码：030804001001　　　　　　　工程数量：15

项目名称：低压碳钢管件　　　　　　　综合单价：311.05 元

序号	定额编号	工程内容	单位	数量	综合单价组成				
					人工费	材料费	机械费	管理费	利润
1	8-652	DN200 碳钢管(电弧焊)	10 个	1.50	854.70	192.74	1247.64	376.07	119.66
2		材料：Φ219×8 无缝冲压弯头	个	15.00		1875			
		合计			854.70	2067.74	1247.64	376.07	119.66

6.3 低压阀门

6.3.1 工程量清单项目

低压阀门工程量清单项目设置、项目特征描述的内容、计量单位及工程量计算规则，应按《通用安装工程工程量计算规范》附录 H.7 低压阀门的规定执行，见表 6.8 所示。

表 6.8　H.7 低压阀门（编码：030807）

<table>
<tr><th>项目编码</th><th>项目名称</th><th>项目特征</th><th>计量单位</th><th>工程量计算规则</th><th>工作内容</th></tr>
<tr><td>030807001</td><td>低压螺纹阀门</td><td rowspan="5">1. 名称
2. 材质
3. 型号、规格
4. 连接形式
5. 焊接方法</td><td rowspan="6">个</td><td rowspan="6">按设计图示数量计算</td><td rowspan="3">1. 安装
2. 操纵装置安装
3. 壳体压力试验、解体检查及研磨
4. 调试</td></tr>
<tr><td>030807002</td><td>低压焊接阀门</td></tr>
<tr><td>030807003</td><td>低压法兰阀门</td></tr>
<tr><td>030807004</td><td>低压齿轮、液压传动、电动阀门</td><td rowspan="2">1. 安装
2. 壳体压力试验、解体检查及研磨
3. 调试</td></tr>
<tr><td>030807005</td><td>低压安全阀门</td></tr>
<tr><td>030807006</td><td>低压调节阀门</td><td>1. 名称
2. 材质
3. 型号、规格
4. 连接形式</td><td>1. 安装
2. 临时短管装拆
3. 壳体压力试验、解体检查及研磨
4. 调试</td></tr>
</table>

阀门安装，按压力等级、名称、材质、型号规格、连接形式不同分别列项设置清单项目。阀门压力等级划分方式同管道。阀门的型号规格的表述详见本书第 4 章第 4.3 节相关内容。

阀门安装工程量按设计图示数量以“个”为计量单位计算。

编制管件安装清单工程量时需注意以下几点。

① 减压阀直径按高压侧计算。

② 电动阀门包括电动机安装。

③ 与法兰阀门配套的法兰安装，应按《通用安装工程工程量计算规范》附录 H.10～H.12 规定另编码列项及计价。

6.3.2 综合单价确定

《工业金属管道工程施工规范》GB 50235—2010 规定：阀门安装前应进行外观质量检查、壳体压力试验和密封试验。因此在确定阀门安装综合单价时需考虑阀门解体检查、研磨、压力试验及调试的费用。

(1) 阀门安装　阀门安装以“个”为计量单位，按压力等级、材质、连接形式、规格不同套用《江苏省安装工程计价定额》中的《第八册　工业管道工程》相应子目。未计价材料：阀门。

阀门安装定额中已综合考虑了壳体压力试验、解体检查及研磨项目的相关费用（高压对焊阀门除外)；安全阀门安装定额中已包括壳体压力试验和调试的费用，电动阀门安装已包括电动机的安装费用。阀门安装组价时，阀门的压力试验、解体检查及研磨、调试项目的相关费不应再另行计价（高压对焊阀门除外)。阀门安装的气密性试验费用另计。

阀门壳体液压试验介质是按普通水考虑的，如设计要求其他介质时，可作调整。

《第八册　工业管道工程》中各种法兰阀门安装，定额中只包括一个垫片和一副法兰连接用螺栓材料费，其余垫片和螺栓应作为未计价材料计入阀门安装的材料费中。其中螺栓按实际用量加损耗量计算，螺栓的损耗率为 3%。

直接安装在管道上的仪表流量计安装，套用相应阀门安装定额子目，定额基价乘以系数 0.7。

(2) 操纵装置安装　操纵装置安装按规范或设计技术要求计算，以“kg”为计量单位。套用《第八册　工业管道工程》第八章中的“阀门操纵装置安装”的子目。

(3) 临时短管装拆　“调节阀临时短管装拆”适用于管道系统试压、吹洗时，原阀门拆掉，换上临时短管，试压合格后，拆除短管，原阀件复位等。调节阀门清单组价时，需将临时短管装拆的费用计入综合单价。

调节阀临时短管装拆以“个”为计量单位计算。套用《第八册 工业管道工程》第八章中的 相应子目。

【例 6.3】 某厂污水处理车间管道安装，DN150 法兰阀门 J41H-16K ，共 5 只，编制工程量清单，并确定其综合单价。工程类别为二类。

解　分部分项工程项目清单见表 6.9 所示，综合单价计算见表 6.10 所示。连接用螺栓材料费应计入在阀门清单项目的综合单价中。

表 6.9 分部分项工程和单价措施项目清单与计价表

工程名称：××车间工业管道工程　　标段：　　第___页 共___页

序号	项目编码	项目名称	项目特征描述	计量单位	工程数量	金额/元		
						综合单价	合价	其中：暂估价
1	030807003001	低压法兰阀门	1. 名称：截止阀 2. 材质：铸铁 3. 型号、规格：J41H-16K DN150 4. 连接方法：法兰 5. 焊接方法：手工电弧焊	个	5			

表 6.10 分部分项工程项目清单综合单价计算表

工程名称：　　计量单位：个

项目编码：030807003001　　工程数量：5

项目名称：低压法兰阀门　　综合单价：1713.67 元

序号	定额编号	工程内容	单位	数量	综合单价组成					小计
					人工费	材料费	机械费	管理费	利润	
1	8-1280	DN150 法兰阀门	个	5.00	347.80	54.50	21.20	153.03	48.69	625.22
2		材料：J41H-16K DN150	个	5.00		7750.00				7750.00
3		材料：螺栓	套	77.25		193.13				193.13
		合计			347.80	7997.63	21.20	153.03	48.69	8568.35

螺栓的数量：(8×2－1)×(1＋3.0％)×5＝77.25(套)

6.4 低压法兰

6.4.1 工程量清单项目

低压法兰工程量清单项目设置、项目特征描述的内容、计量单位及工程量计算规则，应按《通用安装工程工程量计算规范》附录 H.10 低压法兰的规定执行，见表 6.11 所示。

法兰安装，按压力等级、材质、型号、规格、结构形式、连接形式及焊接方法等不同分别列项编制清单项目。阀门压力等级划分同管道。

法兰结构形式包括螺纹和焊接。焊接法兰的连接形式包括平焊、对焊、翻边活套及焊环活套法兰等，如图 6.1 所示，平焊法兰是中低压工艺管道最常用的一种。焊接方法包括氧乙炔焊、电弧焊、氩弧焊、氩电联焊等。

法兰安装按图示数量计算，以“副”为计量单位计算。

需要注意的是：焊接盲板和焊接封头按管件连接计算工程量；配法兰的盲板不计算安装工程量。

用法兰连接的管道（管道本身带有法兰的除外，如法兰铸铁管），管道安装与法兰安装分别列项编制工程量清单及计价。

表 6.11 H.10 低压法兰（编码：030810）

项目编码	项目名称	项目特征	计量单位	工程量计算规则	工作内容
030810001	低压碳钢螺纹法兰	1. 材质 2. 结构形式 3. 型号、规格	副（片）	按设计图示数量计算	1. 安装 2. 翻边活动法兰短管制作
030810002	低压碳钢焊接法兰	1. 材质 2. 结构形式 3. 型号、规格 4. 连接形式 5. 焊接方法			
030810003	低压铜及铜合金法兰				
030810004	低压不锈钢法兰	1. 材质 2. 结构形式 3. 型号、规格 4. 连接形式 5. 焊接方法 6. 充氩保护方式、部位			1. 安装 2. 翻边活动法兰短管制作 3. 焊口充氩保护
030810005	低压合金钢法兰				
030810006	低压铝及铝合金法兰				
030810007	低压钛及钛合金法兰				
030810008	低压锆及锆合金法兰				
030810009	低压镍及镍合金法兰				
030810010	钢骨架复合塑料法兰	1. 材质 2. 规格 3. 连接形式 4. 法兰垫片材质	副（片）	按设计图示数量计算	安装

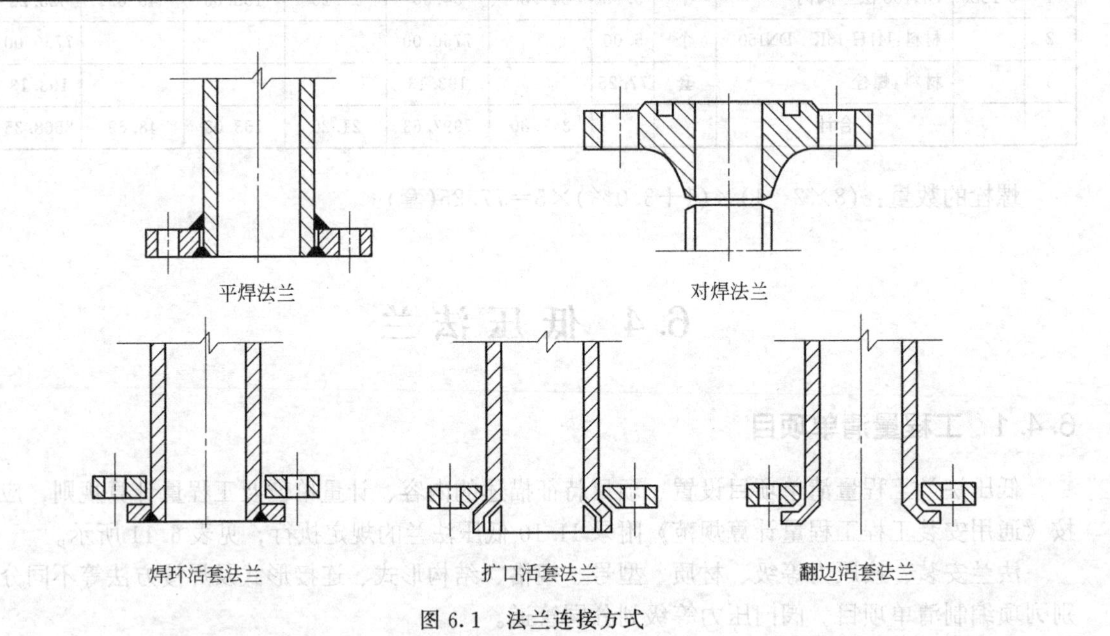

图 6.1 法兰连接方式

6.4.2 综合单价确定

(1) 法兰安装　按图示数量计算，以“副”计。按法兰的类型、材质、规格和连接方式不同套用《江苏省安装工程计价定额》中的《第八册　工业管道工程》相应定额子目。未计价材料：法兰。

套用定额时需注意以下问题。

① 单片安装的法兰，执行法兰安装相应定额，基价乘以系数 0.61，螺栓数量不变。

② 配法兰的法兰盲板只计算主材费，安装费已包括在单片法兰安装中。

③ 各种法兰安装，定额中只包括一个垫片和一副法兰用螺栓的材料费。

④ 法兰与阀门连接时，连接用的螺栓应计入阀门安装材料费中。

⑤ 中压平焊法兰执行低压平焊法兰安装相应子目乘以系数1.2。

⑥ 焊接盲板（封头）套用管件连接定额相应项目，基价乘以系数0.6。

⑦ 中、低压法兰安装的垫片是按石棉橡胶板考虑的，若设计有特殊要求时，可作调整。

⑧ 翻边活动法兰短管如为成品供应时，翻边活动法兰短管制作费用不再计算。

(2) 焊口充氩保护　按不同的规格和充氩部位，不分材质以“口”为计量单位。焊口充氩保护定额，适用于各种材质氩弧焊或氩电联焊焊接的项目。

【例6.4】 某厂污水处理车间管道安装，与DN150法兰阀门J41H-16K连接的DN150碳钢平焊法兰，共5副，编制工程量清单，并确定其综合单价。工程类别为二类。

解　分部分项工程项目清单见表6.12所示，综合单价计算见表6.13所示。本例中法兰与阀门连接，故螺栓的材料费应计算在阀门安装的综合单价中，法兰安装费中不再计算。

表6.12　分部分项工程和单价措施项目清单与计价表

工程名称：××车间工业管道工程　　　　标段：　　　　第____页　共____页

序号	项目编码	项目名称	项目特征描述	计量单位	工程数量	金额/元		
						综合单价	合价	其中：暂估价
1	030810002001	低压碳钢焊接法兰	1. 材质:碳钢 2. 结构形式:焊接 3. 型号、规格:DN150、1.6MPa 4. 连接形式:平焊 5. 焊接方法:手工电弧焊	副	5			

表6.13　分部分项工程项目清单综合单价计算表

工程名称：　　　　计量单位：副

项目编码：030810002001　　　　工程数量：5

项目名称：低压碳钢焊接法兰　　　　综合单价：182.98元

序号	定额编号	工程内容	单位	数量	综合单价组成					小计
					人工费	材料费	机械费	管理费	利润	
1	8-1509	DN150碳钢平焊法兰	副	5.00	161.70	52.20	157.20	71.15	22.64	464.89
2		材料:法兰	片	10		450				450
		合计			161.70	502.20	157.20	71.15	22.64	914.89

6.5　板卷管制作

6.5.1　工程量清单项目

板卷管制作工程量清单项目设置、项目特征描述的内容、计量单位及工程量计算规则，应按《通用安装工程工程量计算规范》附录H.13板卷管制作的规定执行，见表6.14所示。

板卷管制作，按材质（碳钢、不锈钢耐热钢、耐酸钢、铝板）、规格、焊接方法（手工电弧焊、埋弧自动焊、氩弧焊、氩电联焊等不同分别列项设置清单项目。

板卷管制作按设计图示质量以“t”为计量单位计算。

各种板卷管制作焊缝的无损探伤，需另编码列项编制工程量清单。

表 6.14　H.13 板卷管制作（编码：030813）

项目编码	项目名称	项目特征	计量单位	工程量计算规则	工作内容
030813001	碳钢板直管制作	1. 材质 2. 规格 3. 焊接方法	t	按设计图示质量计算	1. 制作 2. 卷筒式板材开卷及平直
030813002	不锈钢板直管制作	1. 材质 2. 规格 3. 焊接方法 4. 充氩保护方式、部位			1. 制作 2. 焊口充氩保护
030813003	铝及铝合金板直管制作				

6.5.2 综合单价确定

① 板卷管制作，按不同材质、规格和种类以“t”为计量单位。

② 卷筒板材的开卷、平直，以“t”为计量单位。套用《江苏省安装工程计价定额》的《第三册　静置设备与工艺金属结构制作安装工程》第八章的“钢卷板开卷与平直”定额子目。

③ 焊口充氩保护：按不同的规格和充氩部位，不分材质以“口”为计量单位。

④ 各种板卷管制作，其焊缝均按透油试漏考虑，不包括单件压力试验和无损探伤；无损探伤需另编码列项编制工程量清单及计价。

6.6 管件制作

6.6.1 工程量清单项目

管件制作工程量清单项目设置、项目特征描述的内容、计量单位及工程量计算规则，应按《通用安装工程工程量计算规范》附录 H.14 管件制作的规定执行，见表 6.15 所示。

管件包括弯头、三通、异径管，管件制作常用板材卷制，弯头还可用成品管材焊接或煨制。焊接弯头又称虾壳弯、虾米弯，用成品管道加工焊接而成，通常由 2 节端节和 2～3 个中节组成，中间节数越多，弯头越顺，介质的流动阻力越小，如图 6.2 所示。碳钢管虾壳弯现场制作简单方便，因此应用广泛。煨制弯管又分为冷煨和热煨两种。煨制弯管具有弹性好、耐压高、阻力小等优点。

板卷管件制作按设计图示质量以“t”为计量单位计算；成品管材焊接或煨制弯头设计图示数量以“个”为计量单位计算。

表 6.15 H.14 管件制作（编码：030814）

项目编码	项目名称	项目特征	计量单位	工程量计算规则	工作内容
030814001	碳钢板管件制作	1. 材质 2. 规格 3. 焊接方法			1. 制作 2. 卷筒式板材开卷及平直
030814002	不锈钢板管件制作	1. 材质 2. 规格 3. 焊接方法 4. 充氩保护方式、部位	t	按设计图示质量计算	1. 制作 2. 焊口充氩保护
030814003	铝及铝合金板管件制作	1. 材质 2. 规格 3. 焊接方法			制作
030814004	碳钢管虾体弯制作	1. 材质 2. 规格 3. 焊接方法			制作
030814005	中压螺旋卷管虾体弯制作				
030814006	不锈钢管虾体弯制作	1. 材质 2. 规格 3. 焊接方法 4. 充氩保护方式、部位			1. 制作 2. 焊口充氩保护
030814007	铝及铝合金管虾体弯制作	1. 材质 2. 规格 3. 焊接方法	个	按设计图示数量计算	制作
030814008	铜及铜合金管虾体弯制作				
030814009	管道机械煨弯	1. 压力 2. 材质 3. 型号、规格			煨弯
030814010	管道中频煨弯				
030814011	塑料管煨弯	1. 材质 2. 型号、规格			

异径管规格按大头口径确定，三通规格按主管口径确定。

若在主管上挖眼接管三通和摔制异径管，均以主管径按管件安装工程量计算，不另计三通、异径管制作工程量。

若管件由现场制作，管件制作和管件安装分别编制工程量清单及计价。

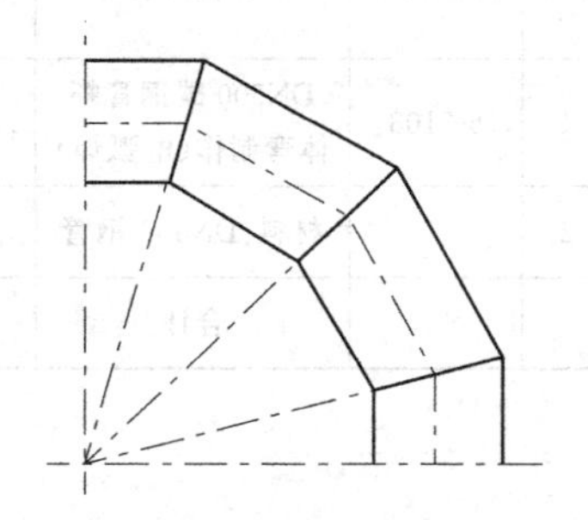

图 6.2 虾壳弯

6.6.2 综合单价确定

(1) 板卷管件制作　以“t”为计量单位，按不同材质、规格、种类套用《江苏省安装工程计价定额》中的《第八册　工业管道工程》第五章“板卷管制作与管件制作”相应定额子目。

碳钢板管件制作如采用卷筒式板材时，卷筒板材的开卷、平直等费用另计。

(2) 卷筒板材的开卷、平直　按平直后的金属板材重量计算，以“t”为计量单位。套用《江苏省安装工程计价定额》中的《第三册　静置设备与工艺金属结构制作安装工程》第八章的“钢卷板开卷与平直”定额子目。

(3) 焊口充氩保护　按不同的规格和充氩部位，不分材质以“口”为计量单位。

(4) 成品管材管件制作　以“个”为计量单位，按不同材质、规格、种类套用《第八册　工业管道工程》第五章的相应子目。其中煨弯定额按90°考虑，煨180°，定额单价乘以系数1.5。

管件制作适用于各种材质成品板或成品管制作的弯头，三通、异径管以及管道煨弯等。三通不分同径或异径，均按主管径计算；异径管不分同心或偏心，按大管径计算；各种板卷管件制作，其焊缝均按透油试漏考虑，不包括单件压力试验和无损探伤；成品管材加工的管件，按标准管件考虑，符合现行规范质量标准。

【例6.5】 某厂污水处理车间管道安装，现场用壁厚9mm的成品碳钢管制作DN500弯头，编制工程量清单，并确定其综合单价。工程类别为二类。

解　分部分项工程量清单见表6.16所示，综合单价计算见表6.17所示。

表6.16　分部分项工程和单价措施项目清单与计价表

工程名称：××车间工业管理工程　　　　标段：　　　　第____页　共____页

序号	项目编码	项目名称	项目特征描述	计量单位	工程数量	金额/元		
						综合单价	合价	其中：暂估价
1	030814004001	碳钢管虾体弯制作	1. 材质：δ9mm碳钢管 2. 规格：DN500 3. 焊接方法：电弧焊	个	5			

表6.17　分部分项工程项目清单综合单价计算表

工程名称：　　　　计量单位：个

项目编码：030814004001　　　　工程数量：5

项目名称：碳钢管虾体弯制作　　　　综合单价：1558.71元

序号	定额编号	工程内容	单位	数量	综合单价组成					小计
					人工费	材料费	机械费	管理费	利润	
1	6-2103	DN500碳钢管虾体弯制作(电弧焊)	10个	0.50	1570.03	733.83	1943.42	690.81	219.80	5157.89
2		材料：DN500钢管	m	4.56		2635.68				2635.68
		合计			1570.03	3369.51	1943.42	690.81	219.80	7793.57

6.7　管架制作安装

6.7.1　工程量清单项目

管架制作安装工程量清单项目设置、项目特征描述的内容、计量单位及工程量计算规则，应按《通用安装工程工程量计算规范》附录H.15管架制作安装的规定执行，见表6.18所示。

表 6.18 H.15 管架制作安装（编码：030815）

项目编码	项目名称	项目特征	计量单位	工程量计算规则	工作内容
030815001	管架制作安装	1. 单件支架质量 2. 材质 3. 管架形式 4. 支架衬垫材质 5. 减震器形式及做法	kg	按设计图示质量计算	1. 制作、安装 2. 弹簧管架物理性试验

单件支架质量分为 100kg 以下和 100kg 以上两种规格。单件支架质量有 100kg 以下和 100kg 以上时，应分别编码列项。

工业管道管架的形式有：一般管架、木垫式管架、弹簧式管架。

管架制作安装工程量按设计图示质量以“kg”为计量单位计算。

管架的除锈、刷油、保温及防腐等内容，除注明者外均按《通用安装工程工程量计算规范》附录 M 刷油、防腐、绝热工程相关项目编码列项及计价。

6.7.2 综合单价确定

管架制作安装以“100kg”为计量单位。单件支架质量 100kg 以下的按管架形式套用《江苏省安装工程计价定额》中的《第八册 工业管道工程》第八章“其他”相应定额子目；单件支架质量 100kg 以上的套用《江苏省安装工程计价定额》中的《第三册 静置设备与工艺金属结构制作安装工程》第七章中的“设备支架制作安装”的定额子目。

套用《第八册 工业管道工程》管架制作安装定额时需要注意以下问题。

① 该定额适用于单件支架质量 100kg 以下的管架制作安装。

② 定额中管架形式分为一般管架、木垫式管架、弹簧式管架。除木垫式、弹簧式管架外，其他类型管架均执行一般管架定额。

③ 弹簧式管架的弹簧是未计价材料，需将其计入材料费中。

④ 有色金属管、非金属管的管架制作安装，按一般管架定额乘以系数 1.1。

⑤ 采用成型钢管焊接的异型管架制作安装，按一般管架定额乘以系数 1.3，其中不锈钢用焊条可作调整。

【例 6.6】 某车间管道安装，L100×10 角钢制作管架，共 10 个。每个支架角钢用量 1.32m，并有一个螺卡包箍 Φ8 圆钢长 1.6m，配六角螺母 2 个。编制管架制作安装工程量清单，并确定其综合单价。工程类别为二类。

解 L100×10 角钢总长：10×1.32=13.2(m)，

查得其理论重量为 15.120(kg/m)，则角钢总重为 13.2×15.12=199.58(kg)；

Φ8 圆钢总长：1.6×10=16(m)，

查得其理论重量为 0.395kg/m，则圆钢总重为 16×0.395=6.32(kg)；

包箍螺母共 2×10=20 颗，查得其理论重量每 1000 颗重 5.674kg，则

包箍螺母总重 20×5.674/1000=0.11(kg)

支架总重为：199.58+6.32+0.11=206.01(kg)

工程量清单见表 6.19 所示，综合单价计算见表 6.20 所示。

表 6.19 分部分项工程和单价措施项目清单与计价表

工程名称：××车间工业管道工程　　　　标段：　　　　第____页 共____页

序号	项目编码	项目名称	项目特征描述	计量单位	工程数量	金额/元		
						综合单价	合价	其中：暂估价
1	030815001001	管架制作安装	1. 单件支架质量:100kg 以下 2. 材质:L50×5 角钢 3. 管架形式:一般管架	kg	206.01			

表 6.20 分部分项工程项目清单综合单价计算表

工程名称：　　　　计量单位：kg

项目编码：030815001001　　　　工程数量：206.01

项目名称：管架制作安装　　　　综合单价：14.39 元

序号	定额编号	工程内容	单位	数量	综合单价组成					小计
					人工费	材料费	机械费	管理费	利润	
1	8-2845	一般管架制作安装	100kg	2.06	977.14	295.73	295.94	429.94	136.80	2135.56
2		材料:L100×10 角钢	kg	218.36		829.77				829.77
		合计			977.14	1125.50	295.94	429.94	136.80	2965.32

6.8 无损探伤与热处理

6.8.1 工程量清单项目

无损探伤与热处理工程量清单项目设置、项目特征描述的内容、计量单位及工程量计算规则，应按《通用安装工程工程量计算规范》附录 H.16 无损探伤与热处理的规定执行，见表 6.21 所示。

无损检验是对原材料和焊缝表面及内部缺陷进行检验的一种方法，即在不破坏工件的条件下，发现工件中存在的缺陷，无损探伤方法有：射线探伤、超声波探伤、磁粉探伤和渗透探伤。射线探伤包括 X 射线、γ 射线探伤，其基本原理是利用射线在不同介质中的的穿透能力，对放在工件背面的照相底片进行不同程度的感光，照相底片经洗相处理后可以看到焊缝缺陷。超声波探伤是利用超声波传播到两介质的分界面上时，超声波能被反射回来的性质，确定金属内部是否存在缺陷。磁粉探伤应用于探测铁磁性工件表面和近表面缺陷的方法。渗透探伤是将具有强渗透力的液体，涂在工件的表面，让其渗透到工件表面的缺陷内，待一定时间后，将工件表面擦干净，再涂以显影粉，由于毛细管作用，缺陷中的色液被吸收到表面并显示出来，从而判别缺陷存在及大小。管材表面及焊缝无损探伤按设计文件要求或规范要求进行。

《工业金属管道工程施工规范》GB 50235—2010 规定：除设计文件另有规定外，现场焊接的管道及管道组成件的对接纵缝和环缝、对接式支管连接焊缝应按现行国家标准《工业金属管道工程施工质量验收规范》GB 50184 的规定进行表面磁粉检测或渗透检测、射线检测或超声检测。

表 6.21　H.16 无损探伤与热处理（编码：030816）

项目编码	项目名称	项目特征	计量单位	工程量计算规则	工作内容
030816001	管材表面超声波探伤	1. 名称 2. 规格	1. m 2. m^2	1. 以米计量，按管材无损探伤长度计算 2. 以平方米计量，按管材表面探伤检测面积计算	探伤
030816002	管材表面磁粉探伤				
030816003	焊缝X射线探伤	1. 名称 2. 底片规格 3. 管壁厚度	张（口）	按规范或设计技术要求计算	
030816004	焊缝γ射线探伤				
030816005	焊缝超声波探伤	1. 名称 2. 管道规格 3. 对比试块设计要求	口		1. 探伤 2. 对比试块的制作
030816006	焊缝磁粉探伤	1. 名称 2. 管道规格			探伤
030816007	焊缝渗透探伤				
030816008	焊前预热、后热处理	1. 材质 2. 规格及管壁厚 3. 压力等级 4. 热处理方法			1. 热处理 2. 硬度测定
030816009	焊口热处理				

管材表面及焊缝无损探伤工程量清单编制，应按探伤的种类（X射线、γ射线、超声波、普通磁粉、荧光磁粉、渗透）、探伤的管材规格（公称直径）或底片规格及壁厚等不同特征分别列项设置工程量清单。

管材表面超声波探伤、磁粉探伤，按管材无损探伤长度以“m”为计量单位计算。焊缝X射线、γ射线探伤，按规范或设计技术要求以“张”为计量单位计算；焊缝超声波、磁粉、渗透探伤，按规范或设计技术要求以“口”为计量单位计算。

焊前预热及后热处理、焊口热处理按规范或设计技术要求以“口”为计量单位计算。

6.8.2　综合单价确定

管道焊缝应按照设计文件要求的检验方法和数量进行无损探伤。当设计无规定时，管道焊缝的射线探伤检验比例应符合规范规定。

管材表面超声波探伤、磁粉探伤，不分材质、壁厚以“m”为计量单位；X射线、γ射线探伤，按壁厚不分材质规格以“张”为计量单位，按管材的双壁厚执行相应定额项目；焊缝超声波、磁粉、渗透探伤，按规格不分材质壁厚以“口”为计量单位。

套用《安装工程计价定额》的《第八册　工业管道工程》第七章“无损探伤和焊口热处理”中相应子目。无损探伤定额中已综合考虑了高空作业降效因素，但不包括固定射线探伤仪器使用的各种支架制作安装费用以及超声波探伤需要各种对比试块的制作费用，上述两项费用另计。

参考《江苏省安装工程计价定额》第八册确定X射线、γ射线探伤工程量时，按管材的双壁厚执行相应定额项目。无损探伤定额中已综合考虑了高空作业降效因素。

焊前预热及后热处理、焊口热处理按不同材质、规格及施工方法以“口”为计量单位，套用《安装工程计价定额》的《第八册 工业管道工程》第七章“无损探伤和焊口热处理”中相应子目。

6.9 其他项目制作安装

6.9.1 工程量清单项目

其他项目制作安装工程量清单项目设置、项目特征描述的内容、计量单位及工程量计算规则，应按《通用安装工程工程量计算规范》附录 H. 17 其他项目制作安装的规定执行，见表 6.22 所示。

表 6.22 H. 17 其他项目制作安装（编码：030817）

<table>
<tr><th>项目编码</th><th>项目名称</th><th>项目特征</th><th>计量单位</th><th>工程量计算规则</th><th>工作内容</th></tr>
<tr><td>030817001</td><td>冷排管制作安装</td><td>1. 排管形式
2. 组合长度</td><td>m</td><td>按设计图示以长度计算</td><td>1. 制作、安装
2. 钢带退火
3. 加氨
4. 冲、套翅片</td></tr>
<tr><td>030817002</td><td>分、集汽(水)缸制作安装</td><td>1. 质量
2. 材质、规格
3. 安装方式</td><td>台</td><td rowspan="7">按设计图示数量计算</td><td rowspan="2">1. 制作
2. 安装</td></tr>
<tr><td>030817003</td><td>空气分气筒制作安装</td><td rowspan="2">1. 材质
2. 规格</td><td rowspan="2">组</td></tr>
<tr><td>030817004</td><td>空气调节喷雾管安装</td><td>安装</td></tr>
<tr><td>030817005</td><td>钢制排水漏斗制作安装</td><td>1. 形式、材质
2. 口径规格</td><td>个</td><td>1. 制作
2. 安装</td></tr>
<tr><td>030817006</td><td>水位计安装</td><td rowspan="2">1. 规格
2. 型号</td><td>组</td><td>安装</td></tr>
<tr><td>030817007</td><td>手摇泵安装</td><td>台</td><td>1. 安装
2. 调试</td></tr>
<tr><td>030817008</td><td>套管制作安装</td><td>1. 类型
2. 材质
3. 规格
4. 填料材质</td><td>个</td><td>1. 制作
2. 安装
3. 除锈、刷油</td></tr>
</table>

其他项目制作安装，按各自的项目特征列项设置清单项目，按设计图示数量以“个”“台”“组”“m”为计量单位计算。

钢制排水漏斗制作安装，其口径规格应按下口公称直径计算。

套管是管道穿池壁、基础、墙、楼板等部位，为防止管道受荷载被压坏，而在管道外部设置的保护性套管。套管类型包括防水套管、一般钢套管。防水套管又分为刚性防水套管和柔性防水套管。刚性防水套管是钢管外加翼环，柔性防水套管除了外部翼环，内部还有挡圈。柔性防水套管一般适用于管道穿过墙（池）壁之处受有振动或有严密防水要求的构筑物，如图 6.3 所示。编制套管制作安装清单时，套管的规格应描述为被保护的管道规格，其实际规格比被保护的管道大 2 号。

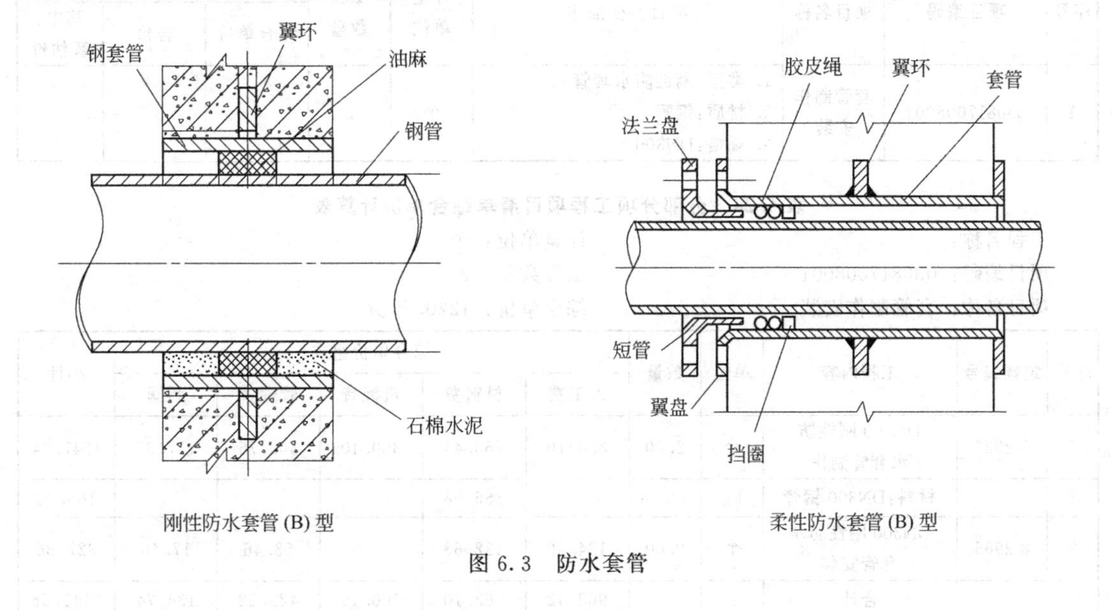

图 6.3　防水套管

6.9.2　综合单价确定

(1) 冷排管制作安装

① 冷排管制作与安装按排管每排根数及长度以“m”为计量单位。

② 钢带退火、加氨：以“t”为计量单位。

③ 冲套翅片：按实际发生的费用计算。

(2) 蒸汽分汽缸制作安装　此处蒸汽分汽缸制作安装是指随工艺管道进行现场制作安装、试压、检查、验收的小型分汽缸（通常情况下缸体直径不超过 DN400，容积不超过 0.2m³）。

① 蒸汽分汽缸制作　根据制作方式（钢管制、钢板制）及重量，以“100kg”为计量单位。

② 蒸汽分汽缸安装　按重量以“个”计。

(3) 空气分气筒制作安装工程量　按规格不同，以“个”为计量单位。

(4) 空气调节器喷雾管安装　可按不同型号以“组”为计量单位分别选用。型号共 6 种，按《全国通用采暖通风标准图集》T704-12 划分。

(5) 钢制排水漏斗制作安装　按公称直径以“个”为计量单位。其口径规格应按下口公称直径计算。

(6) 水位计安装　按不同型式，以“组”为计量单位。

(7) 手摇泵安装　按不同公称直径，以“个”为计量单位。

(8) 套管制作安装　按套管类型、规格以“个”为计量单位。

上述内容套用《安装工程计价定额》的《第八册　工业管道工程》第八章的相应定额子目。其中套管的规格为被保护的管道规格。

【例 6.7】 某车间管道工程，水池进水管和出水管规格 DN300，设计文件要求设刚性防水套管，编制套管制作安装套管制作工程量清单，并确定其综合单价。工程类别为二类。

解　工程量清单见表 6.23 所示，套管的规格为 DN300。综合单价计算表见表 6.24 所示。

表 6.23 分部分项工程和单价措施项目清单与计价表

工程名称：××车间工业管道工程　　标段：　　第____页　共____页

序号	项目编码	项目名称	项目特征描述	计量单位	工程数量	金额/元		
						综合单价	合价	其中：暂估价
1	030817008001	套管制作安装	1. 类型：刚性防水套管 2. 材质：钢管 3. 规格：DN300	个	2			

表 6.24 分部分项工程项目清单综合单价计算表

工程名称：　　计量单位：个

项目编码：030817008001　　工程数量：2

项目名称：套管制作安装　　综合单价：1220.79 元

序号	定额编号	工程内容	单位	数量	综合单价组成					小计
					人工费	材料费	机械费	管理费	利润	
1	8-2926	DN300 刚性防水套管制作	个	2.00	838.10	263.44	360.10	368.76	117.33	1947.74
2		材料：DN300 钢管	kg	43.68		165.98				165.98
3	8-2965	DN300 刚性防水套管安装	个	2.00	124.32	132.68		53.46	17.40	327.86
		合计			962.42	562.10	360.10	422.22	134.74	2441.58

6.10 计取有关费用的规定

《江苏省安装工程计价定额》中的《第八册　工业管道工程》将一些不便单列定额子目进行计算的费用，通过定额设定的计算方法来计算，这些费用包括以下几点。

① 厂外运距超过 1km 时，其超过部分的人工和机械乘以系数 1.1。

场内水平运输的距离已综合取定为 300m，包干使用不作调整。厂区外（指以厂区围墙为界）超过一公里时，其超过部分的人工费和机械费乘以系数 1.1。

② 车间内整体封闭式地沟管道，其人工和机械乘以系数 1.2（管道安装后盖板封闭地沟除外）。

③ 超低碳不锈钢管执行不锈钢管项目，其人工和机械乘以系数 1.15，焊条消耗量不变，单价可以换算。

④ 高合金钢管执行合金钢管项目，其人工和机械乘以系数 1.15，焊条消耗量不变，单价可以换算。

上述内容不仅适用于管道安装，也适用于管件、阀门、法兰的安装以及管道支架的制作安装，上述费用若存在，组价时应根据施工现场实际情况选择计入分部分项工程项目清单的综合单价内。

6.11 措施项目

措施项目费是指为完成建设工程施工，发生于该工程施工前和施工过程中的技术、生活、安全、环境保护等方面的费用。措施项目清单应根据拟建工程的实际情况列项。通用安装工程措施项目费的内容及计算方法详见第 4.7 节。这里简要介绍工业管道工程中常用的措施项目费的相关费率。

6.11.1 单价措施项目费

(1) 脚手架搭拆费　《江苏省安装工程计价定额》中《第八册　工业管道工程》规定的脚手架搭拆费率为 7%。

【例 6.8】 某车间工业管道工程，分部分项工程费中的人工费为 21580 元，按现行规定确定该工程的脚手架搭拆费用。已知工程类别为二类。

解　215800×7%=15106(元)

其中：人工费=15106×25%=3776.5(元)

材料费=15106×75%=11329.5(元)

机械费：0(元)

则：管理费=3776.5×43%=1623.90(元)

利润=3776.5×14%=528.71(元)

脚手架搭拆费为：3776.5+11329.5+0+1623.90+528.71=17258.61(元)

(2) 安装与生产同时进行施工增加费　安装与生产同时进行施工增加的费用，按人工费的 10%计取，其中人工费占 100%，在该人工费的基础上再计算管理费和利润。

(3) 有害身体健康环境中施工增加费　在有害身体健康的环境中施工增加的费用，按人工费的 10%计取，其中人工费占 100%，在该人工费的基础上再计算管理费和利润。

6.11.2 总价措施项目费

通用安装工程中总价措施项目包括：安全文明施工、夜间施工增加、非夜间施工照明、二次搬运、冬雨季施工增加、已完工程及设备保护。此外，《江苏省建设工程费用定额(2014 年)》又补充 4 项总价措施项目：临时设施费、赶工措施费、工程按质论价、特殊条件下施工增加费。

(1) 安全文明施工费　《江苏省建设工程费用定额》(2014 年) 规定：

安全文明施工费=(分部分项工程费-除税工程设备费+单价措施项目费)×安全文明施工费费率 (%)

(2) 其他总价措施项目费　《江苏省建设工程费用定额》(2014 年) 规定：

其他总价措施项目费=(分部分项工程费-工程设备费+单价措施项目费)×相应费率(%)

其他总价措施项目费费率参见《江苏省建设工程费用定额》(2014 年)。

6.12 工程实例

某污水处理车间管道安装工程，管材为焊接钢管、电弧焊、管道及支架除锈后刷防锈漆两遍。已知工程类别二类。

投 标 总 价

招 标 人：______________________

工 程 名 称：污水处理车间管道安装工程

投标总价(小写)：243684.14

(大写)：贰拾肆万叁仟陆佰捌拾肆元壹角肆分

投 标 人：______________________

(单位盖章)

法定代表人

或其授权人：______________________

(签字或盖章)

编 制 人：______________________

(造价人员签字盖专用章)

时 间： 年 月 日

总说明

工程名称：污水处理车间管道安装工程　　　　　　　　　　第1页　共1页

1. 工程概况：车间管道工程，DN250、DN200焊接钢管441m，各式阀门44个。
2. 投标报价范围：车间范围内管道、管道配件、附件等制作安装。
3. 投标报价编制依据：
1)《建设工程工程量清单计价规范》(GB 50500—2013)。
2)《通用安装工程工程量计算规范》(GB 50856—2013)。
3)江苏省建设工程费用定额(2014年)。
4)江苏省安装工程计价定额(2014版)。
5)招标文件、招标工程量清单及其补充通知、答疑纪要。
6)建设工程设计文件及相关资料。
7)施工现场情况、工程特点及拟定的投标施工组织设计。
8)与建设项目相关的标准、规范等技术资料。
9)市场价格信息或××市工程造价管理机构发布的2015年12月工程造价信息。
10)其他的相关资料。
4. 增值税计税采用一般计税方法。

单位工程投标报价汇总表

工程名称：污水处理车间管道安装工程　　　　标段：　　　　第1页　共1页

序号	汇总内容	金额/元	其中：暂估价/元
1	分部分项工程	185498.23	
1.1	人工费	28012.03	
1.2	材料费	122846.98	
1.3	施工机具使用费	18390.32	
1.4	企业管理费	12325.29	
1.5	利润	3921.16	—
2	措施项目	7808.47	—
2.1	单价措施项目费	2178.17	
2.2	总价措施项目费	5630.30	
2.2.1	其中：安全文明施工措施费	2815.15	—
3	其他项目	20000.00	—
3.1	其中：暂列金额	20000.00	—
3.2	其中：专业工程暂估价		—
3.3	其中：计日工		—
3.4	其中：总承包服务费		—
4	规费	6228.56	—
4.1	社会保险费	5119.36	—
4.2	住房公积金	895.89	—
4.3	工程排污费	213.31	—
5	税金	21953.53	
	投标报价合计=1+2+3+4+5	241488.79	

分部分项工程和单价措施项目清单与计价表

工程名称：污水处理车间管道安装工程　　　标段：　　　　　　　　第　页　共　页

序号	项目编码	项目名称	项目特征描述	计量单位	工程量	金额/元		
						综合单价	合价	其中：暂估价
1	030801001001	低压碳钢管	1. 材质:碳钢 2. 规格:D273×6、1.6MPa 3. 连接形式、焊接方法:电弧焊 4. 压力试验、吹扫与清洗设计要求:水压试验、水冲洗	m	270.00	173.84	46936.80	
2	030801001002	低压碳钢管	1. 材质:碳钢 2. 规格:D219×6、1.6MPa 3. 连接形式、焊接方法:电弧焊 4. 压力试验、吹扫与清洗设计要求:水压试验、水冲洗	m	162.00	135.01	21871.62	
3	030801001003	低压碳钢管	1. 材质:碳钢 2. 规格:DN150、1.6MPa 3. 连接形式、焊接方法:电弧焊 4. 压力试验、吹扫与清洗设计要求:水压试验、水冲洗	m	252.00	87.75	22113.00	
4	030804001001	低压碳钢管件	1. 材质:碳钢 2. 规格:DN250 冲压弯头 3. 连接方式:电弧焊	个	26.00	402.60	10467.60	
5	030804001002	低压碳钢管件	1. 材质:碳钢 2. 规格:DN250 三通 3. 连接方式:电弧焊	个	5.00	529.52	2647.60	
6	030804001003	低压碳钢管件	1. 材质:碳钢 2. 规格:DN200 三通 3. 连接方式:电弧焊	个	22.00	344.96	7589.12	
7	030804001004	低压碳钢管件	1. 材质:碳钢 2. 规格:DN200 冲压弯头 3. 连接方式:电弧焊	个	16.00	254.06	4064.96	
8	030804001005	低压碳钢管件	1. 材质:碳钢 2. 规格:DN150 冲压弯头 3. 连接方式:电弧焊	个	26.00	161.10	4188.60	
9	030804001006	低压碳钢管件	1. 材质:碳钢 2. 规格:DN150 三通 3. 连接方式:电弧焊	个	12.00	242.57	2910.84	

续表

序号	项目编码	项目名称	项目特征描述	计量单位	工程量	金额/元		
						综合单价	合价	其中：暂估价
10	030807003001	低压法兰阀门	1. 名称：闸阀 2. 材质：铸铁 3. 型号、规格：Z45T-10K DN250 4. 连接形式：法兰连接	个	8.00	1501.76	12014.08	
11	030807003002	低压法兰阀门	1. 名称：止回阀 2. 材质：铸铁 3. 型号、规格：H44T-16K DN250 4. 连接形式：法兰连接	个	2.00	1561.79	3123.58	
12	030807003003	低压法兰阀门	1. 名称：闸阀 2. 材质：铸铁 3. 型号、规格：Z45T-10K DN200 4. 连接形式：法兰连接	个	12.00	1009.86	12118.32	
13	030807003004	低压法兰阀门	1. 名称：止回阀 2. 材质：铸铁 3. 型号、规格：H44T-16K DN200 4. 连接形式：法兰连接	个	4.00	965.27	3861.08	
14	030807003005	低压法兰阀门	1. 名称：闸阀 2. 材质：铸铁 3. 型号、规格：Z45T-10K DN150 4. 连接形式：法兰连接	个	12.00	680.07	8160.84	
15	030807003006	低压法兰阀门	1. 名称：止回阀 2. 材质：铸铁 3. 型号、规格：H44T-16K DN150 4. 连接形式：法兰连接	个	2.00	628.61	1257.22	
16	031003010001	软接头(软管)	1. 材质：橡胶 2. 规格：KXX DN250 3. 连接形式：法兰连接	个	2.00	976.94	1953.88	
17	031003010002	软接头(软管)	1. 材质：橡胶 2. 规格：KXX DN200 3. 连接形式：法兰连接	个	2.00	761.05	1522.10	

续表

序号	项目编码	项目名称	项目特征描述	计量单位	工程量	金额/元		
						综合单价	合价	其中：暂估价
18	030810002001	低压碳钢焊接法兰	1. 材质:碳钢 2. 结构形式:焊接 3. 型号、规格:DN250、1.6MPa 4. 连接形式:平焊法兰 5. 焊接方法:电弧焊	副	10.00	308.56	3085.60	
19	030810002002	低压碳钢焊接法兰	1. 材质:碳钢 2. 结构形式:焊接 3. 型号、规格:DN200、1.6MPa 4. 连接形式:平焊法兰 5. 焊接方法:电弧焊	副	16.00	237.53	3800.48	
20	030810002003	低压碳钢焊接法兰	1. 材质:碳钢 2. 结构形式:焊接 3. 型号、规格:DN150、1.6MPa 4. 连接形式:平焊法兰 5. 焊接方法:电弧焊	副	14.00	145.91	2042.74	
21	030815001001	管架制作安装	1. 单件支架质量:100kg 以内 2. 材质:型钢 3. 管架形式:一般管架	kg	125.00	13.20	1650.00	
22	030817008001	套管制作安装	1. 类型:刚性防水套管 2. 材质:碳钢 3. 规格:DN250	个	2.00	522.29	1044.58	
23	030817008002	套管制作安装	1. 类型:刚性防水套管 2. 材质:碳钢 3. 规格:DN200	个	2.00	412.15	824.30	
24	031201001001	管道刷油	1. 除锈级别:轻锈 2. 油漆品种:防锈漆 3. 涂刷遍数、漆膜厚度:二遍	m^2	473.68	12.85	6086.79	
25	031201003001	金属结构刷油	1. 除锈级别:轻锈 2. 油漆品种:防锈漆 3. 结构类型:一般钢结构 4. 涂刷遍数、漆膜厚度:二遍	kg	125.00	1.30	162.50	
			分部分项合计				185498.23	
26	031301017001	脚手架搭拆		项	1.00	2178.17	2178.17	
			单价措施合计				2178.17	

综合单价分析表

工程名称：污水处理车间管道安装工程　　　　第 1 页　共 26 页

项目编码	030801001001		项目名称		低压碳钢管				计量单位	m	工程量	270	
清单综合单价组成明细													
定额编号	定额项目名称	定额单位	数量	单价					合价				
				人工费	材料费	机械费	管理费	利润	人工费	材料费	机械费	管理费	利润
8-37	低压碳钢管(电弧焊)DN250	10m	129.36	21.67	126.76	56.92	18.11	12.94	2.17	12.68	5.69	1.81	129.36
8-2430	低中压管道液压试验 DN250	100m	434.38	129.1	23.93	191.13	60.81	4.34	1.29	0.24	1.91	0.61	434.38
8-2477	管道系统水冲洗吹扫 DN250	100m	260.48	126.81	38.13	114.61	36.47	2.6	1.27	0.38	1.15	0.36	260.48
综合人工工日		小　计							19.88	4.73	13.3	8.75	2.78
0.2619 工日		未计价材料费							124.4				
清单项目综合单价									173.84				
材料费明细	主要材料名称、规格、型号					单位	数量		单价/元	合价/元	暂估单价/元	暂估合价/元	
	低压碳钢管　DN250					m	0.936		128.8	120.56			
	水					m^3	0.9869		3.89	3.84			
	其他材料费								—	4.73	—		
	材料费小计								—	129.13	—		

综合单价分析表

工程名称：污水处理车间管道安装工程　　　　第 2 页　共 26 页

项目编码	030801001002		项目名称	低压碳钢管				计量单位	m	工程量	162		
清单综合单价组成明细													
定额编号	定额项目名称	定额单位	数量	单价					合价				
				人工费	材料费	机械费	管理费	利润	人工费	材料费	机械费	管理费	利润
8-36	低压碳钢管(电弧焊)DN200	10m	0.1	102.41	14.17	87.89	45.06	14.34	10.24	1.42	8.79	4.51	1.43
8-2429	低中压管道液压试验 DN200	100m	0.01	320.42	80.81	23.04	140.98	44.86	3.2	0.81	0.23	1.41	0.45
8-2476	管道系统水冲洗 DN200	100m	0.01	192.4	88.96	27.05	84.66	26.94	1.92	0.89	0.27	0.85	0.27
综合人工工日		小计							15.36	3.12	9.29	6.77	2.15
0.2023 工日		未计价材料费							98.32				
清单项目综合单价									135.01				
材料费明细	主要材料名称、规格、型号					单位	数量		单价/元	合价/元	暂估单价/元	暂估合价/元	
	低压碳钢管　DN200					m	0.941		102.68	96.62			
	水					m^3	0.4374		3.89	1.7			
	其他材料费								—	3.12	—		
	材料费小计								—	101.44	—		

综合单价分析表

工程名称：污水处理车间管道安装工程　　　　　　第 3 页　共 26 页

项目编码	030801001003		项目名称		低压碳钢管				计量单位	m	工程量	252	
清单综合单价组成明细													
定额编号	定额项目名称	定额单位	数量	单价					合价				
				人工费	材料费	机械费	管理费	利润	人工费	材料费	机械费	管理费	利润
8-35	低压碳钢管(电弧焊)DN150	10m	0.1	89.32	9.4	60.76	39.3	12.5	8.93	0.94	6.08	3.93	1.25
8-2429	低中压管道液压试验 DN150	100m	0.01	320.42	80.81	23.04	140.98	44.86	3.2	0.81	0.23	1.41	0.45
8-2476	管道系统水冲洗 DN150	100m	0.01	192.4	88.96	27.05	84.66	26.94	1.92	0.89	0.27	0.85	0.27
综合人工工日			小　计						14.05	2.64	6.58	6.19	1.97
0.1853 工日			未计价材料费						56.32				
清单项目综合单价									87.75				
材料费明细	主要材料名称、规格、型号					单位	数量		单价/元	合价/元	暂估单价/元	暂估合价/元	
	低压碳钢管　DN150					m	0.941		58.04	54.62			
	水					m^3	0.4374		3.89	1.7			
	其他材料费								—	2.64	—		
	材料费小计								—	58.96	—		

综合单价分析表

工程名称：污水处理车间管道安装工程　　　　第 4 页　共 26 页

项目编码	030804001001		项目名称	低压碳钢管件					计量单位	个	工程量	26	
清单综合单价组成明细													
定额编号	定额项目名称	定额单位	数量	单价					合价				
				人工费	材料费	机械费	管理费	利润	人工费	材料费	机械费	管理费	利润
8-653	低压碳钢管件(电弧焊) DN250	10 个	0.1	796.18	180.65	1086.69	350.32	111.47	79.62	18.07	108.67	35.03	11.15
综合人工工日		小　计							79.62	18.07	108.67	35.03	11.15
1.034 工日		未计价材料费							150.07				
清单项目综合单价									402.6				
材料费明细	主要材料名称、规格、型号					单位	数量		单价/元	合价/元	暂估单价/元	暂估合价/元	
	低压碳钢对焊管件　DN250 冲压弯头					个	1		150.07	150.07			
	其他材料费								—	18.07	—		
	材料费小计								—	168.14	—		

综合单价分析表

工程名称：污水处理车间管道安装工程　　　　第 5 页　共 26 页

项目编码	030804001002		项目名称	低压碳钢管件					计量单位	个	工程量	5	
清单综合单价组成明细													
定额编号	定额项目名称	定额单位	数量	单价					合价				
				人工费	材料费	机械费	管理费	利润	人工费	材料费	机械费	管理费	利润
8-653	低压碳钢管件（电弧焊）DN250	10 个	0.1	796.18	180.66	1086.7	350.32	111.48	79.62	18.07	108.67	35.03	11.15
综合人工工日		小　计							79.62	18.07	108.67	35.03	11.15
1.034 工日		未计价材料费							276.99				
清单项目综合单价									529.52				
材料费明细	主要材料名称、规格、型号						单位	数量	单价/元	合价/元	暂估单价/元	暂估合价/元	
	低压碳钢对焊管件　DN250 三通						个	1	276.99	276.99			
	其他材料费								—	18.07	—		
	材料费小计								—	295.06	—		

综合单价分析表

工程名称：污水处理车间管道安装工程　　　　第 6 页　共 26 页

<table>
<tr><td>项目编码</td><td colspan="2">030804001003</td><td colspan="2">项目名称</td><td colspan="4">低压碳钢管件</td><td>计量单位</td><td>个</td><td>工程量</td><td colspan="2">22</td></tr>
<tr><td colspan="14">清单综合单价组成明细</td></tr>
<tr><td rowspan="2">定额编号</td><td rowspan="2">定额项目名称</td><td rowspan="2">定额单位</td><td rowspan="2">数量</td><td colspan="5">单价</td><td colspan="5">合价</td></tr>
<tr><td>人工费</td><td>材料费</td><td>机械费</td><td>管理费</td><td>利润</td><td>人工费</td><td>材料费</td><td>机械费</td><td>管理费</td><td>利润</td></tr>
<tr><td>8-652</td><td>低压碳钢管件(电弧焊)DN200</td><td>10 个</td><td>0.1</td><td>569.8</td><td>111.3</td><td>765.78</td><td>250.71</td><td>79.77</td><td>56.98</td><td>11.13</td><td>76.58</td><td>25.07</td><td>7.98</td></tr>
<tr><td colspan="2">综合人工工日</td><td colspan="7">小　计</td><td>56.98</td><td>11.13</td><td>76.58</td><td>25.07</td><td>7.98</td></tr>
<tr><td colspan="2">0.74 工日</td><td colspan="7">未计价材料费</td><td colspan="5">167.22</td></tr>
<tr><td colspan="9">清单项目综合单价</td><td colspan="5">344.96</td></tr>
<tr><td rowspan="5">材料费明细</td><td colspan="5">主要材料名称、规格、型号</td><td>单位</td><td colspan="2">数量</td><td>单价/元</td><td>合价/元</td><td>暂估单价/元</td><td colspan="2">暂估合价/元</td></tr>
<tr><td colspan="5">低压碳钢对焊管件　DN200 三通</td><td>个</td><td colspan="2">1</td><td>167.22</td><td>167.22</td><td></td><td colspan="2"></td></tr>
<tr><td colspan="5"></td><td></td><td colspan="2"></td><td></td><td></td><td></td><td colspan="2"></td></tr>
<tr><td colspan="8">其他材料费</td><td>—</td><td>11.13</td><td>—</td><td colspan="2"></td></tr>
<tr><td colspan="8">材料费小计</td><td>—</td><td>178.35</td><td>—</td><td colspan="2"></td></tr>
</table>

综合单价分析表

工程名称：污水处理车间管道安装工程　　　　第 7 页　共 26 页

项目编码	030804001004		项目名称	低压碳钢管件					计量单位	个	工程量	16	
清单综合单价组成明细													
定额编号	定额项目名称	定额单位	数量	单价					合价				
				人工费	材料费	机械费	管理费	利润	人工费	材料费	机械费	管理费	利润
8-652	低压碳钢管件（电弧焊）DN200	10 个	0.1	569.8	111.3	765.78	250.71	79.77	56.98	11.13	76.58	25.07	7.98
综合人工工日		小　计							56.98	11.13	76.58	25.07	7.98
0.74 工日		未计价材料费							76.32				
清单项目综合单价									254.06				
材料费明细	主要材料名称、规格、型号					单位	数量		单价/元	合价/元	暂估单价/元	暂估合价/元	
	低压碳钢对焊管件　DN200 冲压弯头					个	1		76.32	76.32			
	其他材料费								—	11.13	—		
	材料费小计								—	87.45	—		

综合单价分析表

工程名称：污水处理车间管道安装工程　　　　第 8 页　共 26 页

<table>
<tr><td>项目编码</td><td colspan="2">030804001005</td><td colspan="2">项目名称</td><td colspan="4">低压碳钢管件</td><td>计量单位</td><td>个</td><td>工程量</td><td colspan="2">26</td></tr>
<tr><td colspan="14">清单综合单价组成明细</td></tr>
<tr><td rowspan="2">定额编号</td><td rowspan="2">定额项目名称</td><td rowspan="2">定额单位</td><td rowspan="2">数量</td><td colspan="5">单价</td><td colspan="5">合价</td></tr>
<tr><td>人工费</td><td>材料费</td><td>机械费</td><td>管理费</td><td>利润</td><td>人工费</td><td>材料费</td><td>机械费</td><td>管理费</td><td>利润</td></tr>
<tr><td>8-651</td><td>低压碳钢管件(电弧焊) DN150</td><td>10 个</td><td>0.1</td><td>441.21</td><td>72.39</td><td>541.39</td><td>194.13</td><td>61.77</td><td>44.12</td><td>7.24</td><td>54.14</td><td>19.41</td><td>6.18</td></tr>
<tr><td colspan="2">综合人工工日</td><td colspan="7">小　计</td><td>44.12</td><td>7.24</td><td>54.14</td><td>19.41</td><td>6.18</td></tr>
<tr><td colspan="2">0.573 工日</td><td colspan="7">未计价材料费</td><td colspan="5">30.01</td></tr>
<tr><td colspan="9">清单项目综合单价</td><td colspan="5">161.1</td></tr>
<tr><td rowspan="5">材料费明细</td><td colspan="5">主要材料名称、规格、型号</td><td>单位</td><td colspan="2">数量</td><td>单价/元</td><td>合价/元</td><td>暂估单价/元</td><td colspan="2">暂估合价/元</td></tr>
<tr><td colspan="5">低压碳钢对焊管件　DN150 冲压弯头</td><td>个</td><td colspan="2">1</td><td>30.01</td><td>30.01</td><td></td><td colspan="2"></td></tr>
<tr><td colspan="5"></td><td></td><td colspan="2"></td><td></td><td></td><td></td><td colspan="2"></td></tr>
<tr><td colspan="8">其他材料费</td><td>—</td><td>7.24</td><td>—</td><td colspan="2"></td></tr>
<tr><td colspan="8">材料费小计</td><td>—</td><td>37.25</td><td>—</td><td colspan="2"></td></tr>
</table>

综合单价分析表

工程名称：污水处理车间管道安装工程　　　　第 9 页　共 26 页

项目编码	030804001006		项目名称		低压碳钢管件				计量单位	个	工程量	12	
清单综合单价组成明细													
定额编号	定额项目名称	定额单位	数量	单价					合价				
				人工费	材料费	机械费	管理费	利润	人工费	材料费	机械费	管理费	利润
8-651	低压碳钢管件（电弧焊）DN150	10 个	0.1	441.21	72.39	541.39	194.13	61.77	44.12	7.24	54.14	19.41	6.18
综合人工工日		小　计							44.12	7.24	54.14	19.41	6.18
0.573 工日		未计价材料费							111.48				
清单项目综合单价									242.57				
材料费明细	主要材料名称、规格、型号					单位	数量		单价/元	合价/元	暂估单价/元	暂估合价/元	
	低压碳钢对焊管件　DN150 三通					个	1		111.48	111.48			
	其他材料费								—	7.24	—		
	材料费小计								—	118.72	—		

综合单价分析表

工程名称：污水处理车间管道安装工程　　　　第 10 页　共 26 页

项目编码	030807003001		项目名称	低压法兰阀门				计量单位	个	工程量	8		
清单综合单价组成明细													
定额编号	定额项目名称	定额单位	数量	单价					合价				
				人工费	材料费	机械费	管理费	利润	人工费	材料费	机械费	管理费	利润
8-1282	低压法兰阀门 DN250	个	1	162.06	16.58	20.73	71.31	22.69	162.06	16.58	20.73	71.31	22.69
综合人工工日		小　计							162.06	16.58	20.73	71.31	22.69
2.19 工日		未计价材料费							1208.39				
清单项目综合单价									1501.76				
材料费明细	主要材料名称、规格、型号					单位	数量		单价/元	合价/元	暂估单价/元	暂估合价/元	
	低压法兰阀门　DN250 闸阀					个	1		1157.69	1157.69			
	精制带母镀锌螺栓　M16×100					套	23.69		2.14	50.7			
	其他材料费								—	16.58	—		
	材料费小计								—	1224.97	—		

综合单价分析表

工程名称：污水处理车间管道安装工程　　　　第11页　共26页

项目编码	030807003002	项目名称		低压法兰阀门					计量单位	个	工程量	2	
清单综合单价组成明细													
定额编号	定额项目名称	定额单位	数量	单价					合价				
				人工费	材料费	机械费	管理费	利润	人工费	材料费	机械费	管理费	利润
8-1282	低压法兰阀门 DN250	个	1	162.06	16.58	20.73	71.31	22.69	162.06	16.58	20.73	71.31	22.69
综合人工工日		小　计							162.06	16.58	20.73	71.31	22.69
2.19 工日		未计价材料费							1268.42				
清单项目综合单价									1561.79				
材料费明细	主要材料名称、规格、型号					单位	数量		单价/元	合价/元	暂估单价/元	暂估合价/元	
	低压法兰阀门　DN250 止回阀					个	1		1217.72	1217.72			
	精制带母镀锌螺栓　M16×100					套	23.69		2.14	50.7			
	其他材料费								—	16.58	—		
	材料费小计								—	1285	—		

综合单价分析表

工程名称：污水处理车间管道安装工程　　　　　　第 12 页　共 26 页

<table>
<tr><td>项目编码</td><td colspan="2">030807003003</td><td colspan="2">项目名称</td><td colspan="4">低压法兰阀门</td><td>计量单位</td><td>个</td><td>工程量</td><td colspan="2">12</td></tr>
<tr><td colspan="14">清单综合单价组成明细</td></tr>
<tr><td rowspan="2">定额编号</td><td rowspan="2">定额项目名称</td><td rowspan="2">定额单位</td><td rowspan="2">数量</td><td colspan="5">单价</td><td colspan="5">合价</td></tr>
<tr><td>人工费</td><td>材料费</td><td>机械费</td><td>管理费</td><td>利润</td><td>人工费</td><td>材料费</td><td>机械费</td><td>管理费</td><td>利润</td></tr>
<tr><td>8-1281</td><td>低压法兰阀门 DN200</td><td>个</td><td>1</td><td>108.78</td><td>12.65</td><td>11.42</td><td>47.86</td><td>15.23</td><td>108.78</td><td>12.65</td><td>11.42</td><td>47.86</td><td>15.23</td></tr>
<tr><td colspan="3">综合人工工日</td><td colspan="6">小　计</td><td>108.78</td><td>12.65</td><td>11.42</td><td>47.86</td><td>15.23</td></tr>
<tr><td colspan="3">1.47 工日</td><td colspan="6">未计价材料费</td><td colspan="5">813.92</td></tr>
<tr><td colspan="9">清单项目综合单价</td><td colspan="5">1009.86</td></tr>
<tr><td rowspan="5">材料费明细</td><td colspan="6">主要材料名称、规格、型号</td><td>单位</td><td>数量</td><td>单价/元</td><td>合价/元</td><td>暂估单价/元</td><td colspan="2">暂估合价/元</td></tr>
<tr><td colspan="6">低压法兰阀门　DN200 闸阀</td><td>个</td><td>1</td><td>763.22</td><td>763.22</td><td></td><td colspan="2"></td></tr>
<tr><td colspan="6">精制带母镀锌螺栓　M16×100</td><td>套</td><td>23.69</td><td>2.14</td><td>50.7</td><td></td><td colspan="2"></td></tr>
<tr><td colspan="8">其他材料费</td><td>—</td><td>12.65</td><td>—</td><td colspan="2"></td></tr>
<tr><td colspan="8">材料费小计</td><td>—</td><td>826.57</td><td>—</td><td colspan="2"></td></tr>
</table>

综合单价分析表

工程名称：污水处理车间管道安装工程　　　　第 13 页　共 26 页

项目编码	030807003004		项目名称	低压法兰阀门					计量单位	个	工程量	4	
清单综合单价组成明细													
定额编号	定额项目名称	定额单位	数量	单价					合价				
				人工费	材料费	机械费	管理费	利润	人工费	材料费	机械费	管理费	利润
8-1281	低压法兰阀门 DN200	个	1	108.78	12.65	11.42	47.86	15.23	108.78	12.65	11.42	47.86	15.23
综合人工工日		小计							108.78	12.65	11.42	47.86	15.23
1.47 工日		未计价材料费							769.33				
清单项目综合单价									965.27				
材料费明细	主要材料名称、规格、型号					单位	数量		单价/元	合价/元	暂估单价/元	暂估合价/元	
	低压法兰阀门　DN200 止回阀					个	1		718.63	718.63			
	精制带母镀锌螺栓　M16×100					套	23.69		2.14	50.7			
	其他材料费								—	12.65	—		
	材料费小计								—	781.98	—		

综合单价分析表

工程名称：污水处理车间管道安装工程　　　　第 14 页　共 26 页

项目编码	030807003005		项目名称		低压法兰阀门				计量单位	个	工程量	12	
清单综合单价组成明细													
定额编号	定额项目名称	定额单位	数量	单价					合价				
				人工费	材料费	机械费	管理费	利润	人工费	材料费	机械费	管理费	利润
8-1280	低压法兰阀门 DN150	个	1	69.56	10.28	3.71	30.61	9.74	69.56	10.28	3.71	30.61	9.74
综合人工工日		小　计							69.56	10.28	3.71	30.61	9.74
0.94 工日		未计价材料费							556.17				
清单项目综合单价									680.07				
材料费明细	主要材料名称、规格、型号					单位	数量		单价/元	合价/元	暂估单价/元	暂估合价/元	
	低压法兰阀门　DN150 闸阀					个	1		523.11	523.11			
	精制带母镀锌螺栓　M16×100					套	15.45		2.14	33.06			
	其他材料费								—	10.28	—		
	材料费小计								—	566.45	—		

综合单价分析表

工程名称：污水处理车间管道安装工程　　　　第 15 页　共 26 页

项目编码	030807003006		项目名称	低压法兰阀门					计量单位	个	工程量	2	
清单综合单价组成明细													
定额编号	定额项目名称	定额单位	数量	单价					合价				
				人工费	材料费	机械费	管理费	利润	人工费	材料费	机械费	管理费	利润
8-1280	低压法兰阀门 DN150	个	1	69.56	10.28	3.71	30.61	9.74	69.56	10.28	3.71	30.61	9.74
综合人工工日		小　计							69.56	10.28	3.71	30.61	9.74
0.94 工日		未计价材料费							504.71				
清单项目综合单价									628.61				

	主要材料名称、规格、型号	单位	数量	单价/元	合价/元	暂估单价/元	暂估合价/元
材料费明细	低压法兰阀门　DN150 止回阀	个	1	471.65	471.65		
	精制带母镀锌螺栓　M16×100	套	15.45	2.14	33.06		
	其他材料费			—	10.28	—	
	材料费小计			—	514.99	—	

综合单价分析表

工程名称：污水处理车间管道安装工程 第16页 共26页

项目编码	031003010001		项目名称		软接头(软管)				计量单位	个	工程量	2	
清单综合单价组成明细													
定额编号	定额项目名称	定额单位	数量	单价					合价				
				人工费	材料费	机械费	管理费	利润	人工费	材料费	机械费	管理费	利润
10-577	可曲挠橡胶接头安装 DN250	个	1	27.38	278.17	12.35	12.05	3.83	27.38	278.17	12.35	12.05	3.83
综合人工工日		小计							27.38	278.17	12.35	12.05	3.83
0.37 工日		未计价材料费							643.16				
清单项目综合单价									976.94				
材料费明细	主要材料名称、规格、型号						单位	数量	单价/元	合价/元	暂估单价/元	暂估合价/元	
	可曲挠橡胶接头 DN250						个	1	643.16	643.16			
	其他材料费								—	278.17	—		
	材料费小计								—	921.33	—		

综合单价分析表

工程名称：污水处理车间管道安装工程　　　　第 17 页　共 26 页

项目编码	031003010002		项目名称	软接头(软管)					计量单位	个	工程量	2	
清单综合单价组成明细													
定额编号	定额项目名称	定额单位	数量	单价					合价				
				人工费	材料费	机械费	管理费	利润	人工费	材料费	机械费	管理费	利润
10-576	可曲挠橡胶接头安装 DN200	个	1	21.46	215.19	9.44	9.44	3	21.46	215.19	9.44	9.44	3.0
综合人工工日		小计							21.46	215.19	9.44	9.44	3.0
0.29 工日		未计价材料费							502.52				
清单项目综合单价									761.05				
材料费明细	主要材料名称、规格、型号					单位	数量		单价/元	合价/元	暂估单价/元	暂估合价/元	
	可曲挠橡胶接头　DN200					个	1		502.52	502.52			
	其他材料费								—	215.19	—		
	材料费小计								—	717.71	—		

综合单价分析表

工程名称：污水处理车间管道安装工程　　　　第 18 页　共 26 页

项目编码	030810002001		项目名称		低压碳钢焊接法兰			计量单位	副	工程量	10		
清单综合单价组成明细													
定额编号	定额项目名称	定额单位	数量	单价					合价				
				人工费	材料费	机械费	管理费	利润	人工费	材料费	机械费	管理费	利润
8-1511	低压碳钢平焊法兰（电弧焊）DN250	副	1	67.76	22.81	98.09	29.81	9.49	67.76	22.81	98.09	29.81	9.49
综合人工工日		小　计							67.76	22.81	98.09	29.81	9.49
0.88 工日		未计价材料费							80.6				
清单项目综合单价									308.56				
材料费明细	主要材料名称、规格、型号				单位	数量			单价/元	合价/元	暂估单价/元	暂估合价/元	
	低中压碳钢平焊法兰　DN250				片	2			40.3	80.6			
	其他材料费								—	22.81	—		
	材料费小计								—	103.41	—		

综合单价分析表

工程名称：污水处理车间管道安装工程　　　　第 19 页　共 26 页

项目编码	030810002002		项目名称	低压碳钢焊接法兰					计量单位	副	工程量	16	
清单综合单价组成明细													
定额编号	定额项目名称	定额单位	数量	单价					合价				
				人工费	材料费	机械费	管理费	利润	人工费	材料费	机械费	管理费	利润
8-1510	低压碳钢平焊法兰（电弧焊）DN200	副	1	50.82	16.26	70.66	22.36	7.11	50.82	16.26	70.66	22.36	7.11
综合人工工日			小　计						50.82	16.26	70.66	22.36	7.11
0.66 工日			未计价材料费						70.32				
清单项目综合单价									237.53				

	主要材料名称、规格、型号	单位	数量	单价/元	合价/元	暂估单价/元	暂估合价/元
材料费明细	低中压碳钢平焊法兰　DN200	片	2	35.16	70.32		
	其他材料费			—	16.26	—	
	材料费小计			—	86.58	—	

综合单价分析表

工程名称：污水处理车间管道安装工程　　　　第 20 页　共 26 页

项目编码	030810002003			项目名称	低压碳钢焊接法兰				计量单位	副	工程量	14	
清单综合单价组成明细													
定额编号	定额项目名称	定额单位	数量	单价					合价				
				人工费	材料费	机械费	管理费	利润	人工费	材料费	机械费	管理费	利润
8-1509	低压碳钢平焊法兰（电弧焊）DN150	副	1	32.34	9.26	28.95	14.23	4.53	32.34	9.26	28.95	14.23	4.53
综合人工工日		小　计							32.34	9.26	28.95	14.23	4.53
0.42 工日		未计价材料费							56.6				
清单项目综合单价									145.91				
材料费明细	主要材料名称、规格、型号					单位	数量		单价/元	合价/元	暂估单价/元	暂估合价/元	
	低中压碳钢平焊法兰　DN150					片	2		28.3	56.6			
	其他材料费								—	9.26	—		
	材料费小计								—	65.86	—		

综合单价分析表

工程名称：污水处理车间管道安装工程　　　　第21页　共26页

<table>
<tr><td>项目编码</td><td colspan="2">030815001001</td><td>项目名称</td><td colspan="4">管架制作安装</td><td>计量单位</td><td>kg</td><td>工程量</td><td colspan="3">125</td></tr>
<tr><td colspan="14">清单综合单价组成明细</td></tr>
<tr><td rowspan="2">定额编号</td><td rowspan="2">定额项目名称</td><td rowspan="2">定额单位</td><td rowspan="2">数量</td><td colspan="5">单价</td><td colspan="5">合价</td></tr>
<tr><td>人工费</td><td>材料费</td><td>机械费</td><td>管理费</td><td>利润</td><td>人工费</td><td>材料费</td><td>机械费</td><td>管理费</td><td>利润</td></tr>
<tr><td>8-2845</td><td>一般管道支架制作安装</td><td>100kg</td><td>0.01</td><td>474.34</td><td>126.71</td><td>133.98</td><td>208.71</td><td>66.41</td><td>4.74</td><td>1.27</td><td>1.34</td><td>2.09</td><td>0.66</td></tr>
<tr><td colspan="2">综合人工工日</td><td colspan="7">小　计</td><td>4.74</td><td>1.27</td><td>1.34</td><td>2.09</td><td>0.66</td></tr>
<tr><td colspan="2">0.0641 工日</td><td colspan="7">未计价材料费</td><td colspan="5">3.1</td></tr>
<tr><td colspan="9">清单项目综合单价</td><td colspan="5">13.2</td></tr>
<tr><td rowspan="5">材料费明细</td><td colspan="6">主要材料名称、规格、型号</td><td>单位</td><td>数量</td><td>单价/元</td><td>合价/元</td><td>暂估单价/元</td><td colspan="2">暂估合价/元</td></tr>
<tr><td colspan="6">型钢</td><td>kg</td><td>1.06</td><td>2.92</td><td>3.1</td><td></td><td colspan="2"></td></tr>
<tr><td colspan="6"></td><td></td><td></td><td></td><td></td><td></td><td colspan="2"></td></tr>
<tr><td colspan="8">其他材料费</td><td>—</td><td>1.27</td><td>—</td><td colspan="2"></td></tr>
<tr><td colspan="8">材料费小计</td><td>—</td><td>4.37</td><td>—</td><td colspan="2"></td></tr>
</table>

综合单价分析表

工程名称：污水处理车间管道安装工程　　　　第 22 页　共 26 页

项目编码	030817008001		项目名称		套管制作安装				计量单位	个	工程量	2	
清单综合单价组成明细													
定额编号	定额项目名称	定额单位	数量	单价					合价				
				人工费	材料费	机械费	管理费	利润	人工费	材料费	机械费	管理费	利润
8-2951	刚性防水套管制作 DN250	个	1	111.74	101.09	28.34	49.17	15.64	111.74	101.09	28.34	49.17	15.64
8-2965	刚性防水套管安装 DN250	个	1	62.16	56.94		27.35	8.7	62.16	56.94		27.35	8.7
综合人工工日		小　计							173.9	158.03	28.34	76.52	24.34
2.35 工日		未计价材料费									61.16		
清单项目综合单价											522.29		
材料费明细	主要材料名称、规格、型号					单位	数量		单价/元	合价/元	暂估单价/元	暂估合价/元	
	焊接钢管					kg	18.76		3.26	61.16			
	其他材料费								—	158.03	—		
	材料费小计								—	219.19	—		

综合单价分析表

工程名称：污水处理车间管道安装工程　　　　第 23 页　共 26 页

项目编码	030817008002			项目名称	套管制作安装				计量单位	个	工程量	2	
清单综合单价组成明细													
定额编号	定额项目名称	定额单位	数量	单价					合价				
				人工费	材料费	机械费	管理费	利润	人工费	材料费	机械费	管理费	利润
8-2950	刚性防水套管制作 DN200	个	1	88.8	77.05	23.88	39.07	12.43	88.8	77.05	23.88	39.07	12.43
8-2964	刚性防水套管安装 DN200	个	1	56.98	35.97		25.07	7.98	56.98	35.97		25.07	7.98
综合人工工日		小　计							145.78	113.02	23.88	64.14	20.41
1.97 工日		未计价材料费							44.92				
清单项目综合单价									412.15				
材料费明细	主要材料名称、规格、型号					单位	数量		单价/元	合价/元	暂估单价/元	暂估合价/元	
	焊接钢管					kg	13.78		3.26	44.92			
	其他材料费								—	113.02	—		
	材料费小计								—	157.94	—		

综合单价分析表

工程名称：污水处理车间管道安装工程　　　　第 24 页　共 26 页

项目编码	031201001001		项目名称	管道刷油					计量单位	m²	工程量	473.68	
清单综合单价组成明细													
定额编号	定额项目名称	定额单位	数量	单价					合价				
				人工费	材料费	机械费	管理费	利润	人工费	材料费	机械费	管理费	利润
11-1	手工除锈 管道轻锈	10m²	0.1	21.46	2.8		9.44	3	2.15	0.28		0.94	0.3
11-53	管道刷防锈漆 第一遍	10m²	0.1	17.02	3.56		7.49	2.38	1.7	0.36		0.75	0.24
11-54	管道刷防锈漆 第二遍	10m²	0.1	17.02	3.19		7.49	2.38	1.7	0.32		0.75	0.24
综合人工工日				小计					5.55	0.96		2.44	0.78
0.075 工日				未计价材料费					3.13				
清单项目综合单价									12.85				
材料费明细	主要材料名称、规格、型号					单位	数量		单价/元	合价/元	暂估单价/元	暂估合价/元	
	酚醛防锈漆					kg	0.131		12.86	1.68			
	酚醛防锈漆					kg	0.112		12.86	1.44			
	其他材料费								—	0.97	—		
	材料费小计								—	4.09	—		

综合单价分析表

工程名称：污水处理车间管道安装工程　　　　第 25 页　共 26 页

项目编码	031201003001		项目名称	金属结构刷油				计量单位	kg	工程量	125		
清单综合单价组成明细													
定额编号	定额项目名称	定额单位	数量	单价					合价				
				人工费	材料费	机械费	管理费	利润	人工费	材料费	机械费	管理费	利润
11-7	手工除锈 一般钢结构轻锈	100kg	0.01	21.46	2.07	7.38	9.44	3	0.21	0.02	0.07	0.09	0.03
11-119	金属结构一般钢结构刷油防锈漆 第一遍	100kg	0.01	14.8	2.55	7.38	6.51	2.07	0.15	0.03	0.07	0.07	0.02
11-120	金属结构一般钢结构刷油防锈漆 第二遍	100kg	0.01	14.06	2.28	7.38	6.19	1.97	0.14	0.02	0.07	0.06	0.02
综合人工工日		小　计							0.5	0.07	0.21	0.22	0.07
0.0068 工日		未计价材料费							0.22				
清单项目综合单价									1.30				
材料费明细	主要材料名称、规格、型号					单位	数量		单价/元	合价/元	暂估单价/元	暂估合价/元	
	酚醛防锈漆					kg	0.017		12.86	0.13			
	其他材料费								—	0.07	—		
	材料费小计								—	0.29	—		

综合单价分析表

工程名称：污水处理车间管道安装工程　　　　第 26 页　共 26 页

项目编码	031301017001		项目名称		脚手架搭拆				计量单位	项	工程量	1	
清单综合单价组成明细													
定额编号	定额项目名称	定额单位	数量	单价					合价				
				人工费	材料费	机械费	管理费	利润	人工费	材料费	机械费	管理费	利润
8-9300	第 8 册脚手架搭拆费增加人工费 7%，其中人工工资 25%，材料费 75%	项	1	441.39	1324.18		194.21	61.79	441.39	1324.18		194.21	61.79
10-9300	第 10 册脚手架搭拆费增加人工费 5%，其中人工工资 25%，材料费 75%	项	1	1.22	3.66		0.54	0.17	1.22	3.66		0.54	0.17
11-9300	第 11 册脚手架刷油搭拆费增加人工费 8%，其中人工工资 25%，材料费 75%	项	1	32.97	98.91		14.51	4.62	32.97	98.91		14.51	4.62
综合人工工日				小　计					475.58	1426.75		209.26	66.58
				未计价材料费									
清单项目综合单价									2178.17				
材料费明细	主要材料名称、规格、型号					单位	数量		单价/元	合价/元	暂估单价/元	暂估合价/元	
	其他材料费								—	1426.75	—		
	材料费小计								—	1426.75	—		

总价措施项目清单与计价表

工程名称：污水处理车间管道安装工程　　标段：　　第1页　共1页

序号	项目编码	项目名称	计算基础	费率/%	金额/元	调整费率/%	调整后金额/元	备注
1	031302001001	安全文明施工			2815.15			
1.1	1.1	基本费	分部分项工程费＋单价措施清单合价－分部分项工程设备费－单价措施工程设备费	1.5	2815.15			
1.2	1.2	增加费	分部分项工程费＋单价措施清单合价－分部分项工程设备费－单价措施工程设备费					
2	031302002001	夜间施工						
3	031302003001	非夜间施工照明						
4	031302005001	冬雨季施工						
5	031302006001	已完工程及设备保护						
6	031302008001	临时设施	分部分项工程费＋单价措施清单合价－分部分项工程设备费－单价措施工程设备费	1.5	2815.15			
7	031302009001	赶工措施						
8	031302010001	工程按质论价						
9	031302011001	住宅分户验收						
合　计					5630.30			

其他项目清单与计价汇总表

工程名称：污水处理车间管道安装工程　　　标段：　　　　　　第1页　共1页

序号	项目名称	金额/元	结算金额/元	备注
1	暂列金额	20000		
2	暂估价			
2.1	材料(工程设备)暂估价	—		
2.2	专业工程暂估价			
3	计日工			
4	总承包服务费			
合计		20000		—

暂列金额明细表

工程名称：污水处理车间管道安装工程　　　　　　第1页　共1页

序号	项目名称	计量单位	暂定金额/元	备注
1	暂列金额	元	20000.00	
合计			20000.00	—

材料（工程设备）暂估单价及调整表

工程名称：污水处理车间管道安装工程　　　标段：　　　　　　第1页　共1页

序号	材料编码	材料(工程设备)名称、规格、型号	计量单位	数量		暂估/元		确认/元		差额±/元		备注
				投标	确认	单价	合价	单价	合价	单价	合价	
合计												

专业工程暂估价及结算价表

工程名称：污水处理车间管道安装工程　　　标段：　　　　　　第1页　共1页

序号	工程名称	工程内容	暂估金额/元	结算金额/元	差额±/元	备注
合计			0.00			—

计日工表

工程名称：污水处理车间管道安装工程　　标段：　　第1页　共1页

编号	项目名称	单位	暂定数量	实际数量	综合单价/元	合价/元	
						暂定	实际
一	人工						
人工小计							
二	材料						
材料小计							
三	施工机械						
施工机械小计							
四、企业管理费和利润　按　的0%							
总计							

总承包服务费计价表

工程名称：污水处理车间管道安装工程　　标段：　　第1页　共1页

序号	项目名称	项目价值/元	服务内容	计算基础	费率/%	金额/元
合计					—	0.00

规费、税金项目计价表

工程名称：污水处理车间管道安装工程　　标段：　　第1页　共1页

序号	项目名称	计算基础	计算基数/元	计算费率/%	金额/元
1	规费	分部分项工程费＋措施项目费＋其他项目费－工程设备费	6228.56		6228.56
1.1	社会保险费		213306.70	2.4	5119.36
1.2	住房公积金		213306.70	0.42	895.89
1.3	工程排污费		213306.70	0.1	213.31
2	税金	分部分项工程费＋措施项目费＋其他项目费＋规费－按规定不计税的工程设备金额	219535.26	10.0	21953.53
合计					28182.09

发包人提供材料和工程设备一览表

工程名称：污水处理车间管道安装工程　　标段：　　第1页　共1页

序号	材料编码	材料(工程设备)名称、规格、型号	单位	数量	单价/元	合价/元	交货方式	送达地点	备注
合计						0.00			

承包人供应材料一览表

工程名称：污水处理车间管道安装工程　　标段：　　第1页 共1页

序号	材料编码	材料名称	规格型号等特殊要求	单位	数量	单价/元	合价/元	备注
1	01270101	型钢		kg	132.50	2.92	386.90	
2	03050659	精制带母镀锌螺栓	M16×100	套	832.24	2.14	1780.99	
3	11030306	酚醛防锈漆		kg	62.0521	12.86	1507.57	
4	11030306	酚醛防锈漆		kg	55.1772	3.26	122.32	
5	14010304	焊接钢管	DN250	kg	37.52	3.26	89.85	
6	14010304	焊接钢管	DN200	kg	27.56	128.80	32550.34	
7	14010551	低压碳钢管	DN250	m	252.72	102.68	15652.74	
8	14010551	低压碳钢管	DN200	m	152.442	58.04	13763.14	
9	14010551	低压碳钢管	DN150	m	237.132	150.07	3901.82	
10	15130905	低压碳钢对焊管件	DN250 冲压弯头	个	26.00	276.99	1384.95	
11	15130905	低压碳钢对焊管件	DN250 三通	个	5.00	167.22	3678.84	
12	15130905	低压碳钢对焊管件	DN200 三通	个	22.00	76.32	1221.12	
13	15130905	低压碳钢对焊管件	DN200 冲压弯头	个	16.00	30.01	780.26	
14	15130905	低压碳钢对焊管件	DN150 冲压弯头	个	26.00	111.48	1337.76	
15	15130905	低压碳钢对焊管件	DN150 三通	个	12.00	502.52	1005.04	
16	15410722	可曲挠橡胶接头	DN200	个	2.00	643.16	1286.32	
17	15410723	可曲挠橡胶接头	DN250	个	2.00	1157.69	9261.52	
18	16250131	低压法兰阀门	DN250 闸阀	个	8.00	1217.72	2435.44	
19	16250131	低压法兰阀门	DN250 止回阀	个	2.00	763.22	9158.64	
20	16250131	低压法兰阀门	DN200 闸阀	个	12.00	718.63	2874.52	
21	16250131	低压法兰阀门	DN200 止回阀	个	4.00	523.11	6277.32	
22	16250131	低压法兰阀门	DN150 闸阀	个	12.00	471.65	943.30	
23	16250131	低压法兰阀门	DN150 止回阀	个	2.00	40.30	806.00	
24	17010132	低中压碳钢平焊法兰	DN250	片	20.00	35.16	1125.12	
25	17010132	低中压碳钢平焊法兰	DN200	片	32.00	28.30	792.40	
26	17010132	低中压碳钢平焊法兰	DN150	片	28.00	3.89	1740.96	
27	31150101	水		m^3	447.5466	2.92	386.90	

7

刷油、防腐蚀、绝热工程

《通用安装工程工程量计算规范》(GB 50856—2013) 附录M刷油、防腐蚀、绝热工程适用于采用工程量清单计价的新建、扩建项目中的设备、管道、金属结构等的刷油、防腐蚀、绝热工程。《江苏省安装工程计价定额》中的《第十一册　刷油、防腐蚀、绝热工程》是刷油、防腐蚀、绝热工程编制招标工程量清单、招标控制价、投标报价的主要依据之一。

7.1 刷油工程

7.1.1 工程量清单项目

刷油工程工程量清单项目设置、项目特征描述的内容、计量单位及工程量计算规则，应按照《通用安装工程工程量计算规范》中的附录M.1刷油工程的规定执行，见表7.1所示。

表7.1　M.1刷油工程（编码：031201）

项目编码	项目名称	项目特征	计量单位	工程量计算规则	工作内容
031201001	管道刷油	1. 除锈级别 2. 油漆品种 3. 涂刷遍数、漆膜厚度 4. 标志色方式、品种	1. m^2 2. m	1. 以 m^2 计量，按设计图示表面积尺寸以面积计算 2. 以m计量，按设计图示尺寸以长度计算	1. 除锈 2. 调配、涂刷
031201002	设备与矩形管道刷油				
031201003	金属结构刷油	1. 除锈级别 2. 油漆品种 3. 结构类型 4. 涂刷遍数、漆膜厚度	1. m^2 2. kg	1. 以 m^2 计量，按设计图示表面积尺寸以面积计算 2. 以kg计量，按金属结构的理论质量计算	
031201004	铸铁管、暖气片刷油	1. 除锈级别 2. 油漆品种 3. 涂刷遍数、漆膜厚度	1. m^2 2. m	1. 以 m^2 计量，按设计图示表面积尺寸以面积计算 2. 以m计量，按设计图示尺寸以长度计算	

续表

项目编码	项目名称	项目特征	计量单位	工程量计算规则	工作内容
031201005	灰面刷油	1. 油漆品种 2. 涂刷遍数、漆膜厚度 3. 涂刷部位	m^2	按设计图示表面积计算	调配、涂刷
031201006	布面刷油	1. 布面品种 2. 油漆品种 3. 涂刷遍数、漆膜厚度 4. 涂刷部位			
031201007	气柜刷油	1. 除锈级别 2. 油漆品种 3. 涂刷遍数、漆膜厚度 4. 涂刷部位			1. 除锈 2. 调配、涂刷
031201008	玛碲酯面刷油	1. 除锈级别 2. 油漆品种 3. 涂刷遍数、漆膜厚度			调配、涂刷
031201009	喷漆	1. 除锈级别 2. 油漆品种 3. 喷涂遍数、漆膜厚度 4. 喷涂部位			1. 除锈 2. 调配、喷涂

7.1.1.1 项目特征

(1) 除锈级别 按照《涂装涂料前钢材表面处理 表面清洁度的目视评定》(GB/T 8923.1—2011) 的规定，钢材表面锈蚀程度分别以 A、B、C、D 四个等级表示。

A 级，全面覆盖着氧化皮而几乎没有铁锈的钢材表面。

B 级，已发生锈蚀，且部分氧化皮已经剥落的钢材表面。

C 级，氧化皮已因锈蚀而剥落，或者可以刮除，且有少量点蚀的钢材表面。

D 级，氧化皮已因锈蚀而全面剥离，且已普遍发生点蚀的钢材表面。

按照《涂装涂料前钢材表面处理 表面清洁度的目视评定》(GB/T 8923.1—2011) 的规定，钢材表面除锈处理质量等级随除锈方式不同而分为若干等级。钢材表面除锈方式主要包括手工和动力工具除锈、喷（抛）射除锈、化学除锈、火焰除锈等。

手工除锈是一种最简单的方法，主要使用刮刀、砂布、钢丝刷等手工工具，进行手工打磨、刷、铲等操作，从而除去锈垢，然后再用有机溶剂如汽油、丙酮、苯等，将浮锈和油污洗净。动力工具除锈是利用简单的动力工具砂轮机磨去表面锈蚀层。手工和动力工具除锈适用于工作量不大的除锈作业。如管道工程施工，一般采用手工或动力工具除锈。

喷射除锈是利用高压空气为动力，通过喷砂嘴将磨料高速喷射到金属表面，依靠磨料棱角的冲击和摩擦，显露出一定粗糙度的金属本色表面，以得到有一定粗糙度，并显露出金属本色的表面。包括抛射除锈（又称抛丸法除锈）和喷砂除锈。喷（抛）射除锈可以达到比较高的除锈质量以及粗糙度，常用于要求比较高的工程。喷砂除锈是高效、优质的除锈方法，如果条件许可，应优先选用，常用磨料为石英砂。

化学除锈是利用各种酸溶液或碱溶液与金属表面氧化物发生化学反应，使其溶解在酸溶液或减溶液中，从而达到除锈的目的。该方法在制造厂采用较多，如很多自行车车架的除锈都采用这种方法。

火焰除锈是先将基体表面锈层铲掉，再用火焰烘烤或加热，并配合使用动力钢丝刷清理加热表面。此种方法适用于除掉旧的防腐层或带有油浸过的金属表面工程，不适用于薄壁的金属设备、管道，也不能使用在退火钢和可淬硬钢除锈工程上。

手工或动力工具除锈，金属表面除锈处理等级定为二级，用 St2、St3 表示。St2 级为彻底的手工和动力工具除锈，钢材表面无可见的油脂和污垢，且没有附着不牢的氧化皮、铁锈和油漆涂层等附着物。可保留黏附在钢材表面且不能被钝油灰刀剥掉的氧化皮、锈和旧涂层。St3 级为非常彻底的手工和动力工具除锈。钢材表面无可见的油脂和污垢，且没有附着不牢的氧化皮、铁锈和油漆涂层等附着物。除锈应比 St2 更为彻底，底材显露部分的表面应具有金属光泽。

喷射或抛射除锈定为 Sa1、Sa2、Sa2.5、Sa3 四级。Sa1 级为轻度的喷射或抛射除锈，钢材表面无可见的油脂、污垢、无附着不牢的氧化皮、铁锈、油漆涂层等附着物。Sa2 级为彻底的喷射或抛射除锈，钢材表面无可见的油脂和污垢，且氧化皮、铁锈和油漆涂层等附着物已基本清除，其残留物应是牢固附着的。Sa2.5 级为非常彻底的喷射或抛射除锈，钢材表面无可见的油脂、污垢、氧化皮、铁锈和油漆涂层等附着物，任何残留的痕迹仅是点状或条纹状的轻微色斑。Sa3 级为使钢材表观洁净的喷射或抛射除锈，非常彻底除掉金属表面的一切杂物，表面无任何可见残留物及痕迹，呈现均匀的金属色泽，并有一定的粗糙度。

另外，还有火焰除锈处理等级 F1 和化学除锈处理等级 Pi。

在编制原《全国统一安装工程预算定额》第十三分册“刷油、防腐、绝热”时，国家尚未颁布钢材表面锈蚀等级标准，因此将常用的手工和动力工具除锈级别简单区分为微、轻、中、重四种，区分标准如下。

微锈：氧化皮完全紧附，仅有少量锈点。

轻锈：部分氧化皮开始破裂脱落，红锈开始发生。

中锈：部分氧化皮破裂脱落，呈堆粉状，除锈后用肉眼能见到腐蚀小凹点。

重锈：大部分氧化皮脱落，呈片状锈层或凸起的锈斑，除锈后出现麻点或麻坑。

现行的《江苏省安装工程计价定额》大都采用微锈、轻锈、中锈、重锈该种描述方式。

(2) 金属结构结构类型　钢结构划分为一般钢结构、管廊钢结构、H 型钢制钢结构(包括大于 400mm 以上各种型钢) 三个档次。一般钢结构包括：梯子、栏杆、支吊架、平台等；H 型钢制钢结构包括各种 H 型钢及规格大于 400mm 以上各种型钢组成的钢结构；管廊钢结构是指管廊钢结构中除一般钢结构和 H 型钢结构及规格大于 400mm 以上各类型钢外，余下部分的钢结构。

由钢管组成的金属结构的刷油按管道刷油相关项目编码，由钢板组成的金属结构的刷油按 H 型钢刷油相关项目编码。

7.1.1.2　工程量计算规则

① 一般金属结构、管廊钢结构刷油按金属结构的理论质量以“kg”为计量单位计算。

② H 型钢制钢结构除锈、刷油：按设计图示表面积尺寸以“m^2”为计量单位计算。

③ 各式圆形管道刷油按设计图示表面积尺寸以“m^2”为计量单位计算。

对不保温的管道表面刷油：　　　　$S=\pi DL$

式中 D——外径；

L——管道延长米。

管道表面积包括管件、阀门、法兰、人孔、管口凹凸部分。

对圆形管道保温层上表面刷油：$S=\pi L(D+2.1\delta+0.0082)$

式中 D——外径；

L——管道延长米；

δ——绝热层厚度。

④ 设备刷油按设计图示表面积尺寸以"m^2"为计量单位计量计算。

带圆封头的设备（图 7.1）面积：$S=L\pi D+(D/2)^2\pi KN$

式中 K——圆封头展开面积系数，$K=1.5$；

N——封头个数。

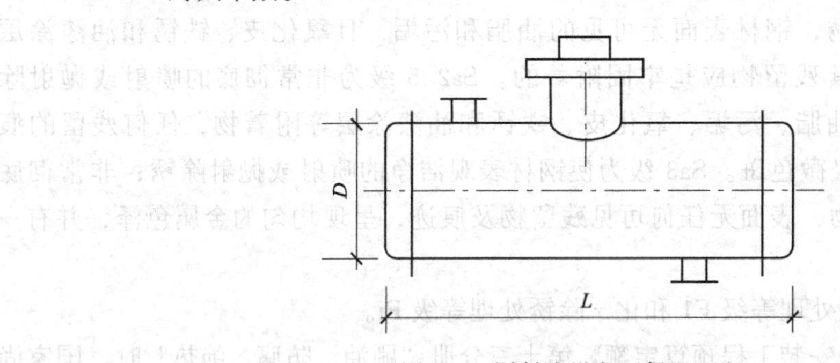

图 7.1　圆封头设备不保温面积

⑤ 铸铁暖气片刷油按设计图示表面积尺寸以"m^2"为计量单位计算。即按暖气片散热面积计算。暖气片散热面积见表 7.2 所示。

表 7.2　铸铁散热器表面积

散热器类型	型号	表面积/(m^2/片)	散热器类型	型号	表面积/(m^2/片)
长翼型	大 60	1.20	柱型	四柱	0.28
	小 60	0.90		五柱	0.37
圆翼型	D80	1.80	M132 型		0.24
	D50	1.30			

7.1.2　综合单价确定

(1) 一般钢结构、管廊钢结构除锈、刷油　按金属结构的理论质量以"kg"为计量单位计算。除锈按除锈方式、除锈级别不同套用定额；刷油按照金属结构类型、油漆品种和遍数套用定额。金属结构展开面积为 $58m^2/t$。

(2) H 型钢制钢结构除锈、刷油　按设计图示表面积尺寸以"m^2"为计量单位计算，除锈按除锈方式、除锈级别不同套用定额；刷油按照油漆品种和遍数套用定额。

(3) 各式圆形管道除锈、刷油　按设计图示表面积尺寸以"m^2"为计量单位计算。

对不保温的管道表面除锈、刷油面积：$S=\pi DL$

对管道保温层上表面刷油面积：$S=\pi L(D+2.1\delta+0.0082)$

式中 D——外径；

L——管道延长米；

δ——绝热层厚度。

管道表面积包括管件、阀门、法兰、人孔、管口凹凸部分。

(4) 设备除锈、刷油 按设计图示表面积尺寸以“m^2”为计量单位计量计算。

带圆封头的设备面积： $S=L\pi D+(D/2)^2\pi KN$

式中 K——圆封头展开面积系数，$K=1.5$；

N——封头个数。

(5) 铸铁暖气片刷油 按设计图示表面积尺寸以“m^2”为计量单位计算。

各式管道、设备、铸铁暖气片除锈按除锈方式、除锈级别不同套用定额；刷油按照油漆品种和遍数套用定额。

确定刷油工程综合单价时需注意以下几点。

① 喷射除锈按 Sa2.5 级标准确定。若变更级别标准，如 Sa3 级按人工、材料、机械乘以系数 1.1；Sa2 级或 Sa1 级乘以系数 0.9 计算。

② 除锈工程定额不包括除微锈，发生时执行轻锈定额乘以系数 0.2。

③ 各种管件、阀件及设备上人孔、管口凸凹部分的除锈、刷油已综合考虑在定额内。

④ 同一种油漆刷三遍时，第三遍套用第二遍的定额子目。

⑤ 刷油工程定额是按安装地点就地刷（喷）油漆考虑，如安装前集中刷油，人工乘以系数 0.7（暖气片除外）。

⑥ 标志色环等零星刷油，执行刷油定额相应项目时，其人工乘以系数 2.0。

【例 7.1】 某 12 层综合楼消防工程，DN100 焊接钢管 400m，型钢支架 60kg，设计文件要求焊接钢管和支架除锈后刷红丹防锈漆两遍，编制刷油工程量清单，并确定其综合单价。

解 DN100 焊接钢管外径 114mm，刷油工程量：

$$S=3.14\times0.114\times400=143.18(m^2)$$

工程量清单见表 7.3 所示。12 层综合楼消防工程，工程类别二类，综合单价计算见表 7.4 和表 7.5 所示。

表 7.3 分部分项工程和单价措施项目清单与计价表

工程名称：××消防工程　　　　标段：　　　　第＿＿页 共＿＿页

序号	项目编码	项目名称	项目特征描述	计量单位	工程数量	金额/元		
						综合单价	合价	其中：暂估价
1	031201001001	管道刷油	1. 除锈级别:轻锈 2. 油漆品种:红丹防锈漆 3. 涂刷遍数:两遍	m^2	143.18			
2	031201003001	金属结构刷油	1. 除锈级别:轻锈 2. 油漆品种:红丹防锈漆 3. 结构类型:一般钢结构 4. 涂刷遍数:两遍	kg	60			

表 7.4 分部分项工程项目清单综合单价计算表（一）

工程名称：××消防工程　　计量单位：m^2

项目编码：031201001001　　工程数量：143.18

项目名称：管道刷油　　综合单价：14.57元

序号	定额编号	工程内容	单位	数量	综合单价组成					小计
					人工费	材料费	机械费	管理费	利润	
1	11-1	管道手工除轻锈	$10m^2$	14.32	307.31	46.68		135.22	43.02	532.23
2	11-51	刷红丹漆第一遍	$10m^2$	14.32	243.73	56.42		107.24	34.12	441.51
3		材料：红丹漆	kg	21.05		272.20				272.20
4	11-52	刷红丹漆第二遍	$10m^2$	14.32	243.73	214.80		107.24	34.12	599.89
5		材料：红丹漆	kg	18.62		240.72				240.72
		合计			794.76	830.83		349.69	111.27	2086.55

表 7.5 分部分项工程项目清单综合单价计算表（二）

工程名称：××消防工程　　计量单位：kg

项目编码：031201003001　　工程数量：60

项目名称：金属结构刷油　　综合单价：1.15元

序号	定额编号	工程内容	单位	数量	综合单价组成					小计
					人工费	材料费	机械费	管理费	利润	
1	11-7	一般钢结构手工除轻锈	100kg	0.60	12.88	1.45		5.67	1.80	21.79
2	11-117	刷红丹漆第一遍	100kg	0.60	8.88	1.91		3.91	1.24	15.94
3		材料：红丹漆	kg	0.70		9.00				9.00
4	11-118	刷红丹漆第二遍	100kg	0.60	8.44	1.66		3.71	1.18	14.99
5		材料：红丹漆	kg	0.57		7.37				7.37
		合计			30.19	21.39		13.28	4.23	69.10

7.2 防腐蚀涂料工程

7.2.1 工程量清单项目

防腐蚀涂料工程工程量清单项目设置、项目特征描述的内容、计量单位及工程量计算规则，应按照《通用安装工程工程量计算规范》中的附录 M.2 防腐蚀涂料工程的规定执行，见表 7.6 所示。

一般钢结构、管廊钢结构、H 型钢制钢结构的定义见上一节。

在描述项目特征时，除了说明除锈级别、涂刷（喷）品种、涂刷（喷）遍数外，还需说明分层内容。分层内容是指应注明每一层的内容，如底漆、中间漆、面漆及玻璃丝布等。

表 7.6 M.2 防腐蚀涂料工程（编码：031202）

项目编码	项目名称	项目特征	计量单位	工程量计算规则	工作内容
031202001	设备防腐蚀	1. 除锈级别 2. 涂刷(喷)品种 3. 分层内容 4. 涂刷(喷)遍数、漆膜厚度	m^2	按设计图示表面积计算	1. 除锈 2. 调配、涂刷(喷)
031202002	管道防腐蚀		1. m^2 2. m	1. 以 m^2 计量，按设计图示表面积尺寸以面积计算 2. 以 m 计量，按设计图示尺寸以长度计算	
031202003	一般钢结构防腐蚀		kg	按一般钢结构的理论质量计算	
031202004	管廊钢结构防腐蚀			按管廊钢结构的理论质量计算	
031202005	防火涂料	1. 除锈级别 2. 涂刷(喷)品种 3. 涂刷(喷)遍数、漆膜厚度 4. 耐火极限(h) 5. 耐火厚度(mm)	m^2	按设计图示表面积计算	
031202006	H 型钢制钢结构防腐蚀	1. 除锈级别 2. 涂刷(喷)品种 3. 分层内容 4. 涂刷(喷)遍数、漆膜厚度	m^2	按设计图示表面积计算	1. 除锈 2. 调配、涂刷(喷)
031202007	金属油罐内壁防静电				
031202008	埋地管道防腐蚀	1. 除锈级别 2. 刷缠品种 3. 分层内容 4. 刷缠遍数	1. m^2 2. m	1. 以 m^2 计量，按设计图示表面积尺寸以面积计算 2. 以 m 计量，按设计图示尺寸以长度计算	1. 除锈 2. 刷油 3. 防腐蚀 4. 缠保护层
031202009	环氧煤沥青防腐蚀				1. 除锈 2. 涂刷、缠玻璃布
031202010	涂料聚合一次	1. 聚合类型 2. 聚合部位	m^2	按设计图示表面积计算	聚合

建筑设备安装工程中钢管防腐蚀及埋地钢管防腐蚀按设计要求，如设计无规定时，可按有关施工验收规范执行。

表 7.7 为《建筑给水排水及采暖工程施工质量验收规范》(GB 50242—2002) 中规定的管道防腐层结构。表 7.8、表 7.9 为《给水排水管道工程施工及验收规范》(GB 50268—2008) 中规定的管道防腐层结构。

表 7.7 管道防腐层种类与结构

防腐层层次	正常防腐层	加强防腐层	特加强防腐层
(从金属表面起)1	冷底子油	冷底子油	冷底子油
2	沥青涂层	沥青涂层	沥青涂层
3	外包保护层	加强包扎层 (封闭层)	加强保护层 (封闭层)
4		沥青涂层	沥青涂层

续表

防腐层层次	正常防腐层	加强防腐层	特加强防腐层
5		外保护层	加强包扎层（封闭层）
6			沥青涂层
7			外包保护层
防腐层厚度不小于/mm	3	6	9

表 7.8　石油沥青涂料外防腐层构造

材料种类	普通级(三油二布)		加强级(四油三布)		特加强级(五油四布)	
	构　造	厚度/mm	构　造	厚度/mm	构　造	厚度/mm
石油沥青涂料	(1)底料一层 (2)沥青(厚度≥1.5mm) (3)玻璃布一层 (4)沥青(厚度 1.0～1.5mm) (5)玻璃布一层 (6)沥青(厚度 1.0～1.5mm) (7)聚氯乙烯工业薄膜一层	≥4.0	(1)底料一层 (2)沥青(厚度≥1.5mm) (3)玻璃布一层 (4)沥青(厚度 1.0～1.5mm) (5)玻璃布一层 (6)沥青(厚度 1.0～1.5mm) (7)玻璃布一层 (8)沥青(厚度 1.0～1.5mm) (9)聚氯乙烯工业薄膜一层	≥5.5	(1)底料一层 (2)沥青(厚度≥1.5mm) (3)玻璃布一层 (4)沥青(厚度 1.0～1.5mm) (5)玻璃布一层 (6)沥青(厚度 1.0～1.5mm) (7)玻璃布一层 (8)沥青(厚度 1.0～1.5mm) (9)玻璃布一层 (10)沥青(厚度 1.0～1.5mm) (11)聚氯乙烯工业薄膜一层	≥7.0

表 7.9　环氧煤沥青涂料外防腐层构造

材料种类	普通级(三油)		加强级(四油一布)		特加强级(六油二布)	
	构造	厚度/mm	构造	厚度/mm	构造	厚度/mm
环氧煤沥青涂料	(1)底料 (2)面料 (3)面料 (4)面料	≥0.3	(1)底料 (2)面料 (3)面料 (4)玻璃布 (5)面料 (6)面料	≥0.4	(1)底料 (2)面料 (3)面料 (4)玻璃布 (5)面料 (6)面料 (7)玻璃布 (8)面料 (9)面料	≥0.6

管道、设备防腐蚀、埋地管道防腐蚀、环氧煤沥青防腐蚀按设计图示表面积尺寸以“m^2”为计量单位计算。

管道面积：　$S=\pi DL$

阀门表面积： $S=\pi D\times 2.5DKN$

弯头表面积： $S=\pi D\times 1.5D\times 2\pi N/B$

法兰表面积： $S=\pi D\times 1.5DKN$

式中 D——直径；

L——管道延长米；

K——系数，1.05；

N——阀门、弯头、法兰个数；

B——90°弯头 $B=4$；45°弯头 $B=8$。

带圆封头的设备面积：$S=L\pi D+(D/2)^2\pi KN$

式中 K——圆封头展开面积系数，$K=1.5$；

N——封头个数。

一般钢结构、管廊钢结构防腐蚀按钢结构的理论质量以“kg”为计量单位计算；H型钢制钢结构防腐蚀按设计图示表面积计算，以“m^2”为计量单位。

防火涂料按设计图示表面积计算，以“m^2”为计量单位。

计算设备、管道内壁防腐蚀工程量，当壁厚大于10mm时，按其内径计算；当壁厚小于10mm时，按其外径计算。

7.2.2 综合单价确定

① 管道及设备除锈、防腐蚀涂料工程量：按设计图示表面积尺寸以“m^2”为计量单位计算。除锈按除锈方式、除锈级别不同套用定额；防腐涂料按照涂料品种和遍数套用相应定额。

管道面积： $S=\pi DL$

带圆封头的设备面积： $S=L\pi D+(D/2)^2\pi KN$

式中字符含义同上。

② 埋地管道防腐蚀的保护层工程量：按设计图示表面积尺寸以“m^2”为计量单位计算。按照保护层品种套用相应定额。

③ 一般钢结构、管廊钢结构的除锈、防腐涂料工程量：按钢结构的理论质量以“kg”为计量单位计算。

④ H型钢制钢结构除锈、防腐涂料工程量：按设计图示表面积计算以“m^2”为计量单位计算。

金属结构除锈按除锈方式、除锈级别不同套用定额；防腐涂料按照涂料品种和分层内容(底漆、中间漆、面漆）套用相应定额。

【例7.2】 某管道工程，埋地DN150焊接钢管200m，设计文件要求管道采用环氧煤沥青涂料外防腐，防腐层结构为加强级（四油一布)，编制防腐涂料工程工程量清单，并确定其综合单价。工程类别二类。

解 DN150焊接钢管外径165mm，防腐涂料工程量：

$$S=3.14\times 0.165\times 200=103.62(m^2)$$

工程量清单见表7.10所示。综合单价计算见表7.11所示。

表 7.10　分部分项工程和单价措施项目清单与计价表

工程名称：××工业管道工程　　　　标段：　　　　　　第____页 共____页

序号	项目编码	项目名称	项目特征描述	计量单位	工程数量	金额/元		
						综合单价	合价	其中：暂估价
1	031202009001	环氧煤沥青防腐蚀	1. 除锈级别:轻锈 2. 刷缠品种:刷环氧煤沥青、缠玻璃布 3. 分层内容:底漆、中间漆、玻璃丝布和面漆 4. 刷缠遍数:刷底漆一遍、中间漆两遍、缠玻璃布一道、玻璃布刷面漆两遍	m^2	103.62			

表 7.11　分部分项工程项目清单综合单价计算表

工程名称：××工业管道工程　　　　计量单位：m^2

项目编码：031202009001　　　　工程数量：103.62

项目名称：环氧煤沥青防腐蚀　　　　综合单价：84.55 元

序号	定额编号	工程内容	单位	数量	综合单价组成					小计
					人工费	材料费	机械费	管理费	利润	
1	11-1	管道手工除轻锈	$10m^2$	10.36	222.33	33.77		97.82	31.13	385.05
2	11-325	环氧煤沥青防腐一底	$10m^2$	10.36	260.66	104.84		114.69	36.49	516.68
3		材料:环氧煤沥青底漆	kg	25.90		446.55				446.55
4	11-326*2	环氧煤沥青防腐二面	$10m^2$	10.36	628.64	257.76		276.60	88.01	1251.02
5		材料:环氧煤沥青面漆	kg	58.02		1000.28				1000.28
6	11-327	缠玻璃布	$10m^2$	10.36	398.65	822.58		175.41	55.81	1452.46
7	11-328	玻璃布面刷环氧煤沥青第一遍	$10m^2$	10.36	593.32	201.29		261.06	83.06	1138.74
8		材料:环氧煤沥青面漆	kg	53.87		928.83				928.83
9	11-329	玻璃布面刷环氧煤沥青第二遍	$10m^2$	10.36	505.98	154.16		222.63	70.84	953.61
10		材料:环氧煤沥青面漆	kg	39.89		687.69				687.69
		合计			2609.58	4637.75		1148.22	365.34	8760.89

7.3 绝热工程

7.3.1 工程量清单项目

绝热工程工程量清单项目设置、项目特征描述的内容、计量单位及工程量计算规则，应按照《通用安装工程工程量计算规范》中的附录 M.8 绝热工程的规定执行，见表 7.12 所示。

表 7.12 M.8 绝热工程（编码：031208）

项目编码	项目名称	项目特征	计量单位	工程量计算规则	工作内容
031208001	设备绝热	1. 绝热材料品种 2. 绝热厚度 3. 设备形式 4. 软木品种	m^3	按图示表面积加绝热层厚度及调整系数计算	1. 安装 2. 软木制品安装
031208002	管道绝热	1. 绝热材料品种 2. 绝热厚度 3. 管道外径 4. 软木品种			
031208003	通风管道绝热	1. 绝热材料品种 2. 绝热厚度 3. 软木品种	1. m^3 2. m^2	1. 以 m^3 计量，按图示表面积加绝热层厚度及调整系数计算 2. 以 m^2 计量，按图示表面积及调整系数计算	
031208004	阀门绝热	1. 绝热材料 2. 绝热厚度 3. 阀门规格	m^3	按图示表面积加绝热层厚度及调整系数计算	安装
031208005	法兰绝热	1. 绝热材料 2. 绝热厚度 3. 法兰规格			
031208006	喷涂、涂抹	1. 材料 2. 厚度 3. 对象	m^2	按图示表面积计算	喷涂、涂抹安装
031208007	防潮层、保护层	1. 材料 2. 厚度 3. 层数 4. 对象 5. 结构形式	1. m^2 2. kg	1. 以 m^2 计量，按图示表面积加绝热层厚度及调整系数计算 2. 以 kg 计量，按图示金属结构质量计算	安装
031208008	保温盒、保温托盘	名称	1. m^2 2. kg	1. 以 m^2 计量，按图示表面积计算 2. 以 kg 计量，按图示金属结构质量计算	制作、安装

管道及设备的绝热结构一般分层设置，由内到外，保冷结构由防腐层、保冷层、防潮层、保护层组成。保温结构由防腐层、保温层、保护层组成，在潮湿环境或埋地状况下，需在保温层表面增设防潮层。

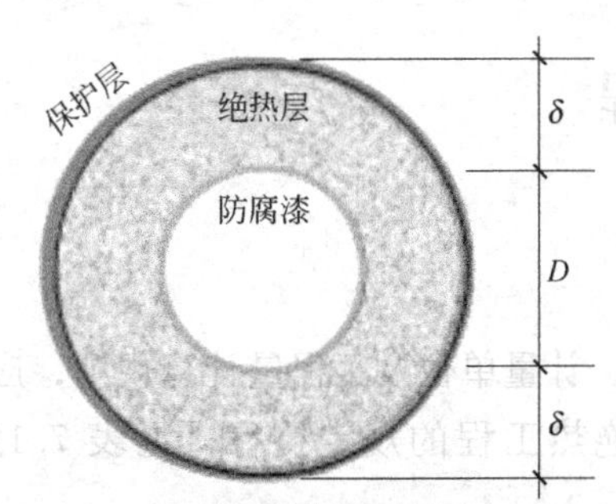

图 7.2 圆形管道绝热结构示意图
D—管道外径；δ—绝热层厚度

防腐层是将防腐材料敷设在设备或碳钢管道的表面，防止其因受潮而腐蚀（图 7.2）。保温碳钢管道或设备常采用刷红丹防锈漆、防锈漆两遍，保冷碳钢管道常采用刷沥青漆两遍。保冷（温）层是绝热结构的核心，将绝热材料敷设在管道或设备的外表面，阻止外部环境与管道内介质的热量交换。常用的绝热材料有矿（岩）棉、玻璃棉、硅酸钙、膨胀珍珠岩、泡沫玻璃制品和硬质聚氨酯泡沫塑料等。防潮层是保冷层的维护层，将防潮材料敷设在保冷层外，阻止外部环境的水蒸气渗入，防止保冷层材料受潮后降低保冷功效乃至破坏保冷功能，常用防潮层材料有聚乙烯薄膜、玻璃丝布等。保护层是为防止雨水对保温、保冷、防潮层的侵蚀或外力破坏，延长绝热结构使用寿命，保持外观整齐美观，保护层常用有玻璃丝布、复合铝箔、玻璃钢等非金属材料，镀锌薄钢板、薄铝合金板等金属材料敷设于绝热层表面，再捆扎并辅以黏结剂与密封剂将其封严。也可以在绝热层表面附着一层或多层基层材料，并在其上方涂抹各类涂层材料形成保护层。在保护层外表面根据需要可涂刷防腐漆，采用不同颜色的防腐漆或制作相应色标，以识别设备或管道内介质类别和流向。

7.3.1.1 项目特征

(1) 绝热材料品种　绝热材料的品种很多，比较常用的有岩棉、矿渣棉、玻璃棉、硅藻土、石棉、膨胀珍珠岩、泡沫玻璃制品和硬质聚氨酯泡沫塑料等。

(2) 设备形式　指立式、卧式或球形。

(3) 对象　指设备、管道、通风管道、阀门、法兰、钢结构。

(4) 防潮层、保护层的层数　是指树脂玻璃钢管道的防潮层、保护层结构，如一布二油、两布三油等。

(5) 防潮层、保护层的结构形式　对钢结构而言，即钢结构形式，包括一般钢结构、H型钢制结构、管廊钢结构。

另外，如设计要求保温、保冷分层施工需注明。按照规范要求，保温层厚度大于100cm、保冷层厚度大于 80cm 时应分层安装，工程量应分层计算。

绝热工程前需除锈、刷油，应按《通用安装工程工程量计算规范》附录 M.1 刷油工程相关项目编码列项。

7.3.1.2 工程量计算规则

(1) 设备、管道、通风管道、阀门、法兰绝热　按图示表面积加绝热层厚度及调整系数以“m³”为计量单位计算。

设备筒体、圆形管道绝热工程量：$V=\pi\times(D+1.033\delta)\times1.033\delta L$

矩形风管绝热工程量：$V=2(A+B+2.066\delta)\times1.033\delta$

设备封头绝热工程量：$V=[(D+1.033\delta)/2]^2\pi\times1.033\delta\times1.5N$

阀门绝热工程量：$V=\pi\times(D+1.033\delta)\times2.5D\times1.033\delta\times1.05N$

法兰绝热工程量：$V=\pi\times(D+1.033\delta)\times1.5D\times1.033\delta\times1.05N$

拱顶罐封头绝热工程量：$V=2\pi r\times(h+1.033\delta)\times1.033\delta$

式中　D——直径；

L——管道延长米；

δ——绝热层厚度；

1.033——调整系数；

N——设备封头、阀门、弯头、法兰个数；

A、B——矩形风管的宽和高。

绝热工程分层施工时，第二层（直径）工程量：$D1=(D+2.1\delta)+0.0082$，以此类推。

在计算管道和设备绝热工程量时，管道绝热工程，除阀门法兰外，其他管件均已包括；设备绝热工程，除法兰、人孔外，其封头以计算在内。

人孔和管接口绝热（图7.3）工程量：$V=\pi(h+1.033\delta)\times(d+1.033\delta)\times1.033\delta$

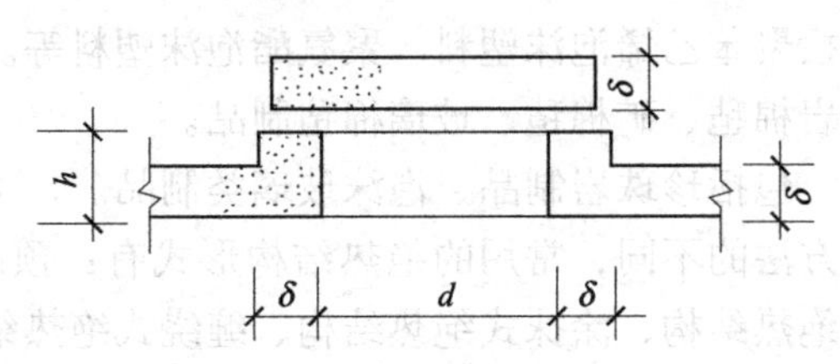

图7.3 人孔和管接口绝热示意图

(2) 喷涂、涂抹　按图示表面积以“m^2”为计量单位计算。

(3) 防潮层、保护层　按图示表面积加绝热层厚度及调整系数以“m^2”为计量单位计算。

设备筒体、圆形管道防潮和保护层工程量：$S=\pi\times(D+2.1\delta+0.0082)L$

人孔和管接口防潮和保护层工程量：$S=\pi(h+1.05\delta)\times(d+2.1\delta)$

矩形风管防潮和保护层工程量如下。

a. 涂抹法：$S=2L(A+B+4.2\delta+2.066\delta_2)$

b. 捆扎法：$S=2L(A+B+4.2\delta)$

设备封头防潮和保护层工程量：$S=[(D+2.1\delta)/2]^2\times\pi\times1.5N$

阀门防潮和保护层工程量：$S=\pi\times(D+2.1\delta)\times2.5D\times1.05N$

法兰防潮和保护层工程量：$S=\pi\times(D+2.1\delta)\times1.5D\times1.05N$

拱顶罐封头防潮和保护层工程量：$S=2\pi r\times(h+2.1\delta)$

式中　D——直径；

L——管道延长米；

δ——绝热层厚度；

δ_2——涂抹法施工时涂抹层厚度；

2.1，4.2——调整系数；

0.0082——捆扎线或钢带厚度；

N——设备封头、阀门、弯头、法兰个数；

A，B——矩形风管的宽和高。

矩形风管保护壳表面油漆工程量：$S=2L(A+B+4.2\delta+4.2\delta_2+4.132\delta_2)$

(4) 保温盒制作安装　按图示表面积以“m^2”为计量单位计算；保温托盘按图示金属结构质量以“kg”为计量单位计算。

7.3.2 综合单价确定

绝热工程中绝热层以“m^3”为计量单位，防潮层、保护层以“m^2”为计量单位计算。管道、设备绝热及防潮层、保护层工程量计算公式同上。按绝热材料种类、绝热层厚度及绝热结构形式的不同套用相应定额。

定额将绝热工程保温材料品种划分为纤维类制品、泡沫塑料类制品、毡类制品及硬质材料类制品几大类。具体说明如下。

(1) 纤维类制品　包括矿棉、岩棉、玻璃棉、超细玻璃棉、泡沫石棉制品、硅酸铝制品等。

(2) 泡沫类制品　包括聚苯乙烯泡沫塑料、聚氨酯泡沫塑料等。

(3) 毡类制品　包括岩棉毡、矿棉毡、玻璃棉毡制品。

(4) 硬质材料类制品　包括珍珠岩制品、泡沫玻璃类制品。

根据绝热材料及施工方法的不同，常用的绝热结构形式有：预制式（管壳）绝热结构、包扎式绝热结构、喷涂式绝热结构、涂抹式绝热结构、缠绕式绝热结构等。

在计算绝热工程量、套用相应定额时，需注意以下问题。

① 管道绝热工程，除法兰、阀门外，其他管件均已考虑在内；设备绝热工程，除法兰、人孔外，其封头已考虑在内。不要重复计算。

② 依据规范要求，保温厚度大于100mm、保冷厚度大于80mm时应分层施工，工程量分层计算，采用相应厚度定额。但是如果设计要求保温厚度小于100mm、保冷厚度小于80mm也需分层施工时，也应分层计算工程量。

分层计算时，第二层（直径 D_1）工程量：$D_1=(D+2.1\delta)+0.0082$

③ 聚氨酯泡沫塑料发泡工程，是按现场直喷无模具考虑的，若采用有模具浇注法施工，其模具制作安装应依据施工方案另行计算。

④ 矩形管道绝热需要加防雨坡度时，其人工、材料、机械应另行计算。

⑤ 卷材安装应执行相同材质的板材安装项目，其人工、铁线消耗量不变，但卷材用量损耗率按3.1%考虑。

⑥ 复合成品材料安装应执行相同材质瓦块（或管壳）安装项目。复合材料分别安装时应按分层计算。

⑦ 镀锌铁皮的规格按1000mm×2000mm和900mm×1800mm，厚度0.8mm以下综合考虑，若采用其他规格铁皮时，可按实际调整。厚度大于0.8mm时，其人工乘以系数1.2；卧式设备保护层安装，其人工乘以系数1.05。此项也适用于铝皮保护层，主材可以换算。

⑧ 采用不锈钢薄板保护层安装时，其人工乘以系数1.25，钻头用量乘以系数2.0，机械台班乘以系数1.15。

⑨ 设备和管道绝热均按现场安装后绝热施工考虑，若先绝热后安装时，其人工乘以系数0.9。

⑩ 矩形通风管道绝热，套用卧式设备相应子目。

【例 7.3】 某厂建管网供热工程，DN250焊接钢管长 L 为500m。管道保温之前，采用动力工具除锈，再刷红丹防锈漆两遍。绝热材料采用岩棉管壳 δ60mm，管壳缠玻璃丝布二层做保护层，玻璃布表层刷调和漆两遍。编制相应工程工程量清单并确定其综合单价。工程类别为二类。

解 DN250 焊接钢管外径 273mm。

钢管除锈、刷油工程量：$S=\pi DL=3.14\times0.273\times500=428.61(m^2)$

钢管绝热工程量：$V=\pi(D+1.033\delta)\times1.033\delta L$

$=3.14\times(0.273+1.033\times0.06)\times1.033\times0.06\times500=32.60(m^3)$

二层管道保护层工程量：$S=\pi\times(D+2.1\delta+0.0082)\times L$

$=3.14\times(0.273+2.1\times0.06+0.0082)\times500$

$=639.30(m^2)$

玻璃布表层刷调和漆工程量：$S=\pi\times(D+2.1\delta+0.0082)\times L=639.30(m^2)$。

工程量清单见表 7.13 所示。综合单价计算见表 7.14～表 7.17 所示。

表 7.13 分部分项工程和单价措施项目清单与计价表

工程名称：××供热工程　　　　标段：　　　　第____页 共____页

序号	项目编码	项目名称	项目特征描述	计量单位	工程数量	金额/元		
						综合单价	合价	其中：暂估价
1	031201001001	管道刷油	1. 除锈级别：轻锈 2. 油漆品种：红丹防锈漆 3. 涂刷遍数：两遍	m^2	428.61			
2	031208002001	管道绝热	1. 绝热材料品种：岩棉管壳 2. 绝热厚度：60mm 3. 管道外径：273mm	m^3	32.60			
3	031208007001	防潮层、保护层	1. 材料：玻璃丝布 2. 层数：两层 3. 对象：管道	m^2	639.30			
4	031201006001	布面刷油	1. 布面品种：玻璃丝布 2. 油漆品种：调和漆 3. 涂刷遍数：两遍 4. 涂刷部位：管道	m^2	639.30			

表 7.14 分部分项工程项目清单综合单价计算表（一）

工程名称：××供热工程　　　　计量单位：m^2

项目编码：031201001001　　　　工程数量：428.61

项目名称：管道刷油　　　　综合单价：15.82 元

序号	定额编号	工程内容	单位	数量	综合单价组成					小计
					人工费	材料费	机械费	管理费	利润	
1	11-16	管道除轻锈	$10m^2$	42.86	1268.66	122.15		558.21	177.61	2126.63
2	11-51	刷红丹漆第一遍	$10m^2$	42.86	729.48	168.87		320.97	102.13	1321.44
3		材料：红丹漆	kg	63.00		814.71				814.71
4	11-52	刷红丹漆第二遍	$10m^2$	42.86	729.48	642.90		320.97	102.13	1795.47
5		材料：红丹漆	kg	55.72		720.49				720.49
		合计			2727.61	2469.12		1200.15	381.87	6778.74

表 7.15 分部分项工程项目清单综合单价计算表（二）

工程名称：××供热工程　　计量单位：m^2

项目编码：031208002001　　工程数量：32.6

项目名称：管道绝热　　综合单价：534.10元

序号	定额编号	工程内容	单位	数量	综合单价组成					小计
					人工费	材料费	机械费	管理费	利润	
1	11-1848	DN250岩棉管壳 δ60mm	m^3	32.60	3329.11	573.11		1464.81	466.08	5833.10
2		材料:岩棉管壳	m^3	33.58		11578.62				11578.62
		合计			3329.11	12151.73		1464.81	466.08	17411.73

表 7.16 分部分项工程项目清单综合单价计算表（三）

工程名称：××供热工程　　计量单位：m^2

项目编码：031208007001　　工程数量：639.3

项目名称：防潮层、保护层　　综合单价：11.30元

序号	定额编号	工程内容	单位	数量	综合单价组成					小计
					人工费	材料费	机械费	管理费	利润	
1	11-2161 * 2	二层玻璃丝布保护层	$10m^2$	63.93	3406.19	23.01		1464.66	476.87	5370.73
2		材料:玻璃丝布	m^2	1790.04		1851.77				1851.77
		合计			3406.19	1874.78		1464.66	476.87	7222.50

表 7.17 分部分项工程项目清单综合单价计算表（四）

工程名称：××供热工程　　计量单位：m^2

项目编码：031201006001　　工程数量：639.3

项目名称：布面刷油　　综合单价：21.81元

序号	定额编号	工程内容	单位	数量	综合单价组成					小计
					人工费	材料费	机械费	管理费	利润	
1	11-246	玻璃布面刷调和漆 第一遍	$10m^2$	63.93	3690.04	149.60		1623.62	516.61	5979.86
2		材料:调和漆	kg	121.47		1570.69				1570.69
3	11-247	玻璃布面刷调和漆 第二遍	$10m^2$	63.93	3216.96	108.68		1415.46	450.37	5191.47
4		材料:调和漆	kg	92.70		1198.69				1198.69
		合计			6907.00	3027.66		3039.08	966.98	13940.71

【例 7.4】 某厂建管网供热工程，碳钢管道保温工程，管径 ϕ273mm，长 L 为 300m，管道保温之前，采用动力工具除锈，再刷红丹防锈漆两遍。绝热采用内层做岩棉管壳 $\delta=60$mm，外层作聚氨酯泡沫塑料瓦块，δ60mm，保护层作玻璃布两层及两道沥青漆。计算绝热工程工程量。

解 DN250焊接钢管外径273mm。

钢管除锈、刷油工程量：$S=\pi DL=3.14\times0.273\times300=257.17(m^2)$

钢管岩棉管壳绝热工程量：$V=\pi(D+1.033\delta)\times1.033\delta L$

$=3.14\times(0.273+1.033\times0.06)\times1.033\times0.06\times300$

$=19.56(m^3)$

绝热工程第二层直径：$D_1=(D+2.1\delta)+0.0082$

$=0.273+2.1\times0.06+0.0082=0.4072(m)$

钢管聚氨酯绝热工程量：$V=\pi(D_1+1.033\delta)\times1.033\delta L$

$=3.14\times(0.4072+1.033\times0.06)\times1.033\times0.06\times300$

$=27.39(m^3)$

保护层直径 D_2：

$$D_2=(D_1+2.1\delta)+0.0082=0.4072+2.1\times0.06+0.0082=0.5414(m)$$

二层管道保护层工程量：

$$S=\pi(D_1+2.1\delta+0.0082)L$$

$$=3.14\times(0.4072+2.1\times0.06+0.0082)\times300=510.00m^2$$

玻璃布表层刷沥青漆工程量：$S=\pi\times(D_1+2.1\delta+0.0082)L=510.00(m^2)$

7.4 计取有关费用的规定

《江苏省安装工程计价定额》中的《第十一册　刷油、防腐蚀、绝热工程》规定如下。

(1) 超高降效增加费　以设计标高±0.00m 为准，当安装高度超过±6.00m，人工和机械分别乘以表 7.18 中的系数。

表 7.18　超高降效增加系数表

20m 以内	30m 以内	40m 以内	50m 以内	60m 以内	70m 以内	80m 以内	80m 以上
0.3	0.4	0.5	0.6	0.7	0.8	0.9	1.0

(2) 厂区外 1～10km 增加的费用　按超过部分的人工和机械乘以系数 1.10 计算。

上述两项费用发生时，应计入相应的分部分项工程项目清单的综合单价中。

7.5 措施项目

通用安装工程措施项目费的内容及计算方法详见第 4.7 节。这里简要介绍刷油、防腐蚀、绝热工程中常用的措施项目费的相关费率。

7.5.1 单价措施项目费

(1) 脚手架搭拆费　《江苏省安装工程计价定额》中的《第十一册　刷油、防腐蚀、绝热工程》规定的脚手架搭拆费率，按照下列系数计算，其中人工工资占 25%。

① 刷油工程：按人工费的8%。

② 防腐蚀工程：按人工费的12%。

③ 绝热工程：按人工费的20%。

计算脚手架搭拆费时，除锈工程的脚手架搭拆费应分别随刷油工程或防腐蚀工程计算，即刷油工程的脚手架搭拆费的计算基数中应包括除锈工程发生的人工费；防腐蚀工程的脚手架搭拆费的计算基数中应包括除锈工程发生的人工费。

(2) 高层建筑增加费（高层施工增加费） 建筑设备安装工程，高层建筑增加费按主体工程（通风空调、消防、给排水、采暖、电气工程）的高层建筑增加费相应规定计算。

(3) 安装与生产同时进行施工增加费 安装与生产同时进行施工增加费，按人工费的10%计取，其中人工费占100%，在该人工费的基础上再计算管理费和利润。

(4) 有害身体健康环境中施工增加费 有害身体健康环境中施工增加费，按人工费的10%计取，其中人工费占100%，在该人工费的基础上再计算管理费和利润。

7.5.2 总价措施项目费

(1) 安全文明施工费 《江苏省建设工程费用定额》(2014年) 规定：

安全文明施工费=(分部分项工程费－除税工程设备费＋单价措施项目费)×安全文明施工费费率(%)

(2) 其他总价措施项目费 《江苏省建设工程费用定额》(2014年) 规定：

其他总价措施项目费=(分部分项工程费－除税工程设备费＋单价措施项目费)×相应费率(%)

其他总价措施项目费费率参见《江苏省建设工程费用定额》(2014年)。

8 市政给排水工程

市政工程是指市政公用设施建设工程，简称市政工程。市政公用设施是指在城市区、镇规划建设范围内设置，基于政府责任和义务为居民提供有偿或无偿公共产品和服务的各种建筑物、构筑物等公用设施。市政工程属于城市的基础设施，包括城市的各种公共交通设施(道路、桥涵、隧道)、给水、排水、燃气、防洪、供热、照明及绿化等工程，是城市生存和发展必不可少的物质基础。是提高人民生活水平和对外开放的基本条件。

市政给水工程向企业、居民提供生产、生活用水，市政排水工程收集、处理、排放生活污水、雨雪水和工业废水，市政给排水工程是城市必不可少的物质技术基础。

《市政工程工程量计算规范》(GB 50857—2013) 适用于采用工程量清单计价的城镇范围内的新建、扩建和整体更新改造的市政工程。本书重点介绍市政给排水工程工程量清单计价。

8.1 土方工程

8.1.1 工程量清单项目

土方工程、回填方及土方运输工程量清单项目设置、项目特征描述的内容、计量单位及工程量计算规则，应按表《市政工程工程量计算规范》(GB 50857—2013) 附录 A.1、附录 A.3 的规定执行，见表 8.1 和表 8.2 所示。

表 8.1 A.1 土方工程（编号：040101）

项目编码	项目名称	项目特征	计量单位	工程量计算规则	工作内容
040101001	挖一般土方	1. 土壤类别 2. 挖土深度	m^3	按设计图示尺寸以体积计算	1. 排地表水 2. 土方开挖 3. 围护（挡土板）及拆除 4. 基底钎探 5. 场内运输
040101002	挖沟槽土方			按设计图示尺寸以基础垫层底面积乘以挖土深度计算	
040101003	挖基坑土方				
040101004	暗挖土方	1. 土壤类别 2. 平洞斜洞(坡度) 3. 运距		按设计图示断面乘以长度以体积计算	1. 排地表水 2. 土方开挖 3. 场内运输
040101005	挖淤泥、流砂	1. 挖掘深度 2. 运距		按设计图示的位置及界限以体积计算	1. 开挖 2. 运输

表 8.2 A.3 填方及土石方运输（编码：040103）

项目编码	项目名称	项目特征	计量单位	工程量计算规则	工作内容
040103001	填方	1. 密实度要求 2. 填方材料品种 3. 填方粒径要求 4. 填方来源、运距	m^3	1. 按挖方清单项目工程量加原地面线至设计要求标高间的体积，减基础、构筑物等埋入体积计算 2. 按设计图示尺寸以体积计算	1. 运输 2. 回填 3. 压实
040103002	余方弃置	1. 废弃料品种 2. 运距		按挖方清单项目工程量减利用回填方体积（正数）计算	余方点装料运输至弃置点

注：1. 填方材料品种为土时，可以不描述。

2. 填方粒径，在无特殊要求情况下，项目特征可以不描述。

3. 对于沟、槽坑等开挖后再进行回填方的清单项目，其工程量计算规则按第 1 条确定；场地填方等按第 2 条确定。其中，对工程量计算规则 1，当原地面线高于设计要求标高时，则其体积为负值。

4. 回填方总工程量中若包括场内平衡和缺方内运两部分时，应分别编码列项。

5. 余方弃置和回填方的运距可以不描述，但应注明由投标人根据施工现场实际情况自行考虑决定报价。

6. 回填方如需缺方内运，且填方材料品种为土方时，是否在综合单价中计入购买土方的费用，由投标人根据工程实际情况自行考虑决定报价。

8.1.1.1 项目名称

沟槽、基坑、一般土石方工程划分原则如下：

① 底宽 7m 以内，底长大于底宽 3 倍以上为沟槽；

② 底宽 7m 以内，底长小于底宽 3 倍以下，底面积在 $150m^2$ 以内为基坑；

③ 超过上述范围，为一般土石方工程。

8.1.1.2 项目特征

(1) 土壤类别 土壤类别按现行国家标准《岩土工程勘察规范》GB 50021—2001 (2009 年局部修订版) 定义。如表 8.3 所示。

表 8.3 A.1-1 土壤分类表

土壤分类	土壤名称	开挖方法
一、二类土	粉土、砂土（粉砂、细砂、中砂、粗砂、砾砂）、粉质黏土、弱中盐渍土、软土（淤泥质土、泥炭、泥炭质土）、软塑红黏土、冲填土	用锹，少许用镐、条锄开挖。机械能全部直接铲挖满载者
三类土	黏土、碎石土（圆砾、角砾）、混合土、可塑红黏土、硬塑红黏土、强盐渍土、素填土、压实填土	主要用镐、条锄，少许用锹开挖。机械需部分刨松方能铲挖满载者或可直接铲挖但不能满载者
四类土	碎石土（卵石、碎石、漂石、块石）、坚硬红黏土、超盐渍土、杂填土	全部用镐、条锄挖掘，少许用撬棍挖掘。机械需普遍刨松方能铲挖满载者

(2) 挖土深度 原地面平均标高至槽坑底的平均高度。

给排水管道沟槽的挖土深度与管道的埋设深度有关，管道的埋设深度可以用两种方法表示：①管道外壁顶部到地面的距离称为覆土厚度；②管道内壁底部到地面的距离称为管道埋深。如图 8.1 所示。

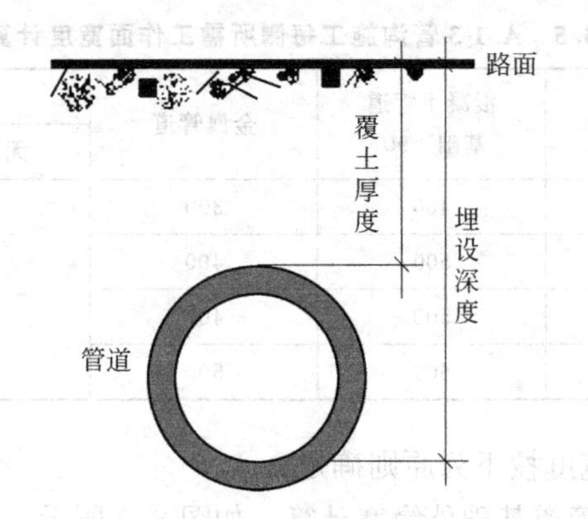

图 8.1 管道埋设深度

挖土深度＝覆土厚度＋管外径＋基础垫层厚度

或 挖土深度＝埋设深度＋管壁厚度＋基础垫层厚度

实际计算时应根据管道纵剖面图上高程确定。

(3) 填方来源 是指原土回填，还是缺方内运。

(4) 运距 挖土重心至填土重心或弃土重心最近距离。

8.1.1.3 工程量计算规则

(1) 挖沟槽、基坑土方工程量 挖沟槽、基坑土方工程量计算规则，《市政工程工程量计算规范》(GB 50857—2013) 附录 A.1 规定了两点。

① 按设计图示尺寸以基础垫层底面积乘以挖土深度计算。即：

$$V=BLH$$

式中 B——基础垫层的宽度；

L——沟槽的长度；

H——沟槽的挖土平均深度。

② 挖沟槽、基坑、一般土方因工作面和放坡增加的工程量，是否并入各土方工程量中，按各省、自治区、直辖市或行业建设主管部门的规定实施。如并入各土方工程量中，编制工程量清单时，可按表 8.4A.1-2、表 8.5A.1-3 规定计算；办理工程结算时，按经发包人认可的施工组织设计规定计算。

表 8.4 A.1-2 放坡系数表

土类别	放坡起点/m	人工挖土	机械挖土		
			在沟槽、坑内作业	在沟槽侧、坑边上作业	顺沟槽方向坑上作业
一、二类土	1.20	1∶0.50	1∶0.33	1∶0.75	1∶0.50
三类土	1.50	1∶0.33	1∶0.25	1∶0.67	1∶0.33
四类土	2.00	1∶0.25	1∶0.10	1∶0.33	1∶0.25

注：1. 沟槽、基坑中土类别不同时，分别按其放坡起点、放坡系数，依不同土类别厚度加权平均计算。

2. 计算放坡时，在交接处的重复工程量不予扣除，原槽、坑做基础垫层时，放坡自垫层上表面开始计算。

表 8.5 A.1-3 管沟施工每侧所需工作面宽度计算表 单位：mm

管道结构宽	混凝土管道基础 90°	混凝土管道基础＞90°	金属管道	构筑物	
				无防潮层	无防潮层
500 以内	400	400	300	400	600
1000 以内	500	500	400		
2500 以内	600	500	400		
2500 以上	700	600	500		

表 8.5 中沟槽的结构宽度按下列原则确定。

① 管道有管座时，按管道基础外缘宽计算，如图 8.2 所示。

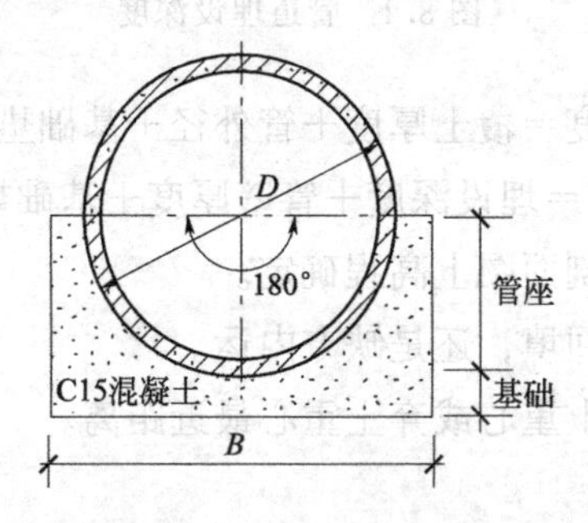

图 8.2 基础结构宽度

② 管道无管座时，按管道外径计算。

③ 构筑物按基础外缘计算。

④ 如设挡土板则每侧再增加 15cm。

江苏省住房城乡建设厅规定：挖沟槽、基坑、一般土方因超挖量、工作面和放坡增加的工程量并入各土方工程量中。其中，管道接口作业坑和沿线各种井室所需增加的土方工程量按沟槽全部土方工程量的 2.5%计算。

给排水管道工程中，因为各段管道的埋深、断面尺寸不一定相同，要精确计算管沟土方量比较困难，为了使计算结果与实际接近，通常根据地貌的变化，将管道划分为若干管段，分别计算每个管段的土方体积，最后汇总求和。这种方法称为“截面法”。分段越多，计算精度越高，但计算工作量越大，通常每段长度 50m 左右，最长不超过 100m。

给排水管道工程通常以二个检查井之间作为一个计算段，并在地面起伏突变处增设断面。上下游断面的平均深度为该段管沟土方的平均挖土深度，土方量计算公式为：

$$V=\frac{S_1+S_2}{2}\times L\times(1+2.5\%)$$

式中 S_1——上游检查井处沟槽断面面积；

S_2——下游检查井处沟槽断面面积；

L——该管段的长度，即两检查井中心之间的距离；

2.5%——管道接口作业坑和沿线各种井室超挖量。

给排水工程中管沟土方量和沟槽断面形式及尺寸有关。对常用的梯形槽断面，如图 8.3 所示，其断面面积 S 为：

$$S=(B+2b+KH)H$$

式中，b 为工作面宽度；K 为边坡系数，编制工程量清单时，可按表 8.4、表 8.5 的规定计算；办理工程结算时，按经发包人认可的施工组织设计规定计算。

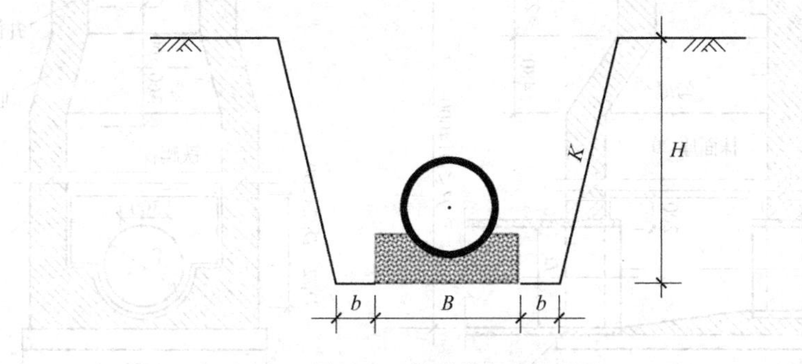

图 8.3 梯形槽断面面积

b—工作面宽；B—沟槽结构宽；K—边坡系数；H—挖土深度

【例 8.1】 市政排水管道中的某一段，如图 8.4 所示。雨水检查井 W_1、W_2、W_3 的直径为 1000mm，井底基础厚 100mm，管道采用钢筋混凝土管，接口形式为平接，水泥砂浆接口，中心包角 180°，管道基础如图 8.5 所示，管内径、管壁厚 t、管肩 a、管基宽 B、管基厚 C_1、C_2及基础混凝土体积见表 8.6。由设计文件已知管道起始端 W_1 的管道埋深为 2.5m，管道坡度为 0.4%，土壤类别为二类，地下水位于地表以下 3.0m，回填时管沟胸腔密实度为 95%。假设原地面水平，且原地面标高与设计回填标高相同。机械挖土，顺沟槽方向坑上作业，人工切边、清底。计算该段挖沟槽土方工程量，并编制挖沟槽土方的分部分项工程项目清单。

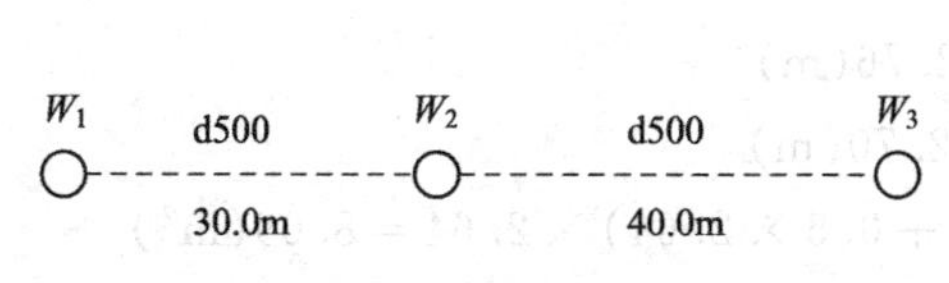

图 8.4 管道平面图

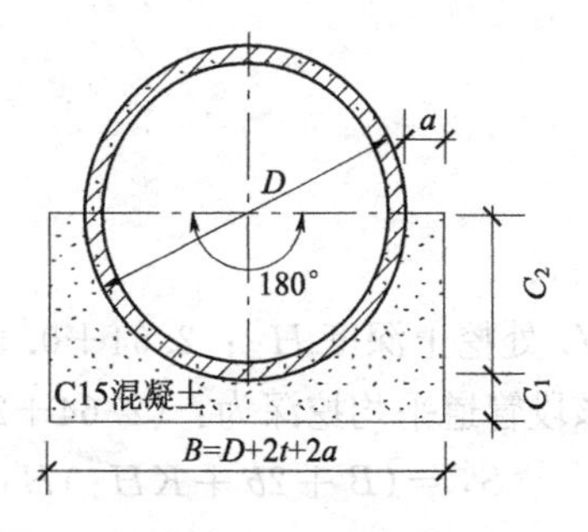

图 8.5 管道基础断面

表 8.6 管道基础尺寸 单位：mm

管内径	管壁厚 t	管肩宽 a	管基宽 B	管基厚		基础混凝土 /(m³/m)
				C_1	C_2	
500	42	80	744	100	292	0.1577

解 采用“截面法”，以检查井划分为 2 段计算。沟槽结构宽为 0.744m，根据表 8.5，两侧工作面宽取为 0.50m。则底宽为：

$$0.744+2\times0.5=1.744(\text{m})$$

采用机械挖土，顺沟槽方向坑上作业。由表 8.4 可知，二类土壤边坡系数取为 0.50。

① 第一段 $W_1 \sim W_2$ 管道起始段挖土深度 H_1：$2.5+管壁厚+C_1=2.5+0.042+0.1=2.64(\text{m})$

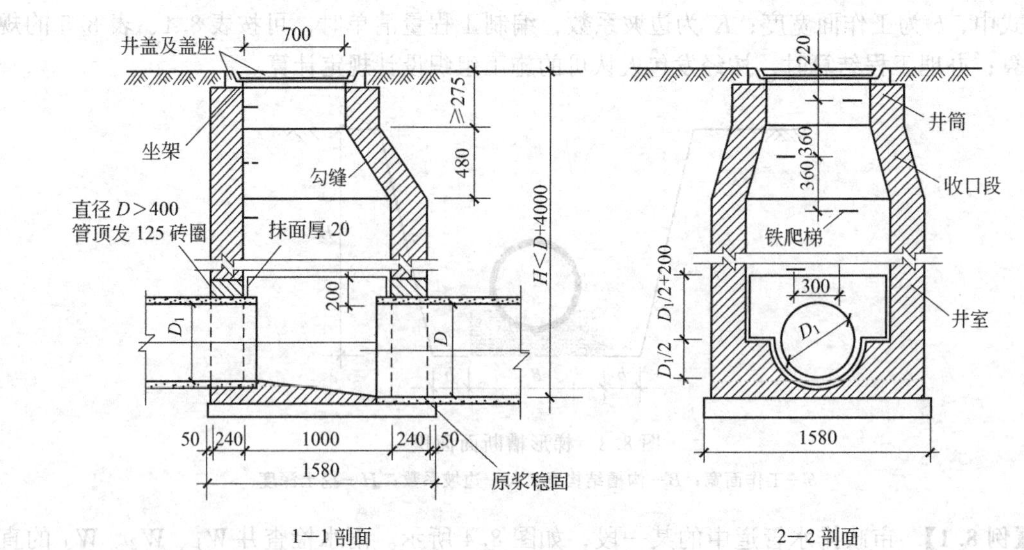

1—1剖面　　2—2剖面

图 8.6　雨水检查井

W_2 处挖土深度 H_2：2.64＋0.4%×30＝2.76(m)

该段管道平均挖深为：(2.64＋2.76)/2＝2.70(m)

$$S_1=(B+2b+KH_1)H_1=(1.744+0.5\times 2.64)\times 2.64=8.09(\mathrm{m}^2)$$

$$S_2=(B+2b+KH_2)H_2=(1.744+0.5\times 2.76)\times 2.76=8.62(\mathrm{m}^2)$$

$$V_1=\frac{S_1+S_2}{2}\times L_1\times(1+2.5\%)$$

$$=\frac{8.09+8.62}{2}\times 30\times(1+2.5\%)=256.92(\mathrm{m}^3)$$

② 第二段 W_2～W_3　W_3 处挖土深度 H_3：2.76＋0.4%×40＝2.92(m)

该段管道平均挖深为：(2.76＋2.92)/2＝2.84(m)

$$S_3=(B+2b+KH_3)H_3=(1.744+0.5\times 2.92)\times 2.92=9.36(\mathrm{m}^2)$$

$$V_2=\frac{S_2+S_3}{2}\times L_2\times(1+2.5\%)$$

$$=\frac{9.36+8.62}{2}\times 40\times(1+2.5\%)=368.59(\mathrm{m}^3)$$

则该段沟槽土方工程量：256.92＋368.59＝625.51(m^3)

工程量清单见表 8.7 所示。

表 8.7 分部分项工程和单价措施项目清单与计价表

工程名称： 标段： 第____页 共____页

序号	项目编码	项目名称	项目特征描述	计量单位	工程数量	金额/元		
						综合单价	合价	其中：暂估价
1	040101002001	挖沟槽土方	1. 土壤类别：二类 2. 挖土深度：4m 以内	m^3	625.51			

(3) 沟槽及基坑填方工程量 按沟槽或基坑挖方清单项目工程量加原地面线至设计要求标高间的体积计算，减基础、构筑物等埋入体积计算。

回填方总工程量中若包括场内平衡和缺方内运两部分时，应分别编码列项。

(4) 余方弃置工程量 按挖方清单项目工程量减利用回填方体积（正数）计算。

每个单位工程的挖方和填方应进行场内土方平衡，多余部分才余方弃置，缺少部分则缺方内运。

需要注意的是，市政工程中，土方施工的挖、运土方均按挖掘前的天然密实体积（自然方）计算，填方应按压实后体积计算。土壤挖掘松动后，土壤组织破坏、体积增加，称为“虚方”。不同状态下的土方体积换算见表 8.8 所示。

表 8.8 土方体积换算表

虚方体积	天然密实体积	夯实后体积	松填体积
1.00	0.77	0.67	0.83
1.30	1.0	0.87	1.08
1.50	1.15	1.00	1.25
1.20	0.92	0.80	1.00

【例 8.2】 某市政土方工程，经计算挖土工程量 $1800m^3$，回填工程量 $500m^3$，挖、填土考虑现场平衡，余方弃置，计算外运土方量。

解 一个单位夯实后体积＝1.15 个单位自然方体积

所以 $500m^3$ 夯实后体积＝$1.15\times500m^3$ 自然方体积＝$575m^3$ 自然方体积

外运土方量＝$1800-575=1225(m^3)$

【例 8.3】 已知背景资料如【例 8.1】，试计算该段沟槽回填方工程量，并判断是否存在余方弃置，并编制相应的工程量清单。

解 沟槽填土工程量：按挖方清单项目工程量加原地面线至设计要求标高间的体积计算，减基础、构筑物埋入体积计算。

管道所占体积：$3.14\times(0.5+2\times0.042)^2/4\times70=18.74(m^3)$

基础所占体积：$0.1577\times70=11.04(m^3)$

管段挖方工程量：$625.51(m^3)$

沟槽回填方工程量为：$625.51-(18.74+11.04)=595.73(m^3)$

余方弃置工程数量：$625.51-595.73\times1.15=-59.58(m^3)<0$

故不存在余方弃置，应为缺方内运。

回填方总工程量为595.73m³，由场内平衡和缺方内运两部分组成，其中：

场内平衡：625.51×0.87=544.19(m³)

需缺方内运回填工程量：595.73－544.19=51.54(m³)

分部分项工程项目清单见表8.9所示。

表8.9 分部分项工程和单价措施项目清单与计价表

工程名称： 标段： 第____页 共____页

序号	项目编码	项目名称	项目特征描述	计量单位	工程数量	金额/元		
						综合单价	合价	其中：暂估价
1	040103002001	回填方	1. 密实度要求：90% 2. 填方来源、运距：原土	m³	544.19			
2	040103003002	回填方	1. 密实度要求：90% 2. 填方来源、运距：缺方内运，3km	m³	51.54			

8.1.2 综合单价确定

8.1.2.1 土方工程

(1) 挖管沟土方　挖管沟土方工程量按设计图示尺寸，以开挖土方的天然密实体积（自然方）计算。因工作面、放坡及各种井室超挖增加的工程量并入各土方工程量中。

管沟槽断面形式、工作面的宽度、放坡系数K应根据施工组织设计确定。如无明确规定时，工作面的宽度可参考表8.5确定，放坡系数可参考表8.4确定。

计算管沟土方量时需注意以下几点。

① 如在同一断面内遇到数类土壤，其放坡系数可按各类土壤占全部深度的百分比加权计算。即：

$$K=\frac{H_1K_1+H_2K_2+\cdots+H_iK_i}{H}=\frac{\sum_{i=1}^{n}H_iK_i}{H}$$

式中　K——综合系数；

K_i——第i层土壤的放坡系数；

H_i——第i层土壤的深度；

H——断面土壤总深度。

② 管道接口作业坑和沿线各种井室所需增加的土石方工程量按沟槽全部土方工程量的2.5%计算。

③ 机械挖土方中如需人工辅助开挖（包括切边、修整底边），机械挖土和人工挖土方量按施工组织设计规定的实挖土方量计算。无具体规定时机械挖土按实挖总土方量的90%计算，人工挖土土方量按实挖总土方量的10%计算。

挖管沟土方按土壤类别、挖土深度、开挖方式（人工挖土和机械挖土）不同，套用《江苏省市政工程计价定额》中的《第一册　通用工程》相应定额子目。其中人工挖沟槽土方定额中挖土深度分为2m、4m、6m、8m以内四个等级。机械挖土时需根据挖土机械种类及型号套用定额。

对市政给排水管道工程施工时最常用单斗挖掘机，因为单斗挖掘机正铲或反铲作业时效率不同，如图 8.7 所示，需根据施工组织设计确定的作业方式（正铲、反铲）套用定额。

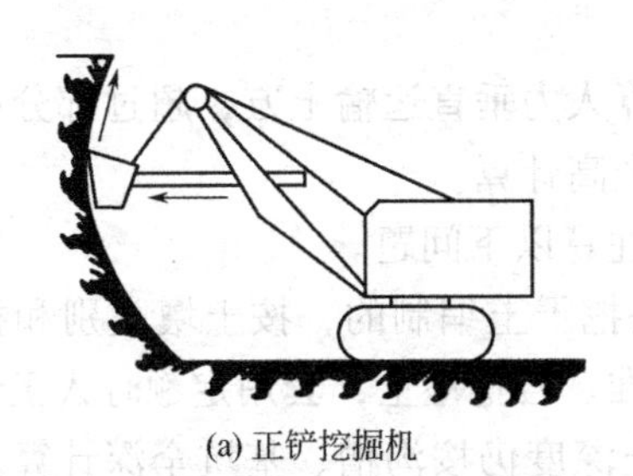

(a) 正铲挖掘机

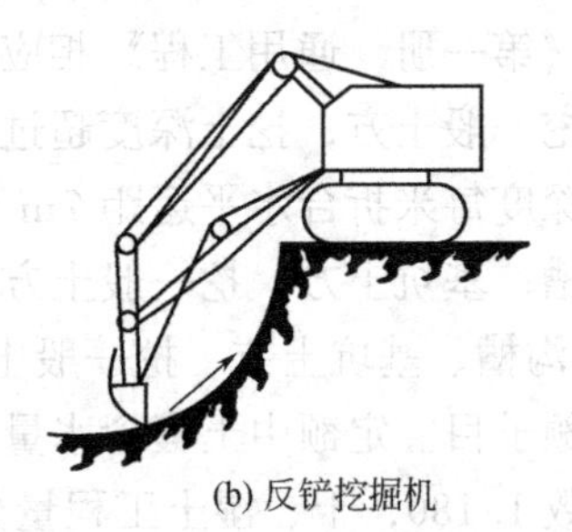

(b) 反铲挖掘机

图 8.7　挖掘机挖土作业方式

(2) 挖基坑土方　挖基坑土方量计算公式如下：

不放坡的基坑：矩形不设工作面　$V=HAB$

矩形设工作面　$V=H(A+2b)(B+2b)$

矩形设工作面、支挡土板　$V=H(A+2b+0.3)(B+2b+0.3)$

圆形　$V=H\pi R^2$

放坡的基坑：矩形（图 8.8）　$V=(A+2b+KH)(B+2b+KH)H+\frac{1}{3}K^2H^3$

圆形（图 8.9）　$V=\frac{1}{3}\pi H(R_1^2+R_2^2+R_1R_2)$

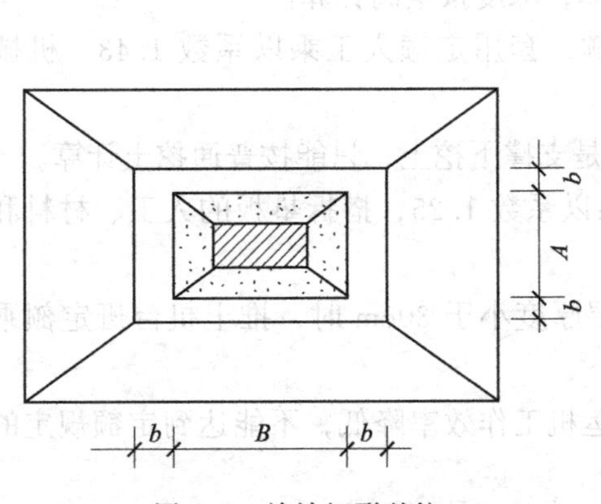

图 8.8　放坡矩形基坑

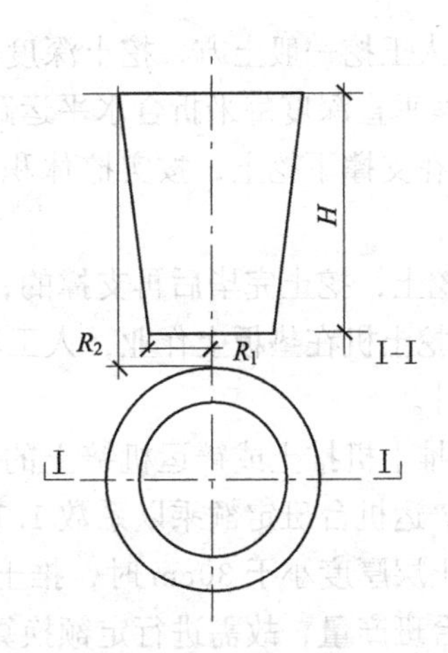

图 8.9　放坡圆形基坑

挖基坑土方按土壤类别、挖土深度、开挖方式（人工挖土和机械挖土）不同，套用《江苏省市政工程计价定额》中的《第一册　通用工程》相应定额子目。

【例 8.4】 有一矩形基坑，长 6m，宽 3m，挖土深度 3m，工作面每边各增加 0.4m，施工组织设计规定要支挡土板，土壤类别为二类，确定基坑挖土预算工程量。

解　由题意知 $A=6.0\text{m}$，$B=3.0\text{m}$，$b=0.4\text{m}$，设挡土板时每侧工作面再增加 15cm，则挖基坑土方量为：

$$V=H(A+2b+0.3)(B+2b+0.3)$$

$=3\times(6+0.8+0.3)\times(3+0.8+0.3)$

$=87.33(m^3)$

(3) 挖一般土方　挖一般土方按设计图示尺寸以开挖土方的天然密实体积（自然方）计算。按土壤类别、开挖方式（人工挖土和机械挖土）不同，套用《江苏省市政工程计价定额》中的《第一册　通用工程》相应定额子目。

人工挖一般土方，挖土深度超过1.5m时应计算人力垂直运输土方，超过部分挖土工程量按垂直深度每米折合水平运距7m计算，深度按全高计算。

挖沟槽、基坑土方、挖一般土方套用定额时需注意以下问题。

① 挖沟槽、基坑土方、挖一般土方定额均是按挖干土编制的，按土壤类别和挖土深度等划分定额子目。定额中土壤含水量以天然湿度为准。若挖湿土，套用定额时人工费和机械费乘以系数1.180，干、湿土工程量分别计算，挖土深度仍按沟槽、基坑全深计算。采用井点降水的土方按干土计算。

干、湿土的划分应根据地质勘测部门提供的地质勘测资料为准，含水率≥25%为湿土；或以地下常水位为干、湿划分界线，地下常水位以上为干土，常水位以下部分为湿土。

② 人工挖沟槽、基坑土方定额是按土方抛土于沟槽两侧1m以外堆放考虑的。由于施工场地条件的限制，沟槽、基坑土方堆放在沟槽的一侧，套用定额时定额基价乘以系数1.13。

③ 机械挖土方中如需人工辅助开挖（包括切边、修整底边），机械挖土和人工挖土方量按施工组织设计规定的实挖土方量计算；无具体规定时机械挖土按实挖总土方量的90%计算，人工挖土土方量按实挖总土方量的10%计算；人工挖土套相应定额时定额基价乘以系数1.5。

④ 人工挖一般土方，挖土深度超过1.5m时应计算人力垂直运输土方，超过部分挖土工程量按垂直深度每米折合水平运距7m计算，深度按全高计算。

⑤ 在支撑下挖土，按实挖体积套用定额，套用定额人工乘以系数1.43，机械乘以系数1.20。

先挖土，挖土完毕后再支撑的，不能算是支撑下挖土，只能按普通挖土计算。

⑥ 挖土机在垫板上作业，人工和机械乘以系数1.25，搭拆垫板的人工、材料和辅助摊销费另计。

⑦ 推土机推土或铲运机铲土的平均土层厚度小于30cm时，推土机台班定额乘以系数1.25，铲运机台班定额乘以系数1.17。

当土层厚度小于30cm时，推土机或铲运机工作效率降低，不能达到定额规定的正常情况下的台班产量，故需进行定额换算。

【例8.5】 背景资料同【例8.1】，确定该挖沟槽土方清单项目综合单价。已知工程类别为三类。

解　由【例8.1】已知：总土方量为625.51m³。机械挖土为主，人工辅助开挖，则机械挖土按实挖总土方量的90%计算，人工挖土土方量按实挖总土方量的10%计算。

机械挖沟槽土方工程量：$625.51\times90\%=562.96(m^3)$

人工挖沟槽土方量：$625.51-562.96=62.55(m^3)$

人工挖土套相应定额时定额基价乘以系数1.5。

综合单价计算表见表8.10所示。为便于对照计价定额数据，本书例题的人工按计价定额数据执行，不做调整，材料、机械费按计价定额除税价格执行，特此说明。

土方工程类别为三类，计算表中工程管理费率为20%，利润率10.0%。

表 8.10　分部分项工程项目清单综合单价计算表

工程名称：　　　　　　　　　　　　　　计量单位：m^3

项目编码：040101002001　　　　　　　　工程数量：625.51

项目名称：挖沟槽土方　　　　　　　　　综合单价：10.40元

序号	定额编号	工程内容	单位	数量	综合单价组成					小计
					人工费	材料费	机械费	管理费	利润	
1	1-221	反铲挖掘机挖土，斗容量1.0m^3	1000m^3	0.563	202.48		2159.81	472.46	236.23	3070.97
2	1-5*1.5	人工挖沟槽土方	100m^2	0.626	2640.815			528.16	264.08	3433.06
3		合计			2843.29		2159.81	1000.62	500.31	6504.03

【例 8.6】 已知背景资料同【例 8.1】。若采用人工开挖，计算该段挖沟槽土方的工程量，并确定其综合单价。

解　沟槽结构宽为0.744m，根据表8.5，两侧工作面宽取为0.50m

则底宽为：0.744+2×0.5=1.744(m)

由表8.4可知，人工挖土时二类土壤边坡系数取为0.50

由此可见，此时挖土深度、边坡系数和工作面宽度与机械挖土顺沟槽方向坑上作业时完全一致，挖沟槽土方量也相同，即为625.51(m^3)。

综合单价计算表见表8.11所示。

表 8.11　分部分项工程项目清单综合单价计算表

工程名称：　　　　　　　　　　　　　　计量单位：m^3

项目编码：040101002001　　　　　　　　工程数量：625.51

项目名称：挖沟槽土方　　　　　　　　　综合单价：36.56元

序号	定额编号	工程内容	单位	数量	综合单价组成					小计
					人工费	材料费	机械费	管理费	利润	
1	1-5	人工沟槽土方，4m以内	100m^3	6.255	17591.37			3518.27	1759.14	22868.79
		合计			17591.37			3518.27	1759.14	22868.79

从上述两个例子可以看出，机械挖沟槽土方的综合单价远低于人工挖沟槽土方的综合单价。

(4) 围护（挡土板）及拆除　《市政工程工程量计算规范》(GB 50857—2013) 附录A.1土方工程规定，围护（挡土板）及拆除费用应计入到土方工程的综合单价内。

支撑是防止沟槽、基坑土壁坍塌的一种临时性挡土结构，沟槽支撑种类很多，有横撑、竖撑和板桩撑，开挖较大基坑时还常采用锚拉支撑或斜撑等。其中横撑和竖撑均由挡土板(撑板)、立柱和撑杠组成。

横撑根据挡土板放置方式的不同，可分为井字撑、断续式水平支撑（即撑板之间有间距）和连续式水平支撑（排板撑）等，如图 8.10 所示；竖撑为各挡土板垂直连续放置，如图 8.11 所示。

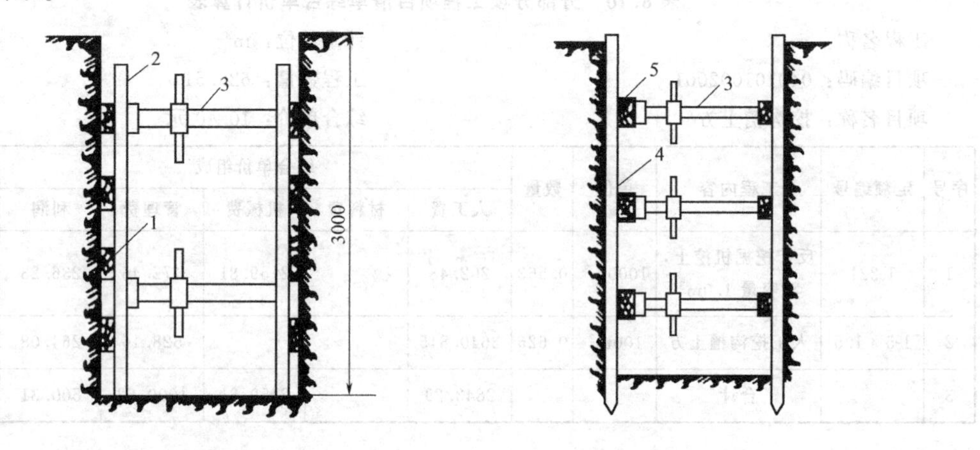

图 8.10 断续式横撑

图 8.11 竖撑

1—水平挡土板；2—竖楞木；3—工具式撑杆；4—竖直挡土板；5—横楞木

施工时是否需要支撑，具体的支撑方式由施工组织设计确定。

支撑工程量，根据施工组织设计确定的支撑面积以“m^2”计算，按支撑材料、支撑方式（疏撑和密撑）不同套用《江苏省市政工程计价定额》第一册第四章“支撑工程”相应子目。

放坡开挖不得再计算挡土板支撑，如遇上层放坡，下层支撑按实际支撑面积计算。

支撑工程套用定额时需注意以下问题。

① 支撑定额，除槽钢挡土板外，均按横板、竖撑的方式（即“横撑”）编制的；若实际工程中采用竖板、横撑（即“竖撑”），套用定额时综合基价中的人工费乘以系数 1.20。

② 挡土板间距不同时，不作调整。

③ 定额中挡土板支撑按两侧同时支撑挡土板考虑，支撑面积为两侧挡土板面积之和，支撑宽度为 4.1m 以内；若沟槽、基坑宽度超过 4.1m 时，其两侧均按一侧支挡土板考虑。挡土板支撑面积按槽坑一侧支撑挡土板面积计算时，人工定额乘以系数 1.33，除挡土板外，其他材料乘以系数 2.0。

④ 如采用井字支撑，按疏撑各项定额乘以系数 0.61。井字支撑：两块撑板水平紧贴槽壁，用纵梁立靠在撑板上，横撑撑在纵梁上，一般用于沟槽的局部加固，如图 8.12 所示。

⑤ 钢桩挡土板中的槽钢桩按设计以吨为单位执行打拔工具桩的相应定额子目。

8.1.2.2 回填方

填方工程量，按沟槽或基坑挖方工程量减基础、构筑物埋入体积，加原地面线至设计要求标高间的体积计算。

管沟回填土应扣除管径在 200mm 以上的管道、基础、垫层和各种构筑物所占的体积。按回填方式不同套用《江苏省市政工程计价定额》第一册的相应定额子目。

回填方式分为人工填土夯实和机械填土夯实，具体回填方式应由施工组织设计确定，并

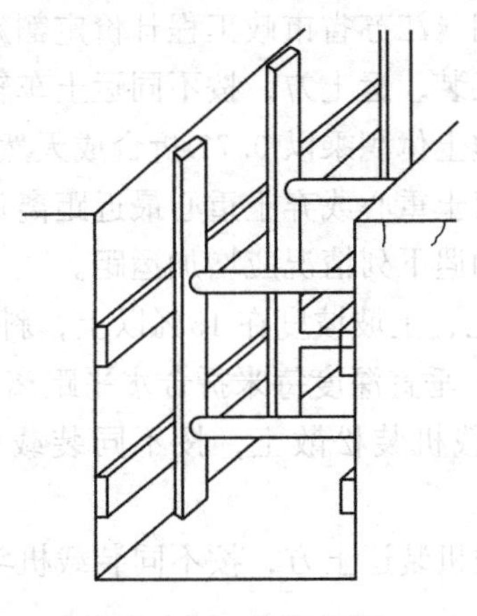

图 8.12 井字支撑

符合《给水排水管道工程施工及验收规范》GB 50268—2008 的相关规定。

《给水排水管道工程施工及验收规范》GB 50268—2008 规定如下。

① 刚性管道（指钢筋混凝土、预应力、自应力混凝土管道和预应力钢筒混凝土管道）沟槽回填时，管道两侧和管顶以上 500mm 范围内胸腔夯实，应采用轻型压实机具。

② 柔性管道（指钢管、化学建材管和柔性接口的球墨铸铁管）沟槽回填从管底基础部位开始到管顶以上 500mm 范围内，必须采用人工回填；管顶 500mm 以上部位，可用机械从管道轴线两侧同时夯实。

③ 采用重型压实机械压实或较重车辆在回填土上行驶时，管道顶部以上应有一定厚度的压实回填土，其最小厚度应按压实机械的规格和管道的设计承载力，通过计算确定。

回填方套用定额时需注意以下问题。

a. 沟槽、基坑人工回填，一侧填土时，定额基价乘以系数 1.13。

b. 管沟回填土应扣除管径在 200mm 以上的管道、基础、垫层和各种构筑物所占的体积。

【例 8.7】 已知背景资料如【例 8.3】，施工组织设计要求，采用轻型压实机具填土夯实。试计算场内平衡的回填方清单项目综合单价。已知工程类别为三类。

解 场内平衡的回填方 544.19m^3，综合单价计算过程见表 8.12 所示。

表 8.12 分部分项工程项目清单综合单价计算表

工程名称： 计量单位：m^3

项目编码：040103001001 工程数量：544.19

项目名称：回填方 综合单价：10.75 元

序号	定额编号	工程内容	单位	数量	综合单价组成					小计
					人工费	材料费	机械费	管理费	利润	
1	1-389	槽填土夯实	100m^3	5.442	4501.47			900.29	450.15	5851.91
2		合计			4501.47			900.29	450.15	5851.91

8.1.2.3 余方弃置

余方弃置工程量，按挖方清单项目工程量减利用回填方体积（正数）计算。按装运土方方式、运输方式及运距不同套用《江苏省市政工程计价定额》第一册的相应定额子目。

(1) 人工装、运土方　人工装、运土方，按不同运土车辆、运距，以运输土方的天然密实体积计算，如运虚土，可将虚土体积乘以 0.77 折合成天然密实体积。

土方运距应以挖土重心至填土重心或弃土重心最近距离计算。挖土重心、填土重心、弃土重心按施工组织设计确定。如遇下列情况应增加运距。

a. 人工运土、双轮斗车运土，上坡坡度在 15%以上，斜道运距按斜道长度乘以 5。

b. 采用人力垂直运输土方，垂直深度每米折合水平距离 7m。

(2) 装载机装松散土　装载机装松散土，按不同装载机斗容量，以装松散土的体积计算。

(3) 装载机装运土方　装载机装运土方，按不同装载机斗容量、运距，以运土的密实体积计算。

(4) 自卸汽车运土　自卸汽车运土，按不同自卸汽车载重量、运距，以运土的密实体积计算。

8.2 管道铺设

不同性质的管道，清单项目设置及计价的依据都不同，《江苏省市政工程计价定额》中规定了市政给排水管道与安装管道的划分原则如下。

(1) 给水管道　有水表井的以水表井为界，无水表井的以围墙外两者碰头处为界。水表井以外为市政给水管道，水表井以内为安装管道。执行界限见图 8.13。

(2) 排水管道　以室外管道与市政管道的碰头检查井为界。检查表井以外为市政排水管道，检查井以内为安装管道。由于《江苏省安装工程计价定额》中大口径的排水管道安装定额缺项，《江苏省市政工程计价定额》又补充规定：市政排水工程与其他专业工程管道按其设计标准及施工验收规范划分，按市政工程设计标准设计及施工的管道属市政工程管道。

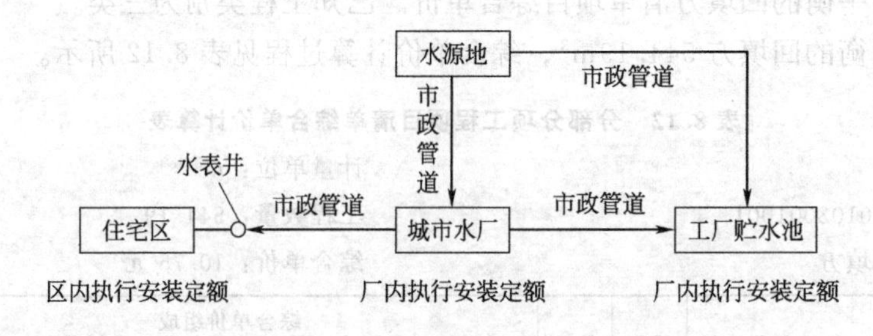

图 8.13　给水管道划分界限示意图

本章介绍的是市政给排水管道。

8.2.1 工程量清单项目

管道铺设工程量清单项目设置、项目特征描述的内容、计量单位及工程量计算规则，应按表《市政工程工程量计算规范》附录表 E.1 管道铺设的规定执行，见表 8.13 所示。

表 8.13 E.1 管道铺设（编码：040501）

项目编码	项目名称	项目特征	计量单位	工程量计算规则	工作内容
040501001	混凝土管	1. 垫层、基础材质及厚度 2. 管座材质 3. 规格 4. 接口方式 5. 铺设深度 6. 混凝土强度等级 7. 管道检验及试验要求	m	按设计图示中心线长度以延长米计算。不扣除附属构筑物、管件及阀门等所占长度	1. 垫层、基础铺筑及养护 2. 模板制作、安装、拆除 3. 混凝土拌和、运输、浇筑、养护 4. 预制管枕安装 5. 管道铺设 6. 管道接口 7. 管道检验及试验
040501002	钢管	1. 垫层、基础材质及厚度 2. 材质及规格 3. 接口方式 4. 铺设深度 5. 管道检验及试验要求 6. 集中防腐运距			1. 垫层、基础铺筑及养护 2. 模板制作、安装、拆除 3. 混凝土拌和、运输、浇筑、养护 4. 管道铺设 5. 管道检验及试验 6. 集中防腐运输
040501003	铸铁管				
040501004	塑料管	1. 垫层、基础材质及厚度 2. 材质及规格 3. 连接形式 4. 铺设深度 5. 管道检验及试验要求			1. 垫层、基础铺筑及养护 2. 模板制作、安装、拆除 3. 混凝土拌和、运输、浇筑、养护 4. 管道铺设 5. 管道检验及试验
040501005	直埋式预制保温管	1. 垫层材质及厚度 2. 材质及规格 3. 接口方式 4. 铺设深度 5. 管道检验及试验要求			1. 垫层铺筑及养护 2. 管道铺设 3. 接口处保温 4. 管道检验及试验
040501006	管道架空跨越	1. 管道架设高度 2. 管道材质及规格 3. 接口方式 4. 管道检验及试验要求 5. 集中防腐运距		按设计图示中心线长度以延长米计算。不扣除管件及阀门等所占长度	1. 管道架设 2. 管道检验及试验 3. 集中防腐运输
040501007	隧道(沟、管)内管道	1. 基础材质及厚度 2. 混凝土强度等级 3. 材质及规格 4. 接口方式 5. 管道检验及试验要求 6. 集中防腐运距		按设计图示中心线长度以延长米计算。不扣除附属构筑物、管件及阀门等所占长度	1. 基础铺筑、养护 2. 模板制作、安装、拆除 3. 混凝土拌和、运输、浇筑、养护 4. 管道铺设 5. 管道检测及试验 6. 集中防腐运输

续表

项目编码	项目名称	项目特征	计量单位	工程量计算规则	工作内容
040501008	水平导向钻进	1. 土壤类别 2. 材质及规格 3. 一次成孔长度 4. 接口方式 5. 泥浆要求 6. 管道检验及试验要求 7. 集中防腐运距	m	按设计图示长度以延长米计算。扣除附属构筑物(检查井)所占的长度	1. 设备安装、拆除 2. 定位、成孔 3. 管道接口 4. 拉管 5. 纠偏、监测 6. 泥浆制作、注浆 7. 管道检测及试验 8. 集中防腐运输 9. 泥浆、土方外运
040501009	夯管	1. 土壤类别 2. 材质及规格 3. 一次夯管长度 4. 接口方式 5. 管道检验及试验要求 6. 集中防腐运距	m	按设计图示长度以延长米计算。扣除附属构筑物(检查井)所占的长度	1. 设备安装、拆除 2. 定位、夯管 3. 管道接口 4. 纠偏、监测 5. 管道检测及试验 6. 集中防腐运输 7. 土方外运
040501010	顶(夯)管工作坑	1. 土壤类别 2. 工作坑平面尺寸及深度 3. 支撑、围护方式 4. 垫层、基础材质及厚度 5. 混凝土强度等级 6. 设备、工作台主要技术要求	座	按设计图示数量计算	1. 支撑、围护 2. 模板制作、安装、拆除 3. 混凝土拌和、运输、浇筑、养护 4. 工作坑内设备、工作台安装及拆除
040501011	预制混凝土工作坑	1. 土壤类别 2. 工作坑平面尺寸及深度 3. 垫层、基础材质及厚度 4. 混凝土强度等级 5. 设备、工作台主要技术要求 6. 混凝土构件运距	座	按设计图示数量计算	1. 混凝土工作坑制作 2. 下沉、定位 3. 模板制作、安装、拆除 4. 混凝土拌和、运输、浇筑、养护 5. 工作坑内设备、工作台安装及拆除 6. 混凝土构件运输
040501012	顶管	1. 土壤类别 2. 顶管工作方式 3. 管道材质及规格 4. 中继间规格 5. 工具管材质及规格 6. 触变泥浆要求 7. 管道检验及试验要求 8. 集中防腐运距	m	按设计图示长度以延长米计算。扣除附属构筑物(检查井)所占的长度	1. 管道顶进 2. 管道接口 3. 中继间、工具管及附属设备安装拆除 4. 管内挖、运土及土方提升 5. 机械顶管设备调向 6. 纠偏、监测 7. 触变泥浆制作、注浆 8. 洞口止水 9. 管道检测及试验 10. 集中防腐运输 11. 泥浆、土方外运

续表

项目编码	项目名称	项目特征	计量单位	工程量计算规则	工作内容
040501013	土壤加固	1. 土壤类别 2. 加固填充材料 3. 加固方式	1. m 2. m^3	1. 按设计图示加固段长度以延长米计算 2. 按设计图示加固段体积以立方米计算	打孔、调浆、灌注
040501014	新旧管连接	1. 材质及规格 2. 连接方式 3. 带(不带)介质连接	处	按设计图示数量计算	1. 切管 2. 钻孔 3. 连接
040501015	临时放水管线	1. 材质及规格 2. 铺设方式 3. 接口形式	m	按放水管线长度以延长米计算,不扣除管件、阀门所占长度	管线铺设、拆除
040501016	砌筑方沟	1. 断面规格 2. 垫层、基础材质及厚度 3. 砌筑材料品种、规格、强度等级 4. 混凝土强度等级 5. 砂浆强度等级、配合比 6. 勾缝、抹面要求 7. 盖板材质及规格 8. 伸缩缝(沉降缝)要求 9. 防渗、防水要求 10. 混凝土构件运距		按设计图示尺寸以延长米计算	1. 模板制作、安装、拆除 2. 混凝土拌和、运输、浇筑、养护 3. 砌筑 4. 勾缝、抹面 5. 盖板安装 6. 防水、止水 7. 混凝土构件运输
040501017	混凝土方沟	1. 断面规格 2. 垫层、基础材质及厚度 3. 混凝土强度等级 4. 伸缩缝(沉降缝)要求 5. 盖板材质、规格 6. 防渗、防水要求 7. 混凝土构件运距			1. 模板制作、安装、拆除 2. 混凝土拌和、运输、浇筑、养护 3. 盖板安装 4. 防水、止水 5. 混凝土构件运输
040501018	砌筑渠道	1. 断面规格 2. 垫层、基础材质及厚度 3. 砌筑材料品种、规格、强度等级 4. 混凝土强度等级 5. 砂浆强度等级、配合比 6. 勾缝、抹面要求 7. 伸缩缝(沉降缝)要求 8. 防渗、防水要求			1. 模板制作、安装、拆除 2. 混凝土拌和、运输、浇筑、养护 3. 渠道砌筑 4. 勾缝、抹面 5. 防水、止水

续表

项目编码	项目名称	项目特征	计量单位	工程量计算规则	工作内容
040501019	混凝土渠道	1. 断面规格 2. 垫层、基础材质及厚度 3. 混凝土强度等级 4. 伸缩缝(沉降缝)要求 5. 防渗、防水要求 6. 混凝土构件运距	m	按设计图示尺寸以延长米计算	1. 模板制作、安装、拆除 2. 混凝土拌和、运输、浇筑、养护 3. 防水、止水 4. 混凝土构件运输
040501020	警示(示踪)带铺设	规格		按铺设长度以延长米计算	铺设

注：1. 管道架空跨越铺设的支架制作、安装及支架基础、垫层应按本规范附录 E.3 支架制作及安装相关清单项目编码列项。

2. 管道铺设项目中的做法如为标准设计，也可在项目特征中标注标准图集号。

给排水工程中，新旧管连接是在城市给水管道上引接的分支管道或新建管道与原有旧管道碰头的一个施工环节。施工方式有停水作业（不带介质连接）和不停水作业（带介质连接）两种。停水作业主要采用“开三通”的新旧管道连接。新旧管连接作业时，关闭上下游闸门，放线、定位，然后剁管，再接三通，在分支管上装短管、闸门等连接配件，最后通水试验等。不停水作业时主要采用马鞍卡子或二合三通连接，其中二合三通又叫哈夫三通、开边三通。马鞍卡子引接管道如图 8.14 所示。

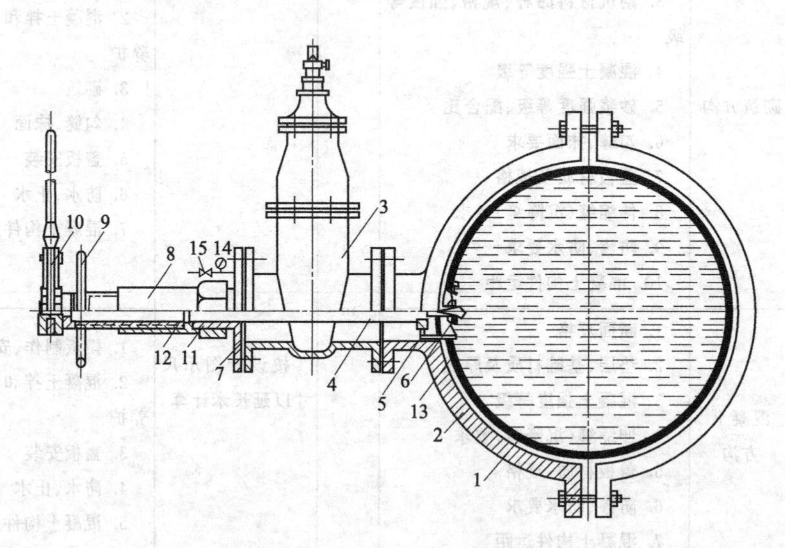

图 8.14　马鞍卡子引接管道示意图

1—干管；2—管鞍；3—闸阀；4—钻孔轴；5—空心钻头；6—中心钻头；7—钻架座板；8—钻架螺母；9—带圆盘丝杠；10—棘轮扳手；11—密封填料；12—平面轴承或垫圈；13—密封垫圈；14—压力表；15—防水旋塞

8.2.1.1　项目特征

(1) 材质　混凝土管道：预应力混凝土管、钢筒混凝土、混凝土排水管（有筋、无筋）。

铸铁管道：一般铸铁管、球墨铸铁管、硅铸铁管。

钢管：焊接钢管、碳素钢板卷管、无缝钢管。

塑料管：PVC、UPVC、PE、HDPE、PP-R 等

(2) 接口方式　接口方式包括：接口形式及接口材料。有压管道和无压管道的管接口形式及接口材料有所不同。

① 混凝土管　给水混凝土管主要采用承插胶圈接口。排水混凝土管主要有平接（企口）式（水泥砂浆抹带接口、钢丝网水泥砂浆抹带接口）、套箍式（预制混凝土外套环、现浇混凝土套环）、承插式（水泥砂浆接口、沥青油膏接口、橡胶圈接口），如图 8.15～图 8.18 所示。

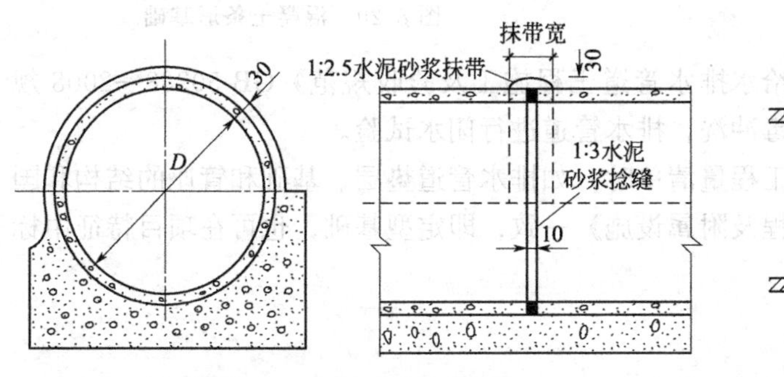

图 8.15　水泥砂浆抹带接口

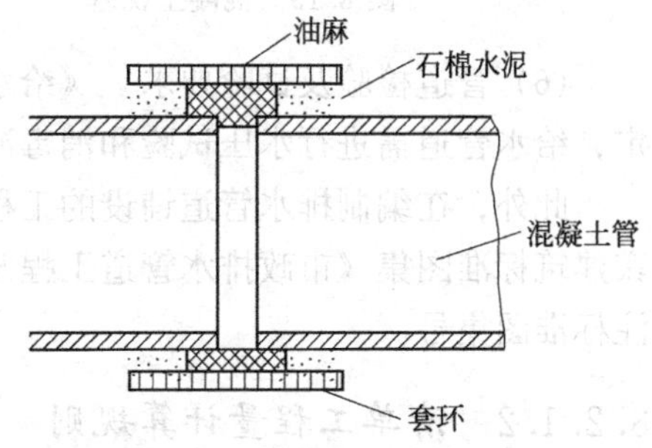

图 8.16　外套环接口

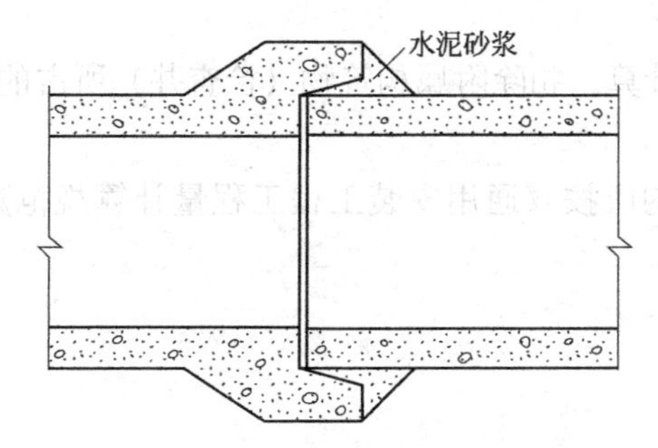

图 8.17　承插式水泥砂浆接口

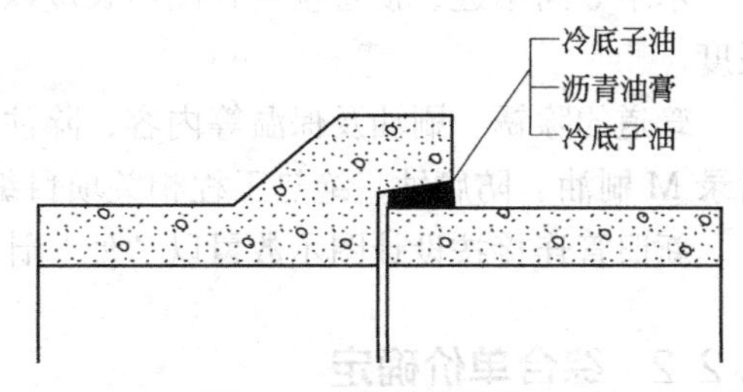

图 8.18　沥青油膏接口

② 塑料管　承插粘接、承插胶圈接口、焊接等。

③ 钢管　螺纹连接、焊接、法兰连接等。

④ 给水铸铁管　承插连接（青铅、石棉水泥、膨胀水泥、胶圈接口等接口材料）、机械接口等。

(3) 垫层、基础材质及厚度　垫层材料包括毛石、碎石、碎砖、混凝土、砂砾石、砂、砾石、2∶8 灰土或 3∶7 灰土等。

常用的排水管道基础形式有以下几种。

① 碎石或块石条形基础。由碎石或块石铺设而成。

② 混凝土枕基。混凝土枕基是支撑在管道接口下方的局部基础，适用于干燥土壤，如图 8.19 所示。

③ 混凝土条形基础。混凝土条形基础是沿管道全长设置条形基础，按照地质、管道、荷载等情况可以设置 90°、120°、135°、180°或满包基础形式，如图 8.20 所示。

(4) 材质规格　材质规格包括管道的直径、管节长度、压力等级等参数。

(5) 铺设深度　铺设深度是指根据设计文件确定埋设深度或覆土厚度。

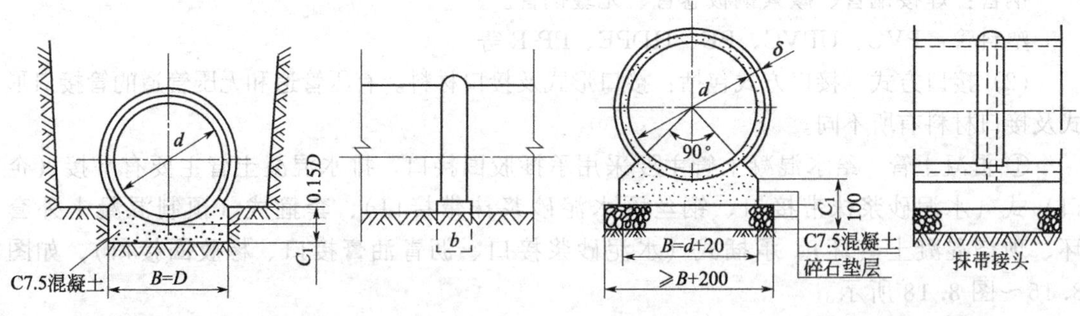

图 8.19 混凝土枕基

图 8.20 混凝土条形基础

(6) 管道检验及试验要求 《给水排水管道工程施工及验收规范》GB 50268—2008 规定，给水管道需进行水压试验和消毒冲洗，排水管道进行闭水试验。

此外，在编制排水管道铺设的工程量清单时，如排水管道垫层、基础和管座的结构和国家建筑标准图集《市政排水管道工程及附属设施》一致，即定型基础，也可在项目特征中标注标准图集号。

8.2.1.2 清单工程量计算规则

钢管、混凝土管、铸铁管、塑料管按设计图示管道中心线长度以延长米计算，不扣除附属构筑物、管件及阀门等所占的长度。

水平导向钻进、顶管按设计图示长度以延长米计算。扣除附属构筑物（检查井）所占的长度

管道的除锈、刷油及保温等内容，除注明者外均应按《通用安装工程工程量计算规范》附录 M 刷油、防腐蚀、绝热工程相关项目编码列项。

新旧管连接按设计图示数量以“处”计算。

8.2.2 综合单价确定

给排水工程管道中，由于有压管道和无压管道在管道材质、管道基础的结构以及检验试验的方法等不同，确定管道预算工程量的计算规则和计价定额都不一样，现分别说明给水管道和排水管道综合单价的确定方法。

8.2.2.1 给水管道铺设

(1) 管道铺设 管道铺设以管道中心线的延长米计算（支管长度从主管中心到支管末端交接处的中心)，不扣除管件、阀门所占长度。支管长度从主管中心开始计算到支管末端交接处的中心。遇有新旧管连接时，管道安装工程量计算到碰头的阀门处。

按管道材质、规格、连接方式的不同套用《江苏省市政工程计价定额》第五册或第七册相应定额子目。其中铸铁给水管、预应力（自应力）混凝土管、塑料给水管安装套用《第五册 给水工程》，碳钢管、碳素钢板卷管安装套用《第七册 燃气工程与集中供热》。

套用定额时，需注意以下问题。

① 给水管道安装定额中管节长度是综合取定的，实际不同时不作调整。

② 套管内的给水管道安装铺设按相应的管道安装人工、机械乘以系数 1.2。

③ 给水管道安装总工程量不足50m时，管径≤300mm的，其定额人工和机械乘以系数1.67；管径>300mm的，其定额人工和机械乘以系数2.00；管径>600mm的，其定额人工和机械乘以系数2.50。

(2) 垫层、基础铺筑　垫层、基础铺筑以铺筑的体积计算，按垫层材料、基础形式不同套用《江苏省市政工程计价定额》中的《第六册　排水工程》相应定额子目。

(3) 模板制作、安装、拆除　混凝土模板及支架应属措施项目。需要注意的是，《市政工程工程量计算规范》(GB 50857—2013) 第4.2.7条规定如下。

现浇混凝土工程项目“工作内容”中包括模板工程的内容，同时又在“措施项目”中单列了现浇混凝土模板工程项目。对此，由招标人根据工程实际情况选用，若招标人在措施项目清单中未编列现浇混凝土模板项目清单，即表示现浇混凝土模板项目不单列，现浇混凝土工程项目的综合单价中应包括模板工程费用。

因此，现浇混凝土工程项目中是否包括模板工程，应由招标人根据当地建设主管部门的规定确定。

《市政工程工程量计算规范》(GB 50857—2013) 第4.2.8条规定：预制混凝土构件按现场制作编制项目，“工作内容”中包括模板工程，不再另列。若采用成品预制混凝土构件时，构件成品价（包括模板、钢筋、混凝土等所有费用）应计入综合单价中。

江苏省住房和城乡建设厅明确规定：市政工程混凝土模板应包含在相应的混凝土浇筑的项目中，因此，混凝土浇筑时需计算模板及支架费用。

模板制作、安装、拆除按混凝土与模板接触面的面积计算。

(4) 检测及试验　给水管道水压试验及消毒、冲洗，以图示管道中心线长度以延长米计算，不扣除阀门、管件所占的长度。按管道公称直径不同，套用《江苏省市政工程计价定额》中的《第五册　给水工程》相应定额子目。

【例8.8】 某市政给水管道工程，其中一段DN300球墨铸铁管长150m，设计文件规定铸铁管选用K10级，壁厚8.0mm，埋设深度2.5m，承插胶圈接口。编制该段铸铁管铺设的分部分项工程项目清单，并确定该清单项目的综合单价。已知工程类别三类。

解　分部分项工程项目清单如表8.14所示。

表8.14　分部分项工程和单价措施项目清单与计价表

工程名称：　　　　　　　　　　　标段：　　　　　　　　　　　第　页　共　页

序号	项目编码	项目名称	项目特征描述	计量单位	工程数量	金额/元		
						综合单价	合价	其中：暂估价
1	040501003001	铸铁管	1. 材质及规格：DN300球墨铸铁管 2. 接口方式：承插胶圈接口 3. 埋设深度：2.5m 4. 管道检验及试验要求：水压试验、消毒冲洗	m	150.0			

管道安装、试压、消毒冲洗工程量：150m。

综合单价计算过程见表8.15所示。其中工程类别为三类的给水工程管理费率37%，利润率13%。

表 8.15 分部分项工程项目清单综合单价计算表

工程名称： 计量单位：m

项目编码：040501003001 工程数量：150

项目名称：铸铁管 综合单价：335.89 元

序号	定额编号	工程内容	单位	数量	综合单价组成					小计
					人工费	材料费	机械费	管理费	利润	
1	5-61	DN300 球墨铸铁管铺设(胶圈接口)	10m	15.00	1525.14	975.60	769.20	564.30	198.27	4032.51
2		材料:DN300 球墨铸铁管	m	151.5		44995.50				44995.50
3	5-161	管道试压	100m	1.5	330.67	168.18	26.31	122.35	42.99	690.49
4	5-179	管道消毒冲洗	100m	1.5	240.76	303.24		89.08	31.30	664.38
		合计			2096.57	46442.52	795.51	775.73	272.55	50382.88

8.2.2.2 排水管道铺设

(1) 排水管道铺设预算工程量 排水管道铺设以管道中心线扣除检查井所占长度后的延长米计算，按管道材质、规格、接口形式不同套用《江苏省市政工程计价定额》中的《第六册 排水工程》相应定额子目。

每座检查井所占长度按表 8.16 所示计算。

套用定额时，需注意以下问题：

① 如在无基础的槽内铺设管道，其人工、机械乘以系数 1.18。

② 如遇特殊情况，必须在支撑下串管铺设，人工、机械乘以系数 1.33。

③ 预应力（自应力）胶圈接口混凝土管道执行《江苏省市政工程计价定额》中的《第五册 给水工程》相应定额子目。

表 8.16 每座检查井所占长度

检查井规格/mm	扣除长度/m	检查井类型	所占长度/m
ϕ700	0.4	各种矩形井	1.0
ϕ1000	0.7	各种交汇井	1.20
ϕ1250	0.95	各种扇形井	1.0
ϕ1500	1.20	圆形跌水井	1.60
ϕ2000	1.70	矩形跌水井	1.70
ϕ2500	2.20	阶梯式跌水井	实际长度

(2) 混凝土排水管道接口 管道接口以接口的口数计算，按接口形式（平口、承插、套箍）、接口材料、管径不同，套用《第六册 排水工程》相应定额子目。

套用定额时，需注意以下问题。

① 在排水管道平（企）口接口定额中，膨胀水泥砂浆接口适用于 360°，其他接口均是管座 120°和 180°。若管座角度不同，按相应材质的接口做法，按管道接口调整表进行调整，即调整基数或材料乘以调整系数，调整系数如表 8.17 所示。

表 8.17 管道接口调整表

序号	项目名称	实做角度	调整基数或材料	调整系数
1	水泥砂浆抹带接口	90°	120°定额基价	1.330
2	水泥砂浆抹带接口	135°	120°定额基价	0.890
3	钢丝网水泥砂浆抹带接口	90°	120°定额基价	1.330
4	钢丝网水泥砂浆抹带接口	135°	120°定额基价	0.890
5	企口管膨胀水泥砂浆抹带接口	90°	定额中 1∶2 水泥砂浆	0.75
6	企口管膨胀水泥砂浆抹带接口	120°	定额中 1∶2 水泥砂浆	0.67
7	企口管膨胀水泥砂浆抹带接口	135°	定额中 1∶2 水泥砂浆	0.625
8	企口管膨胀水泥砂浆抹带接口	180°	定额中 1∶2 水泥砂浆	0.500
9	企口管石棉水泥接口	90°	定额中 1∶2 水泥砂浆	0.75
10	企口管石棉水泥接口	120°	定额中 1∶2 水泥砂浆	0.670
11	企口管石棉水泥接口	135°	定额中 1∶2 水泥砂浆	0.625
12	企口管石棉水泥接口	180°	定额中 1∶2 水泥砂浆	0.500

注：现浇混凝土套环、变形缝接口，通用于平口、企口。

② 定额中水泥砂浆抹带、钢丝网水泥砂浆抹带接口均不包括内抹口。如设计要求内抹口时，按抹口周长每 100m 增加水泥砂浆 $0.42m^3$、人工 9.22 工日计算。

(3) 垫层铺筑、基础浇筑和管座浇筑 《第六册 排水工程》将排水管道的基础分为定型基础和非定型基础两大类，定型基础是根据国家建筑标准图集《市政排水管道工程及附属设施》(06MS201) 编制的，如设计文件要求与本定额所采用的标准图集不同时，即为非定型基础，在编制工程量清单及计价时要注意区别。对定型混凝土管道基础，只要管径、接口形式、管座中心包角确定，其单位长度的砌筑工程量就一定，单位长度的造价也就一定。管道基础断面如图 8.21 所示。

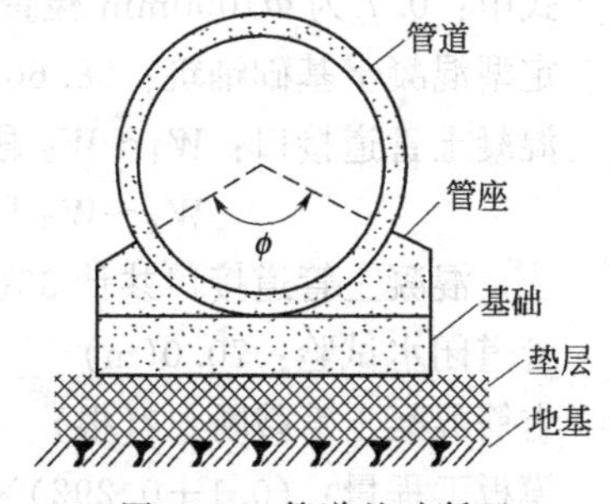

图 8.21 管道基础断面

定型混凝土排水管道基础以管道基础中心线扣除检查井所占长度后的延长米计算，按管径、管座中心包角不同套用《第六册 排水工程》相应定额子目。定额中已包括垫层铺筑、基础、管座浇筑的全部费用。若管座角度与标准图集不同，应作为非定型管道基础。每座检查井所占长度同表 8.16 所示。

非定型管道基础按部位分别计算垫层铺筑、基础浇筑和管座浇筑的体积。按垫层材料、基础的形式不同（平基、枕基）执行《第六册 排水工程》第三章"非定型井、渠、管道基础及砌筑"相应定额子目。

(4) 模板制作、安装、拆除 模板制作、安装、拆除按混凝土与模板接触面的面积计算。

(5) 检测及试验 管道闭水试验以管道实际闭水试验的长度计算，不扣各种井所占长度。按管径不同套用《第六册 排水工程》相应子目。

(6) 混凝土管截断 混凝土管截断是指混凝土管道安装时，两检查井之间需要的管长与实际管长不一致时，需将多余的管道截断去除。混凝土管截断以根为单位计算。

【例 8.9】 背景资料同【例 8.1】，请确定：

(1) 混凝土管道铺设清单工程量，并编制分部分项工程项目清单；

(2) 确定该清单项目的综合单价。

解 (1) 由【例 8.1】可知，管道平均埋深为：2.5＋0.4％×70/2＝2.64m

D500 混凝土管道铺设清单工程量为 70.0m。

分部分项工程项目清单见表 8.18。

表 8.18 分部分项工程和单价措施项目清单与计价定额

工程名称： 标段： 第 页 共 页

序号	项目编码	项目名称	项目特征描述	计量单位	工程数量	金额/元		
						综合单价	合价	其中：暂估价
1	04050100101	混凝土管	1. 垫层、基础材质及厚度：C15 混凝土条形基础，100mm 2. 管座材质：C15 混凝土，180° 3. 规格：D500mm×2000mm×42mm 4. 接口方式：平接式水泥砂浆接口 5. 铺设深度：2.64m 6. 管道检验及试验要求：闭水试验	m	70.0			

(2) 该混凝土条形基础是定型基础

管道铺设预算工程量：70－2×0.7＝68.6(m)

式中：0.7 为 Φ1000mm 检查井所占长度

定型混凝土基础铺筑：68.60(m)

混凝土管道接口：$W_1 \sim W_2$ 段 (30－0.7)/2－1＝13.65，取 14(个)

$W_2 \sim W_3$ 段 (40－0.7)/2－1＝18.65，取 19(个)

混凝土管道接口共计 33(个)

管道闭水试验：70.0(m)

有筋混凝土管截断：2(根)

模板工程量：(0.1＋0.292)×2×68.6＝26.89(m^2)

综合单价计算过程见表 8.19 所示。

表 8.19 分部分项工程项目清单综合单价计算表

工程名称： 计量单位：m

项目编码：040501001001 工程数量：70

项目名称：混凝土管 综合单价：256.89 元

序号	定额编号	工程内容	单位	数量	综合单价组成					小计
					人工费	材料费	机械费	管理费	利润	
1	6-15	D500 平接式混凝土管道基础：180°、C15 基础	100m	0.686	2532.82	4192.39	468.71	600.31	300.15	8094.37
2	6-134	D500 混凝土管道铺设：平接式	100m	0.686	556.78		251.64	161.68	80.84	1050.94

续表

序号	定额编号	工程内容	单位	数量	综合单价组成					小计
					人工费	材料费	机械费	管理费	利润	
3		材料:D500 钢筋混凝土管	m	69.286		6720.74				6720.74
4	6-240	水泥砂浆接口:180°、平接	10个口	3.400	211.85	52.16		42.37	21.18	327.56
5	6-343	管道闭水试验	100m	0.700	128.21	194.17		25.64	12.82	360.83
6	6-898	D500 有筋混凝土管截断	10 根	0.200	43.91			8.78	4.39	57.09
7	6-1521	混凝土带形基础模板	100m²	0.269	569.53	483.94	112.43	136.39	68.20	1370.49
		合计			4043.09	11643.39	832.78	975.17	487.59	17982.02

从该例可以看出：混凝土排水管道清单工程量和预算工程量并不相等，两者相差检查井所占的长度。

8.2.2.3 新旧管连接

(1) 停水作业新旧管连接　停水作业新旧管连接以新旧管连接的“处”数计算。按管材、连接方式、公称直径不同套用《江苏省市政工程计价定额》第五册相应子目。

新旧管连接处的阀门、与阀门相连的承（插）盘短管、法兰盘的安装费用均含在新旧管连接的定额内，不再计算，如图 8.22、图 8.23 所示。新旧管连接项目所指的管径是指新旧管中最大的管径。

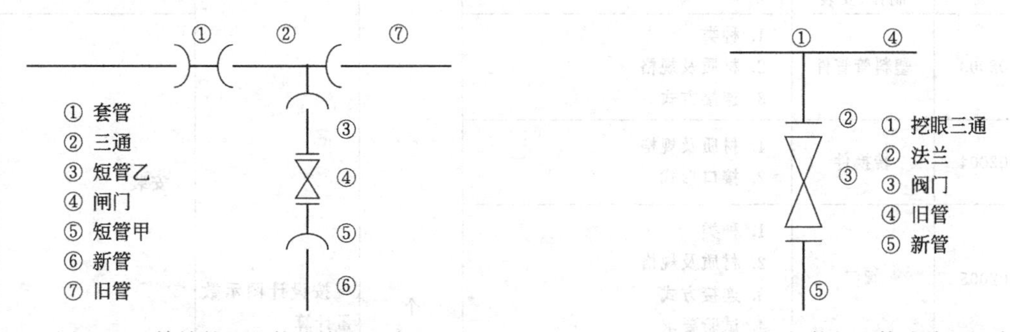

图 8.22　铸铁管新旧管连接（碰头）　　图 8.23　钢管新旧管连接（碰头）

(2) 分水栓安装　分水栓安装以分水栓安装的“个”数计算，按分水栓公称直径不同，套用《江苏省市政工程计价定额》中的《第五册　给水工程》相应子目。

(3) 马鞍卡子、二合三通安装　马鞍卡子、二合三通安装以安装的“个”数计算。按连接方式、主管公称直径不同，套用《江苏省市政工程计价定额》中的《第五册　给水工程》相应子目。

与马鞍卡子相连的阀门，如图 8.14 所示，应按照《市政工程工程量计算规范》附录表 E. 2 的规定编码列项，计价时执行《江苏省市政工程计价定额》中的“第七册　燃气与集中供热工程”第三章相应子目。

8.2.2.4 管道方沟

① 方沟垫层铺筑按不同垫层材料（毛石、碎石、碎砖、砾石、2∶8 灰土、3∶7 灰）、砖石料铺筑方法（灌浆或干铺），以垫层的体积计算。

② 方沟基础砌筑按不同基础材料，以平基的体积计算。

③ 墙身、拱盖砌筑：按不同砌筑材料以墙身、拱盖的砌体体积计算。

④ 勾缝按不同材质墙面、勾缝形式（平缝、凹缝、凸缝），以勾缝的面积计算。

⑤ 抹面按不同抹灰物面（墙面、底面、拱面）、物面材质，以抹灰的面积计算。

⑥ 现浇混凝土方沟：按不同部位（壁或顶），以方沟的混凝土体积计算。

上述内容套用《江苏省市政工程计价定额》中的《第六册 排水工程》第三章“非定型井、渠、管道基础及砌筑”的相应子目。

8.3 管件、阀门及附件安装

8.3.1 工程量清单项目

管件、阀门及附件安装工程量清单项目设置、项目特征描述的内容、计量单位及工程量计算规则，应按表《市政工程工程量计算规范》附录表 E.2 的规定执行。见表 8.20 所示。

表 8.20 E.2 管件、阀门及附件安装（编码：040502）

<table>
<tr><th>项目编码</th><th>项目名称</th><th>项目特征</th><th>计量单位</th><th>工程量计算规则</th><th>工作内容</th></tr>
<tr><td>040502001</td><td>铸铁管管件</td><td rowspan="2">1. 种类
2. 材质及规格
3. 接口形式</td><td rowspan="8">个</td><td rowspan="8">按设计图示数量计算</td><td>安装</td></tr>
<tr><td>040502002</td><td>钢管管件制作、安装</td><td>制作、安装</td></tr>
<tr><td>040502003</td><td>塑料管管件</td><td>1. 种类
2. 材质及规格
3. 连接方式</td><td rowspan="4">安装</td></tr>
<tr><td>040502004</td><td>转换件</td><td>1. 材质及规格
2. 接口形式</td></tr>
<tr><td>040502005</td><td>阀门</td><td>1. 种类
2. 材质及规格
3. 连接方式
4. 试验要求</td></tr>
<tr><td>040502006</td><td>法兰</td><td>1. 材质、规格、结构形式
2. 连接方式
3. 焊接方式
4. 垫片材质</td></tr>
<tr><td>040502007</td><td>盲堵板制作、安装</td><td>1. 材质及规格
2. 连接方式</td><td rowspan="2">制作、安装</td></tr>
<tr><td>040502008</td><td>套管制作、安装</td><td>1. 形式、材质及规格
2. 管内填料材质</td></tr>
</table>

续表

<table>
<tr><th>项目编码</th><th>项目名称</th><th>项目特征</th><th>计量单位</th><th>工程量计算规则</th><th>工作内容</th></tr>
<tr><td>040502009</td><td>水表</td><td>1. 规格
2. 安装方式</td><td rowspan="3">个</td><td rowspan="10">按设计图示数量计算</td><td rowspan="3">安装</td></tr>
<tr><td>040502010</td><td>消火栓</td><td>1. 规格
2. 安装部位、方式</td></tr>
<tr><td>040502011</td><td>补偿器
（波纹管）</td><td rowspan="2">1. 规格
2. 安装方式</td></tr>
<tr><td>040502012</td><td>除污器
组成、安装</td><td>套</td><td>组成、安装</td></tr>
<tr><td>040502013</td><td>凝水缸</td><td>1. 材料品种
2. 型号及规格
3. 连接方式</td><td rowspan="6">组</td><td>1. 制作
2. 安装</td></tr>
<tr><td>040502014</td><td>调压器</td><td rowspan="3">1. 规格
2. 型号
3. 连接方式</td><td rowspan="5">安装</td></tr>
<tr><td>040502015</td><td>过滤器</td></tr>
<tr><td>040502016</td><td>分离器</td></tr>
<tr><td>040502017</td><td>安全水封</td><td rowspan="2">规格</td></tr>
<tr><td>040502018</td><td>检漏
（水）管</td></tr>
</table>

注：040502013 项目的凝水井应按本规范附录 E.4 管道附属构筑物相关清单项目编码列项。

阀门型号规格的表示方法见第 4 章。

管件、阀门及附件安装工程量按设计图示数量计算。

8.3.2 综合单价确定

铸铁管件安装以“个”数计算，按铸铁管的公称直径、接口材料不同，套用相应定额子目。铸铁管件安装适用于铸铁三通、弯头、套管、乙字管、渐缩管、短管等成品管件。

承插式预应力混凝土转换件安装以“个”数计算，按预应力混凝土管道的公称直径不同，套用相应定额子目。

塑料管件安装以“个”数计算，按塑料管外径、连接方式（粘接或胶圈）不同，套用相应定额子目。

法兰式水表组成与安装（有旁通管有止回阀）安装以“组”数计算，按不同公称直径，套用《第五册　给水工程》第三章的相应子目。法兰式水表组成与安装是按《全国通用给水排水标准图集》编制的，如图 8.24 所示，法兰式水表组成与安装定额基价中已含 3 只法兰阀门、1 只法兰止回阀、旁通管及 7 副平焊法兰的安装费用，水表、阀门、止回阀的材料费用另计。若设计图纸上水表节点组成与此不符时，定额单价不做调整，阀门、水表的数量按

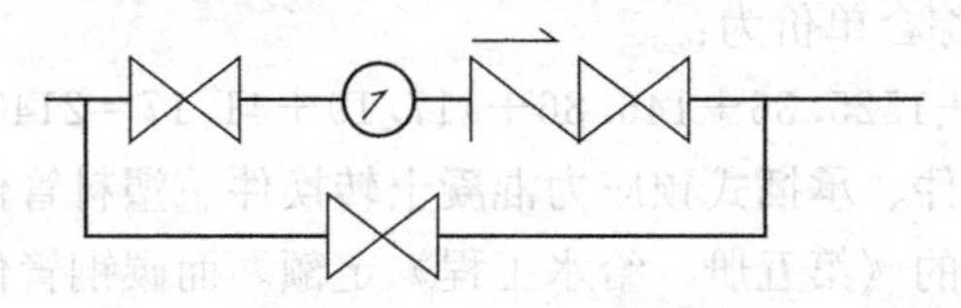

图 8.24　法兰水表组成

实计算。

【例 8.10】 某市政工程 D80 法兰水表节点的设计图示如图 8.25 所示，确定水表安装清单项目的综合单价。已知水表除税价格 230 元，DN80 闸阀除税单价 140.0 元，定额 5-399 如表 8.21 所示。工程类别三类，管理费率 37%，利润率 13%。

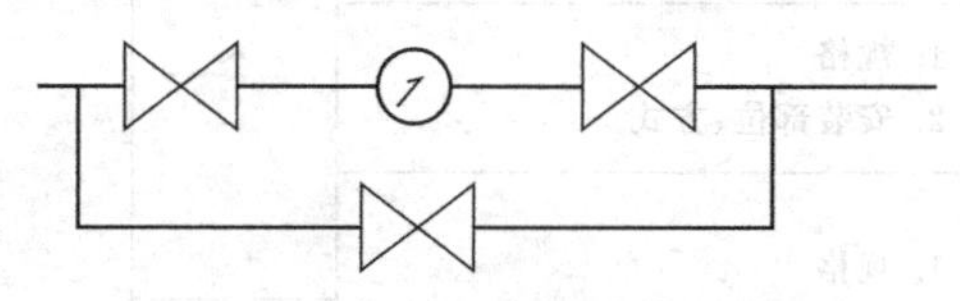

图 8.25 法兰水表节点组成

表 8.21 DN80 法兰水表组成与安装（有旁通管止回阀）

定额编号				5-399	
项目				公称直径 80mm	
综合基价/元				1497.30	
其中	人工费			316.72	
	材料费			875.36	
	机械费			146.86	
	管理费			117.19	
	利润			41.17	
	名称	单位	单价/元	数量	合价/元
人工	二类工	工日	74.0	4.280	316.72
材料	法兰水表 DN80	个		(1.0)	
	法兰闸阀 DN80	个		(3.0)	
	法兰止回阀 DN80	个		(1.0)	
	碳钢平焊法兰 1.6MPa DN80	片	44.68	14.000	625.52
	压制弯头 DN80	个	15.05	2.0	30.10
	焊接钢管 DN80	m	39.26	2.0	78.52
	其他材料费合计	元			141.22
机械	直流弧焊机	台班	83.53	1.730	144.51
	电焊条烘干箱	台班	13.56	0.173	2.35

解 人工费: 316.72 元

材料费: 875.36＋230＋3×140＝1525.36 元

机械费: 146.86 元

管理费: 117.19 元

利润: 41.17 元

DN80 法兰水表安装综合单价为：

$$316.72+1525.36+146.86+117.19+41.17=2147.30\text{ 元}$$

上述内容，即铸铁管件、承插式预应力混凝土转换件、塑料管件和水表安装套用《江苏省市政工程计价定额》中的《第五册 给水工程》定额。而碳钢管件的制作安装、阀门、法兰、盲（堵）板、除污器组成安装、补偿器安装则需套用《江苏省市政工程计价定额》中的

《第七册　燃气与集中供热工程》定额。

焊接弯头制作，以制作弯头的“个”数计算。按弯头角度（30°、45°、60°、90°）和规格（管外径×壁厚）不同套用定额。

异径管、三通板卷管制作，以钢板的“质量”计算。按规格不同套用《江苏省安装工程计价定额》中的《第八册　工业管道工程》第五章“板卷管制作与管件制作”中相应子目。

钢制成品管件安装以“个”数计算。按管件类别（弯头、三通、异径管）、规格（管外径×壁厚）不同套用定额。三通、异径管管径以大口径为准，挖眼接管定额中已综合考虑了加强筋的焊接费用。

钢塑转换件以“个”数计算。按管外径不同套用定额。

盲（堵）板以安装盲板的“个”数计算。按盲板公称直径不同套用定额。定额中一片盲板、一片平焊法兰及螺栓为未计价材料。

法兰焊接以法兰的“副”数计算。按法兰类型（平焊法兰、对焊法兰、绝缘法兰）、公称直径不同套用定额。法兰安装定额中已包括一个垫片的材料费，不包括连接用螺栓的费用，螺栓的费用需另计材料费。

阀门安装，以“个”数计算，按阀门公称直径不同套用定额。各种法兰、阀门安装定额中只包括一个垫片的材料费，不包括连接法兰用螺栓费，螺栓作为主材另计材料费。

焊接弯头制作、钢制成品管件安装、钢塑转换件、盲（堵）板安装、法兰焊接和阀门安装均套用《江苏省市政工程计价定额》中的《第七册　燃气与集中供热工程》相应子目。

【例 8.11】 市政给水工程，Z41T-10K DN300 闸阀 1 个，阀门除税单价为 1490 元，确定该清单项目的综合单价。已知工程类别为三类给水工程。

解　套用《江苏省市政工程计价定额》中的《第七册　燃气与集中供热工程》第三章“法兰阀门安装”子目。螺栓为未计价材料。综合单价计算表见表 8.22 所示。

表 8.22　分部分项工程项目清单综合单价计算表

工程名称：　　　　　　　　　　　　计量单位：个

项目编码：040502005001　　　　　　工程数量：1

项目名称：阀门　　　　　　　　　　综合单价：1705.01 元

序号	定额编号	工程内容	单位	数量	综合单价组成					小计
					人工费	材料费	机械费	管理费	利润	
1	7-655	法兰阀门安装	个	1.00	68.01	9.04	58.00	25.16	8.84	169.05
2		材料：Z41T-10K DN300 阀	个	1.00		1490.00			1491.00	
3		螺栓	kg	7.494		44.96				44.96
		合计			68.01	1499.04	58.00	25.16	8.84	1705.01

除污器组成安装以“组”数计算。按除污器公称直径、有无调温、调压装置不同，套用第七册第五章相应子目。

补偿器安装以补偿器的“个”数计算。按补偿器的类型（焊接套筒式、焊接法兰式波纹补偿器）、公称直径不同，套用第七册第五章的相应子目。

防水套管制作、安装以“个”数计算。按套管类型（刚性、柔性）、公称直径不同，套用《江苏省安装工程计价定额》中的《第八册　工业管道工程》第八章的相应子目。定额中的公称直径是指套管内穿过的介质管道的直径，而不是现场制作安装的套管实际直径。

消火栓安装以“套”计算，按不同规格、工作压力和覆土深度套用《江苏省安装工程计价定额》中的《第九册　消防工程》相应子目。定额中室外消火栓安装是指成套产品的安装，包括地上、地下式消火栓、法兰接管、弯管底座或消火栓三通。

8.4 支架制作及安装

8.4.1 工程量清单项目

支架制作及安装工程量清单项目设置、项目特征描述的内容、计量单位及工程量计算规则，应按《市政工程工程量计算规范》附录表 E.3 的规定执行。见表 8.23 所示。

表 8.23　E.3 支架制作及安装（编码：040503）

项目编码	项目名称	项目特征	计量单位	工程量计算规则	工作内容
040503001	砌筑支墩	1. 垫层材质、厚度 2. 混凝土强度等级 3. 砌筑材料、规格、强度等级 4. 砂浆强度等级、配合比	m^3	按设计图示尺寸以体积计算	1. 模板制作、安装、拆除 2. 混凝土拌和、运输、烧筑、养护 3. 砌筑 4. 勾缝、抹面
040503002	混凝土支墩	1. 垫层材质、厚度 2. 混凝土强度等级 3. 预制混凝土构件运距			1. 模板制作、安装、拆除 2. 混凝土拌和、运输、浇筑、养护 3. 预制混凝土支墩安装 4. 混凝土构件运输
040503003	金属支架制作、安装	1. 垫层、基础材质及厚度 2. 混凝土强度等级 3. 支架材质 4. 支架形式 5. 预埋件材质及规格	t	按设计图示质量计算	1. 模板制作、安装、拆除 2. 混凝土拌和、运输、浇筑、养护 3. 支架制作、安装
040503004	金属吊架制作、安装	1. 吊架形式 2. 吊架材质 3. 预埋件材质及规格			制作、安装

砌筑支墩、浇筑混凝土支墩按设计图示尺寸以体积计算。

金属支（吊）架制作、安装按设计图示质量计算。

金属支（吊）架的除锈、刷油及防腐工程，均按《通用安装工程工程量计算规范》附录 M 刷油、防腐蚀、绝热工程相关项目编码列项。

8.4.2 综合单价确定

8.4.2.1　*砌筑支墩*

① 模板制作、安装、拆除按现浇混凝土构件与模板接触面的面积计算。按构件的部位不同套用《第六册　排水工程》第 7 章“模板、钢筋、井字架”相应子目。

② 现浇混凝土工程量均以混凝土实体积计算，不扣除面积 0.3m^{2}以内的孔洞体积。

③ 砌筑工程量按砌体的体积计算。

④ 勾缝、抹面按面积计算。

垫层浇筑、砌筑、勾缝、抹面套用《第六册　排水工程》第 3 章“非定型井、渠、管道基础及砌筑”相应子目。

8.4.2.2 混凝土支墩浇筑

① 现浇混凝土构件模板制作、安装、拆除按现浇混凝土构件与模板接触面的面积计算；预制混凝土构件模板制安按构件的体积计算。

② 现浇混凝土支墩工程量以混凝土实体积计算，不扣钢筋、预埋件所占体积。管道支墩按单个支墩体积不同套用《第五册　给水工程》第 4 章“管道附属构筑物”相应子目。

③ 预制混凝土支墩、预制支墩的安装以混凝土实体积计算。套用《第六册　排水工程》第 5 章“给排水构筑物”相应子目。

8.4.2.3 金属支（吊）架制作、安装

① 模板制作、安装、拆除按现浇混凝土构件与模板接触面的面积计算。

② 现浇垫层、基础混凝土工程量以混凝土实体积计算，不扣钢筋、预埋件所占体积。

③ 金属支（吊）架制作安按设计图示质量计算，套用《江苏省市政工程计价定额》中的《第八册　路灯工程》第 7 章相应子目。

8.5 管道附属构筑物

8.5.1 工程量清单项目

管道附属构筑物工程量清单项目设置、项目特征描述的内容、计量单位及工程量计算规则，应按表《市政工程工程量计算规范》附录 E.4 的规定执行。见表 8.24 所示。

表 8.24　E.4 管道附属构筑物（编码：040504）

项目编码	项目名称	项目特征	计量单位	工程量计算规则	工作内容
040504001	砌筑井	1. 垫层、基础材质及厚度 2. 砌筑材料品种、规格、强度等级 3. 勾缝、抹面要求 4. 砂浆强度等级、配合比 5. 混凝土强度等级 6. 盖板材质、规格 7. 井盖、井圈材质及规格 8. 踏步材质、规格 9. 防渗、防水要求	座	按设计图示数量计算	1. 垫层铺筑 2. 模板制作、安装、拆除 3. 混凝土拌和、运输、浇筑、养护 4. 砌筑、勾缝、抹面 5. 井圈、井盖安装 6. 盖板安装 7. 踏步安装 8. 防水、止水

续表

项目编码	项目名称	项目特征	计量单位	工程量计算规则	工作内容
040504002	混凝土井	1. 垫层、基础材质及厚度 2 混凝土强度等级 3. 盖板材质、规格 4. 井盖、井圈材质及规格 5. 踏步材质、规格 6. 防渗、防水要求	座	按设计图示数量计算	1. 垫层铺筑 2. 模板制作、安装、拆除 3. 混凝土拌和、运输、浇筑、养护 4. 井圈、井盖安装 5. 盖板安装 6. 踏步安装 7. 防水、止水
040504003	塑料检查井	1. 垫层、基础材质及厚度 2. 检查井材质、规格 3. 井筒、井盖、井圈材质及规格			1. 垫层铺筑 2. 模板制作、安装、拆除 3. 混凝土拌和、运输、浇筑、养护 4. 检查井安装 5. 井筒、井圈、井盖安装
040504004	砖砌井筒	1. 井筒规格 2. 砌筑材料品种、规格 3. 砌筑、勾缝、抹面要求 4. 砂浆强度等级、配合比 5. 踏步材质、规格 6. 防渗、防水要求	m	按设计图示尺寸以延长米计算	1. 砌筑、勾缝、抹面 2. 踏步安装
040504005	预制混凝土井筒	1. 井筒规格 2. 踏步规格			运输 安装
040504006	砌体出水口	1. 垫层、基础材质及厚度 2. 砌筑材料品种、规格 3. 砌筑、勾缝、抹面要求 4. 砂浆强度等级及配合比	座	按设计图示数量计算	1. 垫层铺筑 2. 模板制作、安装、拆除 3. 混凝土拌和、运输、浇筑、养护 4. 砌筑、勾缝、抹面
040504007	混凝土出水口	1. 垫层、基础材质及厚度 2. 混凝土强度等级			1. 垫层铺筑 2. 模板制作、安装、拆除 3. 混凝土拌和、运输、浇筑、养护
040504008	整体化粪池	1. 材质 2. 型号、规格			安装
040504009	雨水口	1. 雨水箅子及圈口材质、型号、规格 2. 垫层、基础材质及厚度 3. 混凝土强度等级 4. 砌筑材料品种、规格 5. 砂浆强度等级及配合比			1. 垫层铺筑 2. 模板制作、安装、拆除 3. 混凝土拌和、运输、浇筑、养护 4. 砌筑、勾缝、抹面 5. 雨水箅子安装

注：管道附属构筑物为标准定型附属构筑物时，在项目特征中应标注标准图集编号及页码。

在编制给排水工程各类检查井的工程量清单时，除了描述《市政工程工程量计算规范》附录 E. 4 规定的项目特征外，还需描述下面几点。

(1) 各类井的类别　井的类别不同，井的结构也不一样，其造价也不相同。各类检查井类别包括：阀门井、水表井、消火栓井、排泥井、雨水检查井、污水检查井、跌水井、闸槽井。

(2) 井的形状及规格井深　井的规格是指井的平面尺寸和井深。井深是指井底基础以上至铸铁井盖顶面的距离。井径是指井的直径大小，不包括外砌的结构层和抹灰层，如图8.26所示。

(3) 标准图集编号及页码　若为国标（省标）图集中的各类定型检查井，则在项目特征中应标注标准图集编号及页码。

给水工程中各种定型井是指根据原《给水排水标准图集》S1和《国家建筑标准设计图集》(07MS101) 编制的各种阀门井、水表井、消火栓井、排泥井。排水工程中各种定型国标井根据国家建筑标准图集《市政排水管道工程及附属设施》(06MS201) 及《给水排水标准图集》编制的各种污水、雨水检查井，省标井是按《05系列江苏省工程建设标准设计图集》苏S01—2004编制各种污水雨水检查井。对定型井，井深、井径一定，该井的造价就一定。

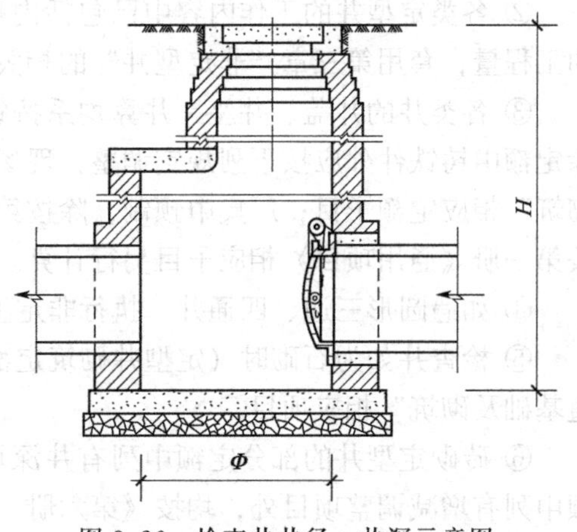

图8.26　检查井井径、井深示意图

各种检查井工程量按设计图示数量以“座”计算。

出水口工程量按设计图示数量以“处”计算。

井深大于1.5m时，砌筑检查井需搭设脚手架。脚手架搭拆作为措施项目应在措施项目清单中列项并计价。

8.5.2 综合单价确定

由于给水管道和排水管道上各类检查井的结构不同，套用的计价定额也不一样，现分别说明。

8.5.2.1　给水管道各类定型井

给水管道各类定型井：以砖砌各类井的“座”数计算。按井的类型（阀门井、水表井、消火栓井、排泥湿井)、型式（收口式或直筒式)、井内径或尺寸、井深不同，套用《江苏省市政工程计价定额》中的《第五册　给水工程》第四章“管道附属构筑物”的相应子目。

套用定额时需注意的问题如下。

① 给水管道各类定型井砌筑定额是按普通铸铁井盖、井座考虑的，如设计要求采用球墨铸铁井盖、井座，其材料价格可以换算，其他不变。

② 排气阀井，可套用阀门井的相应定额。

8.5.2.2　排水管道各类定型井

排水管道各类定型井：以砖砌各类井的“座”数计算。按井的类型、形状（收口式或直筒式)、井内径或尺寸、井深不同，套用《江苏省市政工程计价定额》中的《第六册　排水工程》第二章“定型井”的相应子目。

套用定额时需注意的问题如下。

① 由于全国各地地下水位深浅不一、施工方法不同，《给水排水标准图集》为适应全国通用，各种定型井均按无地下水考虑。若有地下水时，应按设计文件或实际处理情况另外计算垫层、基础增加的工程量（例如井基础增加10cm厚的碎石垫层等），套用第三章“非定型井、渠、管道基础及砌筑”相应子目。

② 各类定型井的工作内容中已包括内抹灰，如设计要求外抹灰时，可另外计算外抹灰的工程量，套用第三章“非定型井”的相关子目。

③ 各类井的井盖、井座、井箅均系按铸铁件考虑的，如采用钢筋混凝土预制件，除扣除定额中铸铁件外应按下列规定调整：现场预制，套用第三章“非定型井、渠、管道基础及砌筑”相应定额子目；厂集中预制，除按第三章相应子目执行外，其运至施工现场的运费可按第一册《通用项目》相应子目另行计算。

④ 如遇圆形三通、四通井，执行非定型井项目。

⑤ 检查井如为石砌时（定型井砌筑定额全部为砖砌），套用第三章“非定型井、渠、管道基础及砌筑”相应项目。

⑥ 砖砌定型井的部分定额中列有井深增减的子目，以适应井深高度的变化；除本章定额中列有增减调整项目外，均按《第六册 排水工程》定额第三章“非定型井、渠、管道基础及砌筑”中“检查井筒砌筑”子目进行调整。

⑦ 混凝土基础浇筑需计算模板工程的费用。

【例 8.12】 市政排水管道，Φ1000 定型砖砌圆形雨水检查井（收口式）3 座，平均深度 3.5m，定型井图号为 02S515-11，地下水位于地表以下 2.0m，设计文件要求增加 10cm 厚的碎石垫层，分部分项工程项目清单见表 8.25 所示，确定该清单项目的综合单价。

表 8.25 分部分项工程与单价措施项目清单与计价表

工程名称： 标段： 第 页 共 页

序号	项目编码	项目名称	项目特征描述	计量单位	工程数量	金额/元		
						综合单价	合价	其中：暂估价
1	040504001001	砌筑井	1. 垫层、基础材质及厚度：10cm 碎石垫层、C10 混凝土基础 12cm 2. 砌筑材料品种、规格、强度等级：M10 机砖 3. 勾缝、抹面要求：1∶2 防水水泥砂浆内外抹面 20mm 4. 砂浆强度等级、配合比：M7.5 水泥砂浆 5. 混凝土强度等级：C20 6. 井盖、井圈材质及规格：Φ700 铸铁 7. 踏步材质、规格：铸铁爬梯 8. 定型井名称、规格及图号：砖砌圆形雨水检查井（收口式）、Φ1000、井深 3.5m、图号 02S515-11	座	3			

解 直接套用定型雨水井相关子目。另加上 10cm 碎石垫层的费用。

由国标图集查得，井的基础直径 1580mm，C10 混凝土垫层 110mm。

每座井碎石垫层工程量：$\dfrac{1.58^2 \times 3.14}{4} \times 0.10 = 0.20(m^3)$

每座井模板：(0.10＋0.11)×3.14×1.58＝1.04(m^2)

综合单价计算过程见表8.26所示。

表8.26 分部分项工程项目清单综合单价计算表

工程名称： 计量单位：座

项目编码：040504001001 工程数量：3

项目名称：砌筑井 综合单价：2511.15元

序号	定额编号	工程内容	单位	数量	综合单价组成					小计
					人工费	材料费	机械费	管理费	利润	
1	6-457	砖砌圆形雨水井、Φ1000、井深3.0m	座	3.00	1678.54	4470.78	100.11	355.73	177.87	6783.03
2	6-915	检查井筒增高0.5m	座	3.00	177.82	260.25		35.56	17.78	491.42
3	6-783	碎石垫层	10m³	0.06	29.75	73.04	0.91	6.13	3.07	112.89
4	6-1520	基础模板	100m²	0.031	69.04	52.62	2.86	14.38	7.19	146.10
		合计			1955.15	4856.69	103.89	411.81	205.90	7533.44

8.5.2.3 非定型检查井

非定型检查井包括给水管道和排水管道上各式非定型井。

非定型检查井的砌筑包括非定型井垫层、基础、井身井筒的砌筑，井身抹灰，井盖的制作、安装等内容。

① 非定型井垫层、基础：按不同材料（毛石、碎石、碎砖、混凝土），以垫层的体积计算。

② 井身砖砌按不同井的形状，以砌体的体积计算。

③ 砖墙面勾缝按勾缝的面积计算。

④ 抹灰按不同抹灰部位（井内侧、井底、流槽），以抹灰的面积计算。

⑤ 检查井的井盖（算）、井座安装按其安装套数计算。

⑥ 踏步安装按安装的铁件质量计算。

⑦ 现浇混凝土构件模板制作、安装、拆除按现浇混凝土构件与模板接触面的面积计算。

上述非定型井砌筑套用《第六册 排水工程》第三章“非定型井、渠、管道基础及砌筑”的相应子目。

套用定额时需注意的问题如下。

① 定额中只计列了井内抹灰的内容，如井外壁需要抹灰，砖、石井均按井内侧抹灰项目人工乘以系数0.8，其他不变。

② 砖砌检查井的升高，执行检查井筒砌筑相应项目，减低则执行通用册拆除构筑物的相应项目。

【例8.13】 排水检查井1座，如图8.27所示，设计文件要求井底板为C10混凝土，井壁为M10水泥砂浆砌240厚标准砖，底板C20细石混凝土找坡，平均厚度30mm，壁内侧井底板粉1∶2防水砂浆20mm，排水管直径200mm，确定该砌筑检查井的综合单价。

解 先计算该非定型井的砌筑工程量

井深：1.3＋0.06＝1.36m

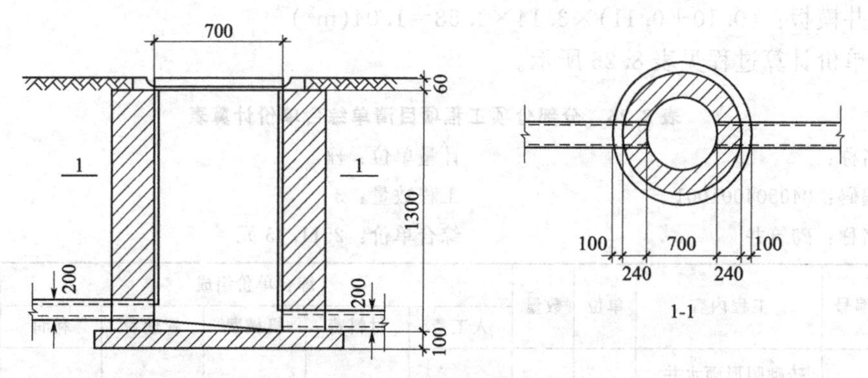

图 8.27 检查井尺寸

垫层体积：$(0.35+0.24+0.10)^2\times3.14\times0.1=0.15(m^3)$

井身砌筑：$0.24\times1.30\times3.14\times(0.70+0.24)=0.92(m^3)$

井底流槽：$0.35^2\times3.14\times0.03=0.012(m^3)$

井内侧抹灰：$0.7\times3.14\times(1.30-0.03)=2.79(m^2)$

井底抹灰：$0.35^2\times3.14=0.38(m^2)$

井盖井座：1个

模板：$(0.70+0.48+0.20)\times3.14\times0.1=0.43(m^2)$

综合单价计算过程见表 8.27 所示。

表 8.27 分部分项工程项目清单综合单价计算表

工程名称： 计量单位：座

项目编码：040504001001 工程数量：1

项目名称：砌筑井 综合单价：1150.97 元

序号	定额编号	工程内容	单位	数量	综合单价组成					小计
					人工费	材料费	机械费	管理费	利润	
1	6-785	混凝土垫层	$10m^3$	0.015	20.29	35.03	3.98	4.85	2.43	66.57
2	6-786	非定型井砌筑	$10m^3$	0.092	127.30	310.24	7.73	27.01	13.50	485.78
3	6-790	现浇混凝土流槽	$10m^3$	0.001	1.77	3.06	0.32	0.42	0.21	5.78
4	6-793	井内侧抹灰	$100m^2$	0.028	39.42	17.05	1.58	8.20	4.10	70.35
5	6-794	井底抹灰	$100m^2$	0.004	2.50	2.32	0.22	0.54	0.27	5.85
6	6-808	铸铁井盖、井座安装	10套	0.100	33.18	454.65		6.64	3.32	497.78
7	6-1520	混凝土基础模板	$100m^2$	0.004	8.91	6.79	0.37	1.86	0.93	18.85
		合计			233.37	829.15	14.19	49.51	24.76	1150.97

8.5.2.4 雨水管道出水口

雨水管道出水口以出水口的处数计算，按砌筑材料、出水口型式（一字式、八字式、门字式）、出水口规格、管径不同，套用《第六册 排水工程》第一章中“排水管道出水口”相应子目。

8.6 水处理构筑物

本节内容主要包括包括了给排水工程中的沉井、现浇钢筋混凝土水池、预制混凝土构件、折（壁）板、滤料铺设、防水工程、施工缝、井池渗漏试验等项目。

8.6.1 工程量清单项目

水处理构筑物工程量清单项目设置、项目特征描述的内容、计量单位及工程量计算规则，应按《市政工程工程量计算规范》附录表 F.1 的规定执行。见表 8.28 所示。

表 8.28　F.1 水处理构筑物（编码：040601）

<table>
<tr><th>项目编码</th><th>项目名称</th><th>项目特征</th><th>计量单位</th><th>工程量计算规则</th><th>工作内容</th></tr>
<tr><td>040601001</td><td>现浇混凝土沉井井壁及隔墙</td><td>1. 混凝土强度等级
2. 防水、抗渗要求
3. 断面尺寸</td><td rowspan="10">m^3</td><td>按设计图示尺寸以体积计算</td><td>1. 垫木铺设
2. 模板制作、安装、拆除
3. 混凝土拌和、运输、浇筑
4. 养护
5. 预留孔封口</td></tr>
<tr><td>040601002</td><td>沉井下沉</td><td>1. 土壤类别
2. 断面尺寸
3. 下沉深度
4. 减阻材料种类</td><td>按自然面标高至设计垫层底标高间的高度乘以沉井外壁最大断面面积以体积计算</td><td>1. 垫木拆除
2. 挖土
3. 沉井下沉
4. 填充减阻材料
5. 余方弃置</td></tr>
<tr><td>040601003</td><td>沉井混凝土底板</td><td>1. 混凝土强度等级
2. 防水、抗渗要求</td><td rowspan="8">按设计图示尺寸以体积计算</td><td rowspan="8">1. 模板制作、安装、拆除
2. 混凝土拌和、运输、浇筑
3. 养护</td></tr>
<tr><td>040601004</td><td>沉井内地下混凝土结构</td><td>1. 部位
2. 混凝土强度等级
3. 防水、抗渗要求</td></tr>
<tr><td>040601005</td><td>沉井混凝土顶板</td><td rowspan="6">1. 混凝土强度等级
2. 防水、抗渗要求</td></tr>
<tr><td>040601006</td><td>现浇混凝土池底</td></tr>
<tr><td>040601007</td><td>现浇混凝土池壁(隔墙)</td></tr>
<tr><td>040601008</td><td>现浇混凝土池柱</td></tr>
<tr><td>040601009</td><td>现浇混凝土池梁</td></tr>
<tr><td>040601010</td><td>现浇混凝土池盖板</td></tr>
</table>

续表

项目编码	项目名称	项目特征	计量单位	工程量计算规则	工作内容
040601011	现浇混凝土板	1. 名称、规格 2. 混凝土强度等级 3. 防水、抗渗要求	m^3	按设计图示尺寸以体积计算	1. 模板制作、安装、拆除 2. 混凝土拌和、运输、浇筑 3. 养护
040601012	池槽	1. 混凝土强度等级 2. 防水、抗渗要求 3. 池槽断面尺寸 4. 盖板材质	m	按设计图示尺寸以长度计算	1. 模板制作、安装、拆除 2. 混凝土拌和、运输、浇筑 3. 养护 4. 盖板安装 5. 其他材料铺设
040601013	砌筑导流壁、筒	1. 砌体材料、规格 2. 断面尺寸 3. 砌筑、勾缝、抹面砂浆强度等级	m^3	按设计图示尺寸以体积计算	1. 砌筑 2. 抹面 3. 勾缝
040601014	混凝土导流壁、筒	1. 混凝土强度等级 2. 防水、抗渗要求 3. 断面尺寸			1. 模板制作、安装、拆除 2. 混凝土拌和、运输、浇筑 3. 养护
040601015	混凝土楼梯	1. 结构形式 2. 底板厚度 3. 混凝土强度等级	1. m^2 2. m^3	1. 以 m^2 计量，按设计图示尺寸以水平投影面积计算 2. 以 m^3 计量，按设计图示尺寸以体积计算	1. 模板制作、安装、拆除 2. 混凝土拌和、运输、浇筑或预制 3. 养护 4. 楼梯安装
040601016	金属扶梯、栏杆	1. 材质 2. 规格 3. 防腐刷油材质、工艺要求	1. t 2. m	1. 以 t 计量，按设计图示尺寸以质量计算 2. 以 m 计量，按设计图示尺寸以长度计算	1. 制作、安装 2. 除锈、防腐、刷油
040601017	其他现浇混凝土构件	1. 构件名称、规格 2. 混凝土强度等级	m^3	按设计图示尺寸以体积计算	1. 模板制作、安装、拆除 2. 混凝土拌和、运输、浇筑 3. 养护
040601018	预制混凝土板	1. 图集、图纸名称 2. 构件代号、名称 3. 混凝土强度等级 4. 防水、抗渗要求			1. 模板制作、安装、拆除 2. 混凝土拌和、运输、浇筑 3. 养护 4. 构件安装 5. 接头灌浆 6. 砂浆制作 7. 运输
040601019	预制混凝土槽				
040601020	预制混凝土支墩				
040601021	其他预制混凝土构件	1. 部位 2. 图集、图纸名称 3. 构件代号、名称 4. 混凝土强度等级 5. 防水、抗渗要求			

续表

项目编码	项目名称	项目特征	计量单位	工程量计算规则	工作内容
040601022	滤板	1. 材质 2. 规格 3. 厚度 4. 部位	m^2	按设计图示尺寸以面积计算	1. 制作 2. 安装
040601023	折板				
040601024	壁板				
040601025	滤料铺设	1. 滤料品种 2. 滤料规格	m^3	按设计图示尺寸以体积计算	铺设
040601026	尼龙网板	1. 材料品种 2. 材料规格	m^2	按设计图示尺寸以面积计算	1. 制作 2. 安装
040601027	刚性防水	1. 工艺要求 2. 材料品种、规格			1. 配料 2. 铺筑
040601028	柔性防水				涂、贴、粘、刷防水材料
040601029	沉降（施工）缝	1. 材料品种 2. 沉降缝规格 3. 沉降缝部位	m	按设计图示尺寸以长度计算	铺、嵌沉降（施工）缝
040601030	井、池渗漏试验	构筑物名称	m^3	按设计图示储水尺寸以体积计算	渗漏试验

注：1. 沉井混凝土地梁工程量，应并入底板内计算。
2. 各类垫层应按本规范附录C桥涵工程相关编码列项。

其他现浇钢筋混凝土构件包括：中心支筒、支撑墩、稳流筒、异型构件。

从表8.28可以看出，水处理构筑物工程内容不包括各类垫层的铺筑、钢筋的绑扎。给排水构筑物的垫层应按《市政工程工程量计算规范》附录C桥涵工程相关编码列项，如表8.29所示，计算垫层铺筑的体积，计价时套用《第六册 排水工程》第三章“非定型井、渠、管道基础及砌筑”的相应子目，其中人工乘以系数0.87，其他不变。钢筋工程应按《市政工程工程量计算规范》附录J钢筋工程相关编码列项及计价。模板工程的费用已包括在相应的混凝土费用中。

表8.29 C.3现浇混凝土构件（编码：040303）

项目编码	项目名称	项目特征	计量单位	工程量计算规则	工作内容
040303001	混凝土垫层	混凝土强度等级	m^3	按设计图示尺寸以体积计算	1. 模板制作、安装、拆除 2. 混凝土拌和、运输、浇筑 3. 养护

现浇混凝土水池板、壁、墙、柱、梁、盖、导流壁（筒）及其他混凝土构件，预制混凝土构件均按设计图示尺寸以体积“m^3”计算。

池槽按设计图示尺寸以长度“m”计算。

金属扶梯、栏杆按设计图示尺寸以质量“t”计算。

滤板、折板、壁板按设计图示尺寸以面积“m^2”计算。

滤料铺设按设计图示尺寸以体积“m^3”计算。

尼龙网板、刚性防水、柔性防水按设计图示尺寸以面积“m^2”计算。

沉降（施工）缝按设计图示尺寸以长度“m”计算。

井、池渗漏试验按设计图示储水尺寸以体积“m^3”计算。

8.6.2 综合单价确定

8.6.2.1 沉井工程

（1）现浇混凝土沉井井壁和隔墙

① 垫木铺设按沉井刃脚中心线长度计算。

② 灌砂、砂垫层、混凝土垫层按灌砂或垫层的体积计算。

③ 沉井的井壁、隔墙浇筑均按不同结构厚度（50cm 以内、50cm 以外），以结构的混凝土体积计算。沉井井壁及墙壁的厚度不同如上薄下厚时，可按平均厚度计算。

（2）沉井下沉　按不同挖土方法（人工、机械）、土壤类别、井深，以沉井的体积计算。

（3）沉井混凝土底板　按不同结构厚度（50cm 以内、50cm 以外），以结构的混凝土体积计算。

（4）沉井内地下混凝土结构　地下结构包括刃角、地下结构梁、地下结构柱和地下结构平台。沉井的刃角、地下结构梁、柱、平台制作工程量，按其混凝土体积计算。

（5）沉井混凝土顶板　按其混凝土体积计算。

上述内容套用《江苏省市政工程计价定额》中的《第六册　排水工程》第五章“给排水构筑物”的相应子目。《江苏省市政工程计价定额》中沉井工程系按深度 12m 以内，陆上排水沉井考虑的。水中沉井、陆上水冲法沉井及离河岸边近的沉井，需要采取地基加固等特殊措施者，可执行《第四册　隧道工程》相应子目。沉井下沉项目中已考虑了沉井下沉的纠偏因素，但不包括重压助沉措施，若发生可另行计算。

8.6.2.2 现浇混凝土水池

《市政工程工程量计算规范》附录表 F.1 水处理构筑物中按现浇混凝土水池部位不同设置清单项目。现浇钢筋混凝土水池部位分为：池底、池壁（隔墙）、池柱、池梁、池盖、现浇混凝土板、池槽、导流筒（壁）、混凝土扶梯、其他现浇钢筋混凝土构件。

现浇混凝土水池浇筑工程量均以混凝土实体积计算，不扣除面积 $0.3m^2$ 以内的孔洞体积。按水池各部位不同，套用《第六册　排水工程》第五章“给排水构筑物”的相应子目。

（1）混凝土池底　现浇混凝土池底均按不同池底形状（平池底、锥坡池底、圆池底、方锥池底）、池底厚度，套用计价定额。平池底的体积应包括池壁下的扩大部分；池底带有斜坡时，斜坡部分应按坡底计算；锥形底应算到壁基梁底面，无壁基梁者算至锥底坡的上口。

（2）池壁（隔墙）　池壁（隔墙）按不同池壁形状（矩形、圆弧形）、池壁厚度，套用计价定额。对上薄下厚的壁，以平均厚度计算；池壁高度应自池底板面算至池盖下面。

池壁上可能附有池壁挑檐、牛腿、配水花墙、砖穿孔墙等。池壁挑檐是指在池壁上向外出檐作走道板用，池壁牛腿是指池壁上向内出檐以承托池盖用。池壁挑檐、池壁牛腿、配水花墙、砖穿孔墙工程量，均按其体积计算。

格型池池壁执行直型池壁相应项目，人工费乘以系数1.15。

(3) 池柱　池柱根据其形状可分为无梁盖柱、矩形柱、圆形柱。无梁盖柱的柱高，应自池底上表面算至池盖的下表面，并包括柱座、柱帽的体积。

现浇钢筋混凝土池壁有附壁柱时，附壁柱按相应柱定额执行，其中人工定额乘以系数1.05，其他不变。

(4) 梁　梁分为连续梁、单梁、悬臂梁、异形环梁。其中井字梁、框架梁均执行连续梁项目。

(5) 池盖　池盖根据形状可分为肋形盖、无梁盖、锥形盖、球形盖。无梁盖应包括与池壁相连的扩大部分的体积；肋形盖应包括主、次梁及盖部分的体积；球形盖应自池壁顶面以上，包括边侧梁的体积在内。

各类池盖中与盖相连的结构工程量，合并在池盖中计算。

池盖定额中不包括进人孔的安装，进人孔的安装按《安装工程计价定额》相应项目执行。

现浇钢筋混凝土池盖、柱、梁、池壁是按地面以上3.6m以内考虑的，如超过3.6m时，定额基价应作调整，方法如下。

① 采用卷扬机施工的：每$10m^3$混凝土增加卷扬机机械费和人工费，如表8.30所示。

表8.30　卷扬机台班和人工工日增加数

序号	项目名称	增加人工工日	增加卷扬机(带塔)
1	池壁、隔墙	8.7	0.59
2	柱、梁	6.1	0.39
3	池盖	6.1	0.39

② 采用塔式起重机施工时，每$10m^3$混凝土增加塔式起重机台班，按相应项目中搅拌机台班用量的50%计算。

(6) 现浇混凝土板　现浇混凝土板分为平板、走道板、悬空板、挡水板，按板的类型及厚度套用定额。

(7) 池槽　池槽断面形式有悬空V、U形集水槽、悬空L形槽、池底暗渠、落泥斗、槽、沉淀池水槽、下药溶解槽、澄清池反应筒壁。沉淀池水槽系指池壁上的环形水槽及纵横U形水槽，但不包括与水槽相连接的矩形梁，矩形梁可执行梁的相应项目。

集水槽如需留孔时，按每10个孔增加0.5个工日计；悬空落泥斗按落泥斗相应子目人工乘以系数1.4，其余不变。

(8) 导流筒、壁砌筑或浇筑　导流筒、壁按其不同厚度、不同材质套用定额。

(9) 混凝土扶梯

① 现浇混凝土扶梯　现浇混凝土扶梯按其混凝土的体积计算，套用《第六册　排水工程》第五章中“其他现浇钢筋混凝土构件”的“异型构件”子目。

② 预制混凝土扶梯及安装　预制混凝土扶梯及安装按其混凝土体积计算，套用《第六册　排水工程》第五章中“预制钢筋混凝土构件”中的“异型构件制作”和“异型构件安装”子目。

(10) 其他现浇钢筋混凝土构件　其他现浇钢筋混凝土构件包括中心支筒、支撑墩、稳流筒、异型构件。按其类别套用《第六册　排水工程》第五章中“其他现浇钢筋混凝土构件”子目。

8.6.2.3　金属扶梯、栏杆

(1) 金属扶梯、栏杆制作安装　金属扶梯、栏杆制作安装按设计图示尺寸规格计算其质量，套用《江苏省安装工程计价定额》中的《第三册　静置设备与工艺金属结构制作安装工程》相应子目。

(2) 金属扶梯除锈、刷油　金属扶梯除锈、刷油按设计图示尺寸规格计算其质量，套用《江苏省市政工程计价定额》中的《第三册　桥涵工程》第十章“装饰工程”中“油漆”相应子目。

8.6.2.4　预制混凝土构件

预制混凝土构件包括预制混凝土板、混凝土槽、混凝土支墩和其他预制混凝土构件四个清单项目。预制钢筋混凝土构件制作、安装，均以混凝土实体积计算，不扣除面积 $0.3m^2$ 以内的孔洞体积。按预制钢筋混凝土构件的名称不同，套用《第六册　排水工程》第五章“给排水构筑物”的相应子目。

预制混凝土板包括钢筋混凝土穿孔板、稳流板、井池内壁板、挡水板、导流隔板。预制混凝土槽包括集水槽、辐射槽。

预制混凝土板、槽、支墩和异型构件制作安装定额中已包括构件场内运输和养生的费用。套用定额时，除支墩安装执行相应子目外，其他预制混凝土构件安装均套用“异型构件安装”的子目。

8.6.2.5　其他工程

(1) 滤板　钢筋混凝土滤板制作按不同滤板厚度（6cm 以内、6cm 以外），以滤板的混凝土体积计算。混凝土滤板、铸铁滤板安装按滤板的面积计算。

(2) 折板　折板安装按不同折板材质（玻璃钢、塑料）、型式，以折板的展开面积计算。

(3) 壁板　浓缩室壁板、稳流板制作安装按材质（木制、塑料）不同以壁板的面积计算。

(4) 滤料铺设　滤料铺设按不同滤料品种（细砂、中砂、石英砂、卵石、碎石、锰砂、磁体矿石），按设计要求的铺设面积乘以铺设厚度以体积计算，其中锰砂、磁铁矿石滤料工程量按其重量计算。

(5) 尼龙网板　尼龙网板制作安装按网板的面积计算。

(6) 刚性防水和柔性防水　防水工程按不同防水层材料（防水砂浆、五层防水、涂沥青、油毡防水、苯乙烯涂料），防水部位、防水层层次，以防水层的面积计算，不扣除 $0.3m^2$ 以内孔洞所占面积。

(7) 沉降缝　各种材质的施工缝填缝及盖缝均不分断面尺寸按设计施工缝的长度计算。

(8) 井、池渗漏试验　容量在 $500m^3$ 以内的为井。井、池渗漏试验按试验用水的体积计算。

以上内容套用《江苏省市政工程计价定额》中的《第六册　排水工程》第五章“给排水构筑物”的相应子目。

8.7 水处理专用设备

市政给排水工程中的设备可分为水处理专用设备和通用机械设备。本节先介绍水处理专用设备制作安装工程量清单计价。

8.7.1 工程量清单项目

水处理专用设备工程量清单项目设置、项目特征描述的内容、计量单位及工程量计算规则，应按《市政工程工程量计算规范》附录 F.2 的规定执行。见表 8.31 所示。

格栅制作安装按设计图示尺寸以质量“t”计算。

各式专用设备安装按设计图示数量以“台”“套”“个”计算。

布气管制作安装按设计图示以长度“m”计算。

闸门、旋转门、堰门、拍门、升杆式铸铁泥阀、平底盖闸制作安装按设计图示数量以“座”计算。

集水槽、堰板、斜板制作安装按设计图示尺寸以面积“m^2”计算。

斜管安装按设计图示以长度“m”计算。

表 8.31 F.2 水处理设备（编号：040602）

项目编码	项目名称	项目特征	计量单位	工程量计算规则	工作内容
040602001	格栅	1. 材质 2. 防腐材料 3. 规格	1. t 2. 套	1. 以吨计量，按设计图示尺寸以质量计算 2. 以套计量，按设计图示数量计算	1. 制作 2. 防腐 3. 安装
040602002	格栅除污机	1. 类型 2. 材质 3. 规格、型号 4. 参数	台	按设计图示数量计算	1. 安装 2. 无负荷试运转
040602003	滤网清污机				
040602004	压榨机				
040602005	刮砂机				
040602006	吸砂机				
040602007	刮泥机				
040602008	吸泥机				
040602009	刮吸泥机	1. 类型 2. 材质 3. 规格、型号 4. 参数		按设计图示数量计算	1. 安装 2. 无负荷试运转
040602010	撇渣机				
040602011	砂(泥)水分离器				
040602012	曝气机				
040602013	曝气器		个		
040602014	布气管	1. 材质 2. 直径	m	按设计图示以长度计算	1. 钻孔 2. 安装

续表

项目编码	项目名称	项目特征	计量单位	工程量计算规则	工作内容
040602015	滗水器	1. 类型 2. 材质 3. 规格、型号 4. 参数	套	按设计图示数量计算	1. 安装 2. 无负荷试运转
040602016	生物转盘				
040602017	搅拌机		台		
040602018	推进器				
040602019	加药设备	1. 类型 2. 材质 3. 规格、型号 4. 参数	套		
040602020	加氯机				
040602021	氯吸收装置				
040602022	水射器	1. 材质 2. 公称直径	个		
040602023	管式混合器				
040602024	冲洗装置	1. 类型 2. 材质 3. 规格、型号 4. 参数	套		
040602025	带式压滤机		台		
040602026	污泥脱水机				
040602027	污泥浓缩机				
040602028	污泥浓缩脱水一体机				
040602029	污泥输送机				
040602030	污泥切割机				
040602031	闸门	1. 类型 2. 材质 3. 形式 4. 规格、型号	1. 座 2. t	1. 以座计量，按设计图示数量计算 2. 以吨计量，按设计图示尺寸以质量计算	1. 安装 2. 操纵装置安装 3. 调试
040602032	旋转门				
040602033	堰门				
040602034	拍门				
040602035	启闭机	1. 类型 2. 材质 3. 形式 4. 规格、型号	台	按设计图示数量计算	1. 安装 2. 操纵装置安装 3. 调试
040602036	升杆式铸铁泥阀	公称直径	座		
040602037	平底盖闸				
040602038	集水槽	1. 材质 2. 厚度 3. 形式 4. 防腐材料	m^2	按设计图示尺寸以面积计算	1. 制作 2. 安装
040602039	堰板				
040602040	斜板	1. 材料品种 2. 厚度			安装
040602041	斜管	1. 斜管材料品种 2. 斜管规格	m	按设计图示以长度计算	

续表

项目编码	项目名称	项目特征	计量单位	工程量计算规则	工作内容
040602042	紫外线消毒设备	1. 类型 2. 材质 3. 规格、型号 4. 参数	套	按设计图示数量计算	1. 安装 2. 无负荷试运转
040602043	臭氧消毒设备				
040602044	除臭设备				
040602045	膜处理设备				
040602046	在线水质检测设备				

8.7.2 综合单价确定

8.7.2.1 拦污设备

(1) 格栅　格栅制作、安装区分不同材质、规格，按格栅的重量以“t”为计量单位计算。

(2) 格栅除污机　格栅除污机安装区分不同安装型式（固定式、移动式）、规格，以“台”为计量单位计算。

(3) 滤网清污机　滤网清污机安装区分不同清污机重量，以“台”为计量单位计算。

8.7.2.2 投药、消毒处理设备

① 加氯机安装区分不同型式（立式、挂式），以“套”为计量单位计算。

② 水射器安装区分不同公称直径，以“个”为计量单位计算。

③ 管式混合器安装按不同公称直径，以“个”为计量单位计算。

④ 搅拌机安装按不同安装型式（立式、卧式）、单体重量，以搅拌机安装的台数计算。

8.7.2.3 水处理设备

① 曝气器安装按不同型式（抽桶曝气器、螺旋曝气器、曝气头、滤帽），以其个数计算。

② 布气管安装按不同材质（碳钢、塑料、不锈钢）、公称直径，以布气管安装的长度计算。

布气管与工艺管道的划分以闸阀为界，布气管的安装包括钻孔。

③ 曝气机安装按不同型式（表面曝气机、转刷曝气机）、单体重量，以曝气机安装的台数计算。

④ 生物转盘安装按不同单体重量，以生物转盘安装的台数计算。

8.7.2.4 排泥、撇渣和除砂机械

① 各式吸泥机安装按不同型式、吸泥机跨度或池径，以安装的台数计算。

② 刮泥机安装按不同型式、池宽或池径，以安装的台数计算。

③ 撇渣机安装按不同池宽，以安装的台数计算。

8.7.2.5 污泥脱水机械

脱水机械安装按不同型式、直径或重量，以安装的台数计算。

8.7.2.6 闸门及驱动装置

① 各式闸门安装按不同材质（铸铁、钢制）、形式、规格，以闸门安装的座数计算。

② 旋转门安装按不同旋转门的长度和宽度，以旋转门安装的座数计算。

③ 堰门安装：按不同材质（铸铁、钢制）、规格，以堰门安装的座数计算。

④ 升杆式铸铁泥阀安装按不同公称直径，以铸铁泥阀安装的座数计算。

⑤ 平底盖闸安装：按不同公称直径，以平底盖闸安装的座数计算。

⑥ 启闭机械安装：按不同启闭方式（手摇式、手轮式、手电两用、气动），以启闭机械安装的台数计算。

8.7.2.7 其他

(1) 集水槽　集水槽制作、安装区分不同材质（碳钢、不锈钢）、钢板厚度，按集水槽的设计断面尺寸乘以长度以面积计算。断面尺寸应包括需要折边的长度，不扣除出水孔所占面积。

(2) 堰板　齿形堰板制作、安装区分不同材质（碳钢、不锈钢）、钢板厚度，按堰板的设计宽度乘以长度以面积计算，不扣除齿型间隔空隙所占面积。

(3) 斜板安装　按斜板的面积计算。

(4) 斜管安装　按斜管的长度“m”计算。

以上工程除已有说明外，均套用《江苏省市政工程计价定额》中的《第六册　排水工程》第六章“给排水机械设备安装”相应子目。

《第六册　排水工程》第六章“给排水机械设备安装”适用于给水厂、排水泵站及污水处理厂新建、扩建项目的专用设备安装。本章定额是按国内大多数施工企业普遍采用的施工方法、机械化程度和合理的劳动组织编制的，除另有说明外，均不得因上述因素有差异而对定额进行调整或换算。套用定额时需注意的问题如下。

① 曝气机以带有公共底座考虑，如无公共底座时，定额基价乘以系数 1.30。如需制作安装钢制支承平台时，应另计。

② 布气管与工艺管道的划分以闸阀为界，布气管的安装包括钻孔。布气管的分管若为塑料管成品件，需粘接或焊接时，可按相应规格项目的定额基价分别乘以系数 1.2 和 1.3。

③ 吸泥机以虹吸式为准，如采用泵吸式，定额基价乘以系数 1.3。

④ 集水槽制作项目中已包括钻孔或铣孔的用工和机械；碳钢集水槽制作和安装中已包括刷一遍防锈漆二遍调和漆的人工和材料，不得再计算除锈刷油费用。若油漆种类不同，油漆的单价可以换算，其他不变。

⑤ 碳钢、不锈钢矩形堰执行齿型堰相应项目，但人工乘以系数 0.6，其他不变。

⑥ 金属堰板安装项目是按碳钢考虑的，不锈钢堰板安装按金属堰板安装相应项目基价乘以系数 1.2，主材另计，其他不变。碳钢、不锈钢矩形堰执行齿形堰板相应项目，人工乘

以系数 0.6，其他不变。

⑦ 穿孔管钻孔项目适用于水厂的穿孔配水管、穿孔排泥管等各种材质管的钻孔；穿孔管的对接、安装应另按有关项目计算。

⑧ 斜管、斜板安装定额是按成品考虑的，不包括斜管、斜板的加工制作费用。

⑨ 本章设备的安装是按无外围护条件下施工考虑的，如在有外围护的施工条件下施工，定额人工及机械乘以系数 1.15，其他不变。

【例 8.14】 DT-1000 型带式压滤机 2 台，每台设备重 4.5t，该清单项目的综合单价计算过程见表 8.32 所示。

表 8.32 分部分项工程项目清单综合单价计算表

工程名称： 计量单位：台

项目编码：040602025001 工程数量：2

项目名称：带式压滤机 综合单价：5114.72 元

序号	定额编号	工程内容	单位	数量	综合单价组成					小计
					人工费	材料费	机械费	管理费	利润	
1	6-1408	带式压滤机设备重量 6t 以下	台	2.00	6272.98	706.60	113.36	2321.00	815.49	10229.43
		合计			6272.98	706.60	113.36	2321.00	815.49	10229.43

【例 8.15】 某城市自来水厂，δ6mm 不锈钢集水槽，共 3 根，断面尺寸如图 8.28 所示，每根长 20m，编制集水槽制作的分部分项工程量清单，并确定该清单项目的综合单价。

解 工程数量：$(0.4+0.5\times2)\times60=84.0\text{m}^2$

分部分项工程量清单见表 8.33 所示；

综合单价计算过程见表 8.34 所示。

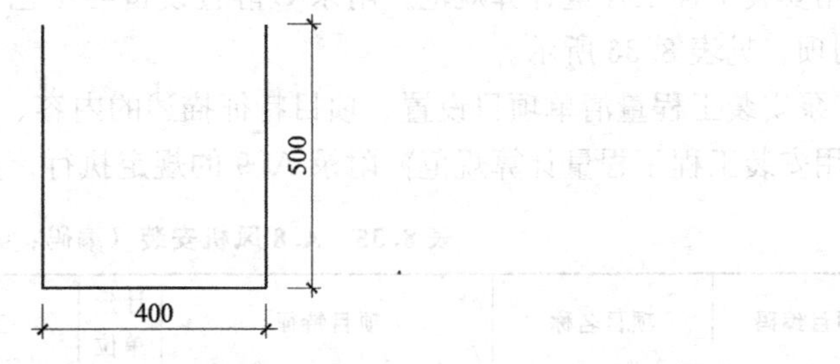

图 8.28 集水槽断面尺寸

表 8.33 分部分项工程项目与单价措施项目清单与计价表

工程名称： 标段： 第 页 共 页

序号	项目编码	项目名称	项目特征描述	计量单位	工程数量	金额/元		
						综合单价	合价	其中：暂估价
1	040606038001	集水槽	1. 材质：不锈钢 2. 厚度：δ6m	m^2	84.0			

表 8.34 分部分项工程项目清单综合单价计算表

工程名称： 计量单位：m^2

项目编码：040606038001 工程数量：84

项目名称：集水槽 综合单价：1146.94 元

序号	定额编号	工程内容	单位	数量	综合单价组成					小计
					人工费	材料费	机械费	管理费	利润	
1	6-1479	集水槽制作：δ6mm 不锈钢	10m^2	8.40	8113.12	2314.87	2967.72	3001.86	1054.71	17452.28
2		材料：δ6mm 不锈钢	kg	4140.36		74526.48				74526.48
3	6-1485	集水槽安装	10m^2	8.40	756.49	2082.53	1147.36	279.90	98.34	4364.61
		合计			8869.61	78923.88	4115.08	3281.76	1153.05	96343.37

8.8 通用设备安装

给排水工程中常用的通用设备主要包括各种水泵和风机。通用设备安装按现行国家标准《通用安装工程工程量计算规范》GB 50856 中相关项目编码列项。

8.8.1 工程量清单项目

风机安装工程量清单项目设置、项目特征描述的内容、计量单位及工程量计算规则，应按《通用安装工程工程量计算规范》附录 A.8 的规定执行，见表 8.35 所示。

直联式风机的质量包括本体及电动机、底座的总质量。风机支架若为型钢支架，应按《通用安装工程工程量计算规范》附录 C 静置设备与工艺金属结构制作安装工程相关项目编码列项，见表 8.36 所示。

泵安装工程量清单项目设置、项目特征描述的内容、计量单位及工程量计算规则，应按《通用安装工程工程量计算规范》附录 A.9 的规定执行，见表 8.37 所示。

表 8.35 A.8 风机安装（编码：030108）

项目编码	项目名称	项目特征	计量单位	工程量计算规则	工作内容
030108001	离心式通风机	1. 名称 2. 型号 3. 规格 4. 质量 5. 材质 6. 减振底座形式、数量 7. 灌浆配合比 8. 单机试运转要求	台	按设计图示数量计算	1. 本体安装 2. 拆装检查 3. 减振台座制作、安装 4. 二次灌浆 5. 单机试运转 6. 补刷(喷)油漆
030108002	离心式引风机				
030108003	轴流通风机				
030108004	回转式鼓风机				
030108005	离心式鼓风机				
030108006	其他风机				

注：1. 直联式风机的质量包括本体及电动机、底座的总质量。

2. 风机支架应按本规范附录 C 静置设备与工艺金属结构制作安装工程相关项目编码列项。

表 8.36 C.7 工业金属结构制作安装（编码：030307）

项目编码	项目名称	项目特征	计量单位	工程量计算规则	工作内容
030307005	设备支架制作安装	1. 名称 2. 材质 3. 支架每组质量	t	按设计图示尺寸以质量计算	制作、安装

表 8.37 A.9 泵安装（编码：030109）

项目编码	项目名称	项目特征	计量单位	工程量计算规则	工作内容
030109001	离心式泵	1. 名称 2. 型号 3. 规格 4. 质量 5. 材质 6. 减振装置形式、数量 7. 灌浆配合比 8. 单机试运转要求	台	按设计图示数量计算	1. 本体安装 2. 泵拆装检查 3. 电动机安装 4. 二次灌装 5. 单机试运转 6. 补刷(喷)油漆
030109002	旋涡栗				
030109003	电动往复泵				
030109004	柱塞泵				
030109005	蒸汽往复泵				
030109006	计量泵				
030109007	螺杆泵				
030109008	齿轮油泵				
030109009	真空泵				
030109010	屏蔽泵				
030109011	潜水泵				
030109012	其他泵				

注：直联式泵的质量包括本体、电动机及底座的总质量；非直联式的不包括电动机质量；深井泵的质量包括本体、电动机、底座及设备扬水管的总质量。

工程量计算规则：按设计图示数量以“台”计。

在计算直联式泵、直联式风机的质量时，应包括本体、电机及底座的质量；非直联式的风机和泵，以本体和底座的总重量计算，不包括电动机重量；深井泵的质量包括本体、电动机、底座及设备扬水管的总质量。

8.8.2 综合单价的确定

① 各式风机、泵安装以“台”为单位计量，按设备类别和重量不同套用《江苏省安装工程计价定额》中的《第一册 机械设备安装工程》相应定额子目。

计算设备重量时，直联式风机、泵，以本体及电机、底座的总重量计算；非直联式的风机和泵，以本体和底座的总重量计算，不包括电动机重量；深井泵的设备重量以本体、电动机、底座及设备水管的总重量计算。

若为水处理工程中的螺旋泵，应套用《江苏省市政工程计价定额》中的《第六册 排水工程》第六章“给排水机械设备安装”相应子目。

② 各式风机、泵拆装检查，以“台”为单位计量，按设备类别和重量不同套用《第一册 机械设备安装工程》相应定额子目。凡施工技术验收规范或技术资料规定，在实际施工中进行拆装检查的，可计算该费用。

《江苏省安装工程计价定额》第一册中各种设备，凡是有关施工及验收规范中规定需要灌浆的项目，定额中均已包括该项费用，因此二次灌浆的费用不需再计算。至于本册定额第十四章中的灌浆定额，系供《江苏省安装工程计价定额》其他各册中需要套用灌浆定额的有关项目使用的，有的工程不做灌浆，也可按本册定额扣除灌浆的相关费用。

施工过程中，下列费用实际发生了，可按下列方法计算，并计入到清单项目的综合单价中。

① 超高费　设备底座的安装标高，如超过地平面正或负 10m 时，定额的人工费和机械费按表 8.38 规定乘以调整系数。

表 8.38　安装标高超高调整系数

设备底座正或负标高(m 以内)	调整系数
15	1.25
20	1.35
25	1.45
30	1.55
40	1.70
超过 40	1.90

② 安装与生产同时进行增加的费用，按人工费的 10%计算，全部计为人工费。

③ 在有害身体健康的环境中施工增加的费用，按人工费的 10%计算，全部计为人工费。

④ 金属桅杆及人字架等一般起重机具的摊销费，按所安装设备的净重量，以每吨 12 元计取。

【例 8.16】 曝气池用 2 台罗茨鼓风机，型号 D36×60，重量 1.52t，该清单项目的综合单价计算过程见表 8.39 所示。罗茨鼓风机属回转式鼓风机。

表 8.39　分部分项工程项目清单综合单价计算表

工程名称：　　　　　　　　　　　　计量单位：台

项目编码：030108004001　　　　　　工程数量：2

项目名称：回转式鼓风机　　　　　　综合单价：3996.14 元

序号	定额编号	工程内容	单位	数量	综合单价组成					小计
					人工费	材料费	机械费	管理费	利润	
1	1-704	罗茨鼓风机	台	2.00	3131.68	619.60	245.74	1252.67	438.44	5688.13
2	1-763	罗茨鼓风机拆装检查	台	2.00	1358.64	175.36		543.46	190.21	2267.67
3		一般起重机具摊销费	吨	3.04		36.48				36.48
		合计			4490.32	831.44	245.74	1796.13	628.64	7992.27

8.9 钢筋工程

8.9.1 工程量清单项目

钢筋工程工程量清单项目设置、项目特征描述的内容、计量单位及工程量计算规则，应按《市政工程工程量计算规范》附录 J.1 的规定执行，如表 8.40 所示。

表 8.40 J.1 钢筋工程（编码：040901）

<table>
<tr><th>项目编码</th><th>项目名称</th><th>项目特征</th><th>计量单位</th><th>工程量计算规则</th><th>工作内容</th></tr>
<tr><td>040901001</td><td>现浇构件钢筋</td><td rowspan="4">1. 钢筋种类
2. 钢筋规格</td><td rowspan="7">t</td><td rowspan="7">按设计图示尺寸以质量计算</td><td rowspan="4">1. 制作
2. 运输
3. 安装</td></tr>
<tr><td>040901002</td><td>预制构件钢筋</td></tr>
<tr><td>040901003</td><td>钢筋网片</td></tr>
<tr><td>040901004</td><td>钢筋笼</td></tr>
<tr><td>040901005</td><td>先张法预应力钢筋(钢丝、钢绞线)</td><td>1. 部位
2. 预应力筋种类
3. 预应力筋规格</td><td>1. 张拉台座制作、安装、拆除
2. 预应力筋制作、张拉</td></tr>
<tr><td>040901006</td><td>后张法预应力钢筋(钢丝束、钢绞线)</td><td>1. 部位
2. 预应力筋种类
3. 预应力筋规格
4. 锚具种类、规格
5. 砂浆强度等级
6. 压浆管材质、规格</td><td>1. 预应力筋孔道制作、安装
2. 锚具安装
3. 预应力筋制作、张拉
4. 安装压浆管道
5. 孔道压浆</td></tr>
<tr><td>040901007</td><td>型钢</td><td>1. 材料种类
2. 材料规格</td><td>1. 制作
2. 运输
3. 安装、定位</td></tr>
<tr><td>040901008</td><td>植筋</td><td>1. 材料种类
2. 材料规格
3. 植入深度
4. 植筋胶品种</td><td>根</td><td>按设计图示数量计算</td><td>1. 定位、钻孔、清孔
2. 钢筋加工成型
3. 注胶、植筋
4. 抗拔试验
5. 养护</td></tr>
<tr><td>040901009</td><td>预埋铁件</td><td rowspan="2">材料种类
材料规格</td><td>t</td><td>按设计图示尺寸以质量计算</td><td rowspan="2">1. 制作
2. 运输
3. 安装</td></tr>
<tr><td>040901010</td><td>高强螺栓</td><td>1. t
2. 套</td><td>1. 按设计图示尺寸以质量计算
2. 按设计图示数量计算</td></tr>
</table>

注：1. 现浇构件中伸出构件的锚固钢筋、预制构件的吊钩和固定位置的支撑钢筋等，应并入钢筋工程量内。除设计标明的搭接外，其他施工搭接不计算工程量，由投标人在报价中综合考虑。

2. 钢筋工程所列"型钢"是指劲性骨架的型钢部分。

3. 凡型钢与钢筋组合（除预埋铁件外）的钢格栅，应分别列项。

现浇构件钢筋、预制构件钢筋工程量按设计图示尺寸以质量计算。钢筋、型钢工程量计算中，设计注明搭接长度的，应计算搭接长度；设计未注明搭接长度的，不计算搭接长度。

预埋铁件按设计图示尺寸以质量计算。

8.9.2 综合单价确定

① 预埋铁件制作、安装按设计图示尺寸以"t"为计量单位计算。

② 现浇、预制构件钢筋：按不同钢筋直径，以钢筋的重量计算。设计已规定搭接长度的，按规定搭接长度计算；设计未规定搭接长度的，不计算搭接长度。

$$钢筋重量=钢筋长度\times钢筋每米重量$$

式中：

$$\text{直钢筋长度}=\text{图示构件长度}-\text{保护层厚度}+\text{弯勾增加长度}+\text{搭接增加长度}$$

弯起钢筋长度=直段长度+斜段长度+弯勾增加长度+搭接长度

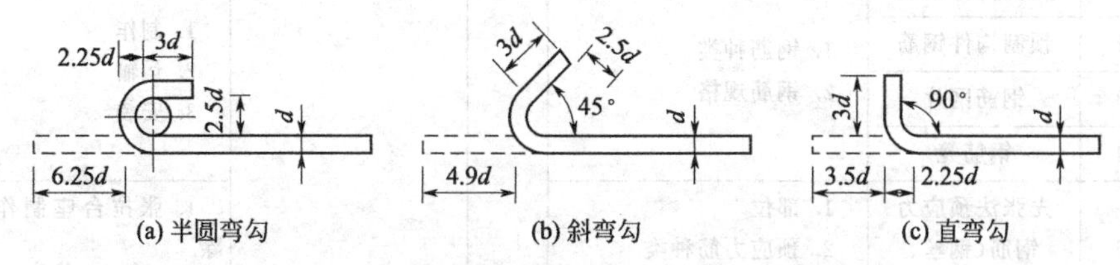

图 8.29 钢筋弯勾形式示意图及钢筋增加的长度

三种形式弯勾，如图 8.29 所示，各种弯勾的增加长度按下列规定计算。

半圆弯勾：$L=6.25d$

斜弯勾：$L=4.9d$

直弯勾：$L=3.5d$

钢筋工程套用《江苏省市政工程计价定额》中的《第六册 排水工程》第七章“模板、钢筋、井字架工程”的相应子目。定额中钢筋加工是按手工绑扎或手工绑扎、点焊综合考虑的，加工操作方法不同不予调整。钢筋加工中的钢筋接头、施工损耗、绑扎铁丝及焊条均已包括在定额内，不得重复计算。各项中的钢筋规格是综合计算的，凡小于 Φ10mm 的构造筋均执行 Φ10mm 以内的子目。

下列构件钢筋，套用定额时人工和机械均乘以系数，系数如表 8.41 所示。

表 8.41 构件钢筋套用定额的调整系数

项目	计算基数	现浇构件钢筋		构筑物钢筋	
		小型构件	小型池槽	矩形	圆形
调整系数	人工、机械	2.0	2.52	1.25	1.5

注：小型构件是指单件体积在 0.04m³ 以内的构件。

8.10 措施项目

措施项目费是指为完成建设工程施工，发生于该工程施工前和施工过程中的技术、生活、安全、环境保护等方面的费用。市政工程措施项目清单必须根据《市政工程工程量计算规范》的规定编制，并根据拟建工程的实际情况列项。

根据现行《市政工程工程量计算规范》，措施项目分为能计量的单价措施项目与不能计量的总价措施项目两类。

8.10.1 单价措施项目

8.10.1.1 脚手架工程

脚手架工程工程量清单项目设置、项目特征描述的内容、计量单位及工程量计算规则，应按《市政工程工程量计算规范》附录 L.1 的规定执行，如表 8.42 所示。

表 8.42 L.1 脚手架工程（编码：041101）

项目编码	项目名称	项目特征	计量单位	工程量计算规则	工作内容
041101001	墙面脚手架	墙高	m^2	按墙面水平边线长度乘以墙面砌筑高度计算	1. 清理场地 2. 搭设、拆除脚手架、安全网 3. 材料场内外运输
041101002	柱面脚手架	1. 柱高 2. 柱结构外围周长		按柱结构外围周长乘以柱砌筑高度计算	
041101003	仓面脚手架	1. 搭设方式 2. 搭设高度		按仓面水平面积计算	
041101004	沉井脚手架	沉井高度		按井壁中心线周长乘以井高计算	
041101005	井字架	井深	座	按设计图示数量计算	1. 清理场地 2. 搭、拆井字架 3. 材料场内外运输

注：各类井的井深按井底基础以上至井盖顶的高度计算。

(1) 砌筑脚手架　当砌筑物高度超过 1.2m、抹灰高度超过 1.5m 时可计算脚手架搭拆费用。

脚手架搭拆：按不同脚手架材料、脚手架高度、脚手架结构（单排、双排），以脚手架的面积计算。墙面脚手架面积按墙面水平边线长度乘以墙面高度计算；柱形结构脚手架面积按柱结构外围周长另加 3.6m 乘以柱结构高度计算。

脚手架搭拆套用《江苏省市政工程计价定额》中的《第一册　通用项目》第六章“脚手架及其他工程”的相应子目。

(2) 井字架　当井深超过 1.5m，井砌筑需搭设脚手架。井字架按不同井深（2m、4m、6m、8m、10m 以内）、井字架材料（木制、钢管）以井字架座数计算。井字架工程量每座井只计算一次。套用《江苏省市政工程计价定额》中的《第一册　通用项目》第七章“模板、钢筋、井字架工程”相关子目。

8.10.1.2　混凝土模板及支架

特别需要注意的是：混凝土模板及支架是单列措施项目清单，还是计算在现浇混凝土浇筑项目中，需结合当地建设主管部门的规定执行，详见本章第 2 节。只有在现浇混凝土工程项目的综合单价中不包括模板工程费用时，招标人在措施项目清单中才编列现浇混凝土模板项目清单。

混凝土模板及支架工程量清单项目设置、项目特征描述的内容、计量单位及工程量计算规则，应按《市政工程工程量计算规范》附录 L.2 的规定执行，如表 8.43 所示。

表 8.43 L.2 混凝土模板及支架（编码：041102）

项目编码	项目名称	项目特征	计量单位	工程量计算规则	工作内容
041102001	垫层模板	构件类型	m^2	按混凝土与模板接触面的面积计算	1. 模板制作、安装、拆除、整理、堆放 2. 模板粘接物及模内杂物清理、刷隔离剂 3. 模板场内外运输及维修
041102002	基础模板				
041102003	承台模板				
041102004	墩(台)帽模板	1. 构件类型 2. 支模高度			
041102005	墩(台)身模板				

续表

项目编码	项目名称	项目特征	计量单位	工程量计算规则	工作内容
041102006	支撑梁及横梁模板	1. 构件类型 2. 支模高度	m^2	按混凝土与模板接触面的面积计算	1. 模板制作、安装、拆除、整理、堆放 2. 模板粘接物及模内杂物清理、刷隔离剂 3. 模板场内外运输及维修
041102007	墩(台)盖梁模板				
041102008	拱桥拱座模板				
041102009	拱桥拱肋模板				
041102010	拱上构件模板				
041102011	箱梁模板				
041102012	柱模板				
041102013	梁模板				
041102014	板模板				
041102015	板梁模板				
041102016	板拱模板				
041102017	挡墙模板				
041102018	压顶模板	构件类型			
041102019	防撞护栏模板				
041102020	楼梯模板				
041102021	小型构件模板				
041102022	箱涵滑(底)板模板	1. 构件类型 2. 支模高度			
041102023	箱涵侧墙模板				
041102024	箱涵顶板模板				
041102025	拱部衬砌模板	1. 构件类型 2. 衬砌厚度 3. 拱跨径			
041102026	边墙衬砌模板				
041102027	竖井衬砌模板	1. 构件类型 2. 壁厚			
041102028	沉井井壁(隔墙)模板	1. 构件类型 2. 支模高度			
041102029	沉井顶板模板				
041102030	沉井底板模板	构件类型			
041102031	管(渠)道平基模板				
041102032	管(渠)道管座模板				
041102033	井顶(盖)板模板				
041102034	池底模板				
041102035	池壁(隔墙)模板	1. 构件类型 2. 支模高度			
041102036	池盖模板				
041102037	其他现浇构件模板	构件类型			
041102038	设备螺栓套	螺栓套孔深度	个	按设计图示数量计算	

续表

项目编码	项目名称	项目特征	计量单位	工程量计算规则	工作内容
041102039	水上桩基础支架、平台	1. 位置 2. 材质 3. 桩类型	m^2	按支架、平台搭设的面积计算	1. 支架、平台基础处理 2. 支架、平台的搭设、使用及拆除 3. 材料场内外运输
041102040	桥涵支架	1. 部位 2. 材质 3. 支架类型	m^3	按支架搭设的空间体积计算	1. 支架地基处理 2. 支架的搭设、使用及拆除 3. 支架预压 4. 材料场内外运输

注：原槽浇灌的混凝土基础、垫层不计算模板。

现浇混凝土模板工程，按构筑物上所立模板的部位不同分别计算构件与模板的接触面积。

现浇钢筋混凝土水池包括基础、池底、池壁（隔墙）、池柱、池梁、池盖、现浇混凝土板、池槽、澄清池反应筒壁、导流墙（筒）等部位。管道分为基础、管座等部位。砖砌检查井包括基础、流槽、小型构件等部位。

预制混凝土模板工程，按构筑物上所立模板的部位不同分别计算构件的实体积。

构筑物及池类包括壁板、柱、梁及池槽等部位。管、渠及其他构筑物包括槽形板、盖板、井圈、拱块及小型构件模板等。

以上内容套用《江苏省市政工程计价定额》中的《第一册　通用项目》第七章“模板、钢筋、井字架工程”相关子目。

套用定额时需注意以下问题。

① 预制构件模板中不包括地、胎模，须设置者，土地模可套用第一册《通用项目》平整土地的相应项目；水泥砂浆、混凝土砖地、胎模套用第三册《桥涵工程》的相应项目。

② 模板安拆以槽、坑深 3m 为准，当深度超过 3.0m 时，人工定额乘以系数 1.08，其他不变。

③ 模板的预留洞，按水平投影面积计算，小于 $0.3m^2$ 者：圆形洞每 10 个增加 0.72 工日，方形洞每 10 个增加 0.62 工日。

④ 现浇混凝土梁、板、柱、墙的模板，支模高度是按3.6m考虑的，超过 3.6m 时，超过部分的工程量另按超高的项目执行，定额上有相应的子目。

⑤ 小型构件是指单件体积在 $0.04m^3$ 以内的构件；地沟盖板项目适用于单块体积在 $0.3m^3$以内矩形板；井盖项目适用于井口盖板，井室盖板按矩形板项目执行。

8.10.1.3　围堰

围堰工程量清单项目设置、项目特征描述的内容、计量单位及工程量计算规则，应按《市政工程工程量计算规范》附录 L.3 的规定执行，见表 8.44 所示。

① 筑土围堰、草袋围堰、土石混合围堰按围堰的体积计算。

围堰体积按围堰的施工断面尺寸乘以围堰中心线的长度计算，围堰的尺寸按有关设计施工规范确定，围堰高度按施工期内的最高临水面加 0.5m 计算。

② 圆木桩围堰、钢桩围堰、钢板桩围堰、双层竹笼围堰按不同围堰高，以围堰的中心线长度计算。围堰高分为 3m、4m、5m、6m 以内。打桩的费用未计。

表 8.44 L.3 围堰（编码：041103）

项目编码	项目名称	项目特征	计量单位	工程量计算规则	工作内容
041103001	围堰	1. 围堰类型 2. 围堰顶宽及底宽 3. 围堰高度 4. 填心材料	m^3 m	以立方米计量，按设计图示围堰体积计算 以米计量，按设计图示围堰中心线长度计算	1. 清理基底 2. 打、拔工具桩 3. 堆筑、填心、夯实 4. 拆除清理 5. 材料场内外运输
041103002	筑岛	1. 筑岛类型 2. 筑岛高度 3. 填心材料	m^3	按设计图示筑岛体积计算	1. 清理基底 2. 堆筑、填心、夯实 3. 拆除清理

③ 筑岛填心是指在围堰围成的区域内填土、砂及砂砾石。筑岛填心按不同筑岛材料，松填或夯填，以筑填材料的体积计算。

以上内容套用《第一册　通用项目》第三章“围堰工程”相应子目。

套用定额时注意的问题。

① 围堰工程 50m 范围内取土、砂、砂砾，均不计土方、砂、砂砾的材料价格；若取 50m 范围以外的土方、砂、砂砾，应计取土方、砂、砂砾的挖、运或外购费用，但应扣除定额中土方现场挖运的人工：55.5 工日/100m^3黏土。定额括号中所列粘土数量为取自然土方数量，结算中可按取土的实际情况调整。

② 本围堰定额中的各种木桩、钢桩均按水上打拔工具桩的相应定额执行，数量按实计算。定额括号中所列打拔工具桩数量仅供参考。

③ 草袋围堰如使用麻袋、尼龙袋装土围堰，应按麻袋、尼龙袋的规格、单价换算，但人工、机械和其他材料费用不作调整。

④ 围堰施工中若未使用驳船，而是搭设了栈桥，则应扣除定额中驳船费用而套用相应的脚手架子目。

⑤ 施工围堰的尺寸按有关施工组织设计确定。堰内坡脚至堰内基坑边缘距离根据河床土质及基坑深度而定，但不得小于 1m。

8.10.1.4　便道及便桥

便道及便桥工程量清单项目设置、项目特征描述的内容、计量单位及工程量计算规则，应按《市政工程工程量计算规范》附录 L.4 的规定执行，如表 8.45 所示。

表 8.45 L.4 便道及便桥（编码：041104）

项目编码	项目名称	项目特征	计量单位	工程量计算规则	工作内容
041104001	便道	1. 结构类型 2. 材料种类 3. 宽度	m^2	按设计图示尺寸以面积计算	1. 平整场地 2. 材料运输、铺设、夯实 3. 拆除、清理
041104002	便桥	1. 结构类型 2. 材料种类 3. 跨径 4. 宽度	座	按设计图示数量计算	1. 清理基底 2. 材料运输、便桥搭设 3. 拆除、清理

便道按设计图示尺寸以“m^2”为计量单位计算。

常用的跨河道的临时设施是便桥，分为行人便桥、机动车便桥和装配式钢桥。

便桥清单工程量按设计图示数量计算，计量单位是“座”。计价时行人便桥、机动车便桥搭拆按桥面面积计算，装配式钢桥搭拆按桥长计算。

套用《江苏省市政工程计价定额》中的《第一册　通用项目》第八章“临时沟槽及地基加固”的相应子目。

8.10.1.5 施工排水、降水

施工排水、降水工程量清单项目设置、项目特征描述的内容、计量单位及工程量计算规则，应按《市政工程工程量计算规范》附录L.7的规定执行，如表8.46所示。

表8.46 L.7施工排水、降水（编码：041107）

项目编码	项目名称	项目特征	计量单位	工程量计算规则	工作内容
041107001	成井	1. 成井方式 2. 地层情况 3. 成井直径 4. 井(滤)管类型、直径	m	按设计图示尺寸以钻孔深度计算	1. 准备钻孔机械、埋设护筒、钻机就位;泥浆制作、固壁;成孔、出渣、清孔等 2. 对接上、下井管(滤管),焊接,安放,下滤料,洗井,连接试抽等
041107002	排水、降水	1. 机械规格型号 2. 降排水管规格	昼夜	按排、降水日历天数计算	1. 管道安装、拆除,场内搬运等 2. 抽水、值班、降水设备维修等

注：相应专项设计不具备时，可按暂估量计算。

(1) 沟槽排水　沟槽明沟排水是在沟槽或基坑开挖时在其内底四周或中央开挖排水沟，将地下水或地面水汇集到集水井内，然后用水泵抽走。在开挖深度不大或水量不大的沟槽时，通常采用沟内排水的方法。

沟槽明沟排水工程量，按不同管道性质（给水、排水、燃气）、管道材料、公称直径，计算管道中心线的长度。

(2) 河道排水　围堰筑好后，需排除河道内水体。河道排水计算所排除水的体积。

沟槽排水、河道排水套用《江苏省市政工程计价定额》中的《第一册　通用项目》第八章“临时沟槽及地基加固”的相应子目。

(3) 施工降水　施工降水是指人工降低地下水位，以便于在无地下水条件下施工，常采用井点降水。井点降水的类型有轻型井点、喷射井点、电渗井点、管井井点和深井井点等。一般情况下降水深度在6m以内采用单层轻型井点，6～12m以内采用多层轻型井点，30m以下采用喷射井点。特殊情况下可采用深井井点，井点具体型式、井点的使用时间、井点管间距和降水深度要求由施工组织设计确定。给排水工程中最常用的是轻型井点。

井点降水的费用分为安装、拆除和使用三部分。

① 井点管安装、拆除按井管根数计算。

② 轻型井点、喷射井点使用按井管根数乘以使用天数以“套·天”计算。其中轻型井点50根为一套，喷射井点30根为一套，累计根数不足一套者作一套计算。深井井点按井座数乘以使用天数以“座·天”计算。井点使用天数按施工组织设计规定或现场签证认可的使用天数确定，编制标底时可参考表8.47计算。

表 8.47 排水管道采用轻型井点降水使用周期

管径(mm 以内)	开槽埋管/(天/套)	管径(mm 以内)	开槽埋管/(天/套)
ϕ600	10	ϕ1500	16
ϕ800	12	ϕ1800	18
ϕ1000	13	ϕ2000	20
ϕ1200	14		

注：UPVC 管开槽埋管，按上表使用量乘以 0.7 系数计算。

上述内容套用《江苏省市政工程计价定额》中的《第一册 通用项目》第六章“脚手架及其他工程”的相应子目。

【例 8.17】 某段市政排水管道敷设，开槽埋管，施工工程量见表 8.48 所示，采用轻型井点降水，确定轻型井点降水的措施项目费用。

表 8.48 主要工程量表

序号	管径/mm	管道长度/m
1	1200	130
2	1000	170
3	800	80

解 轻型井点管间距按 1.2m 考虑。

井点安装、拆除工程量：(130＋170＋80)/1.2＝317(根)

井点使用工程量：317/50＝6.3(套)，取为 7 套

D1200 管：130/60＝2.2(套)，2.2×14＝30.8(套·天)

D1000 管：170/60＝2.8(套)，2.8×13＝36.4(套·天)

D800 管：7－2.2－2.8＝2.0(套)，2.0×12＝24(套·天)

井点使用工程量＝30.8＋36.4＋24＝91.2(套·天)，取为 92 套天。

8.10.1.6 地下管线交叉处理

市政给排水管道的改造工程，应考虑施工过程中的地下管线交叉处理。

地下管线交叉处理、监测、监控工程量清单项目设置、工作内容及包含范围，应按《市政工程工程量计算规范》附录 L.8 的规定执行，见表 8.49 所示。

表 8.49 L.8 处理、监测、监控（编码：041108）

项目编码	项目名称	工作内容及包含范围
041108001	地下管线交叉处理	1. 悬吊 2. 加固 3. 其他处理措施
041108002	施工监测、监控	1. 对隧道洞内施工时可能存在的危害因素进行检测 2. 对明挖法、暗挖法、盾构法施工的区域等进行周边环境监测 3. 对明挖基坑围护结构体系进行监测 4. 对隧道的围岩和支护进行监测 5. 盾构法施工进行监控测量

注：地下管线交叉处理指施工过程中对现有施工场地范围内各种地下交叉管线进行加固及处理所发生的费用，但不包括地下管线或设施改、移发生的费用。

地下管线交叉处理费用应根据实际情况按实计算。

此外，市政给排水管道的改造工程还需考虑施工过程中行人安全，设置施工护栏等措施。施工护栏的安装、拆除按设置的护栏长度计算，护栏的使用按护栏的长度乘以相应使用天数，以："m·天"为计量单位计算。

8.10.2 总价措施项目

安全文明施工及其他措施项目工程量清单项目设置、工作内容及包含范围，应按《市政工程工程量计算规范》附录 L 9 的规定执行见表 8.50 所示，其中临时设施费、赶工措施费、工程按质论价、特殊条件下施工增加费是《江苏省建设工程费用定额》（2014 年）补充的 4 项总价措施项目。

表 8.50 L.9 安全文明施工及其他措施项目（041109）

项目编码	项目名称	工作内容及包含范围	备注
041109001	安全文明施工	1. 环境保护：施工现场为达到环保部门要求所需要的各项措施。包括施工现场为保持工地清洁、控制扬尘、废弃物与材料运输的防护、保证排水设施通畅、设置密闭式垃圾站、实现施工垃圾与生活垃圾分类存放等环保措施；其他环境保护措施 2. 文明施工：根据相关规定在施工现场设置企业标志、工程项目简介牌、工程项目责任人员姓名牌、安全六大纪律牌、安全生产记数牌、十项安全技术措施牌、防火须知牌、卫生须知牌及工地施工总平面布置图、安全警示标志牌，施工现场围挡以及为符合场容场貌、材料堆放、现场防火等要求采取的相应措施；其他文明施工措施 3. 安全施工：根据相关规定设置安全防护设施、现场物料提升架与卸料平台的安全防护设施、垂直交叉作业与高空作业安全防护设施、现场设置安防监控系统设施、现场机械设备（包括电动工具）的安全保护与作业场所和临时安全疏散通道的安全照明与警示设施等；其他安全防护措施 4. 临时设施：施工现场临时宿舍、文化福利及公用事业房屋与构筑物、仓库、办公室、加工厂、工地实验室以及规定范围内的道路、水、电、管线等临时设施和小型临时设施等的搭设、维修、拆除、周转；其他临时设施搭设、维修、拆除	
041109002	夜间施工增加	1. 夜间固定照明灯具和临时可移动照明灯具的设置、拆除 2. 夜间施工时，施工现场交通标志、安全标牌、警示灯等的设置、移动、拆除 3. 夜间照明设备及照明用电、施工人员夜班补助、夜间施工劳动效率降低等	
041109003	二次搬运	由于施工场地条件限制而发生的材料、成品、半成品等一次运输不能到达堆放地点，必须进行二次或多次搬运	
041109004	冬雨季施工增加	1. 冬雨季施工时增加的临时设施（防寒保温、防雨设施）的搭设、拆除 2. 冬雨季施工时，对砌体、混凝土等采用的特殊加温、保温和养护措施 3. 冬雨季施工时，施工现场的防滑处理、对影响施工的雨雪的清除 4. 冬雨季施工时增加的临时设施、施工人员的劳动保护用品、冬雨季施工劳动效率降低等	
041109005	行车、行人干扰	1. 由于施工受行车、行人干扰的影响，导致人工、机械效率降低而增加的措施 2. 为保证行车、行人的安全，现场增设维护交通与疏导人员而增加的措施	
041109006	地上、地下设施、建筑物的临时保护设施	在工程施工过程中，对已建成的地上、地下设施和建筑物进行的遮盖、封闭、隔离等必要保护措施所发生的人工和材料	

续表

项目编码	项目名称	工作内容及包含范围	备注
041109007	已完工程及设备保护	对已完工程及设备采取的覆盖、包裹、封闭、隔离等必要保护措施	
041109008	临时设施费	施工企业为进行工程施工所必需的生活和生产用的临时建筑物、构筑物和其他临时设施的搭设、使用、拆除等费用	省补充
041109009	赶工措施费	施工合同约定工期比定额工期提前，施工企业为缩短工期所发生的费用。如施工过程中，发包人要求实际工期比合同工期提前时，由发承包双方另行约定	省补充
041109010	工程按质论价	施工合同约定质量标准超过国家规定，施工企业完成工程质量达到经有权部门鉴定或评定为优质工程所必须增加的施工成本费	省补充
	特殊条件下施工增加费	地下不明障碍物、铁路、航空、航运等交通干扰而发生的施工降效费用	省补充

根据住房城乡建设部、财政部联合发文“建标［2013］44号”的规定：

总价措施项目费=计算基数×相应费用费率(%)

其计算基数和费率由各地工程造价管理机构根据各专业工程的特点综合确定。

《江苏省建设工程费用定额》(2014年）规定，总价措施项目费计算基数为：分部分项工程费－除税工程设备费＋单价措施项目费，即：

总价措施项目费=(分部分项工程费－除税工程设备费＋单价措施项目费)×相应费率(%)

其中，安全文明施工费必须按国家或省级、行业建设主管部门的规定计算，不得作为竞争性费用。

8.11 工程实例

某市新建雨水管道工程，主管为管内径D600钢筋混凝土管，长320m，管道基础均为180°平接式混凝土基础，水泥砂浆接口，具体做法详见《给水排水标准图集》04S516－19。雨水口连接支管采用de315UPVC加筋管，支管长88m，具体做法详见《给水排水标准图集》04S520-57。设Φ1000mm砖砌雨水检查井8座，平均深度3.0m，具体做法详见《给水排水标准图集》02S515-11。砖砌雨水进水井(680×380）16座，平均深度1.0m。现场土质为三类土，地下水位位于地面以下1.2m。由设计文件计算出原地面至主管管内底平均高度（即平均埋设深度）为2.958m。土方回填至原地面高度，外购土方运距6km。暂列金额按15000元计取，试按现行规定编制工程量清单，并确定该工程的投标报价。

解 首先根据《给水排水标准图集》查得管道基础断面、Φ1000mm砖砌雨水检查井和砖砌雨水进水井（680×380）的尺寸。管道基础断面如图8.30、图8.31所示，管道基础断面尺寸如表8.51所示，雨水连接管沟槽宽800mm。Φ1000mm砖砌雨水检查井如图8.32所示，砖砌雨水进水井（680×380）如图8.33所示。

表8.51 主管道、支管到基础尺寸　　单位：mm

管内径	管壁厚 t	管肩宽 a	管基宽 B	管基厚		基础混凝土
				C1	C2	m^3/m
600	55	110	930	110	355	0.234

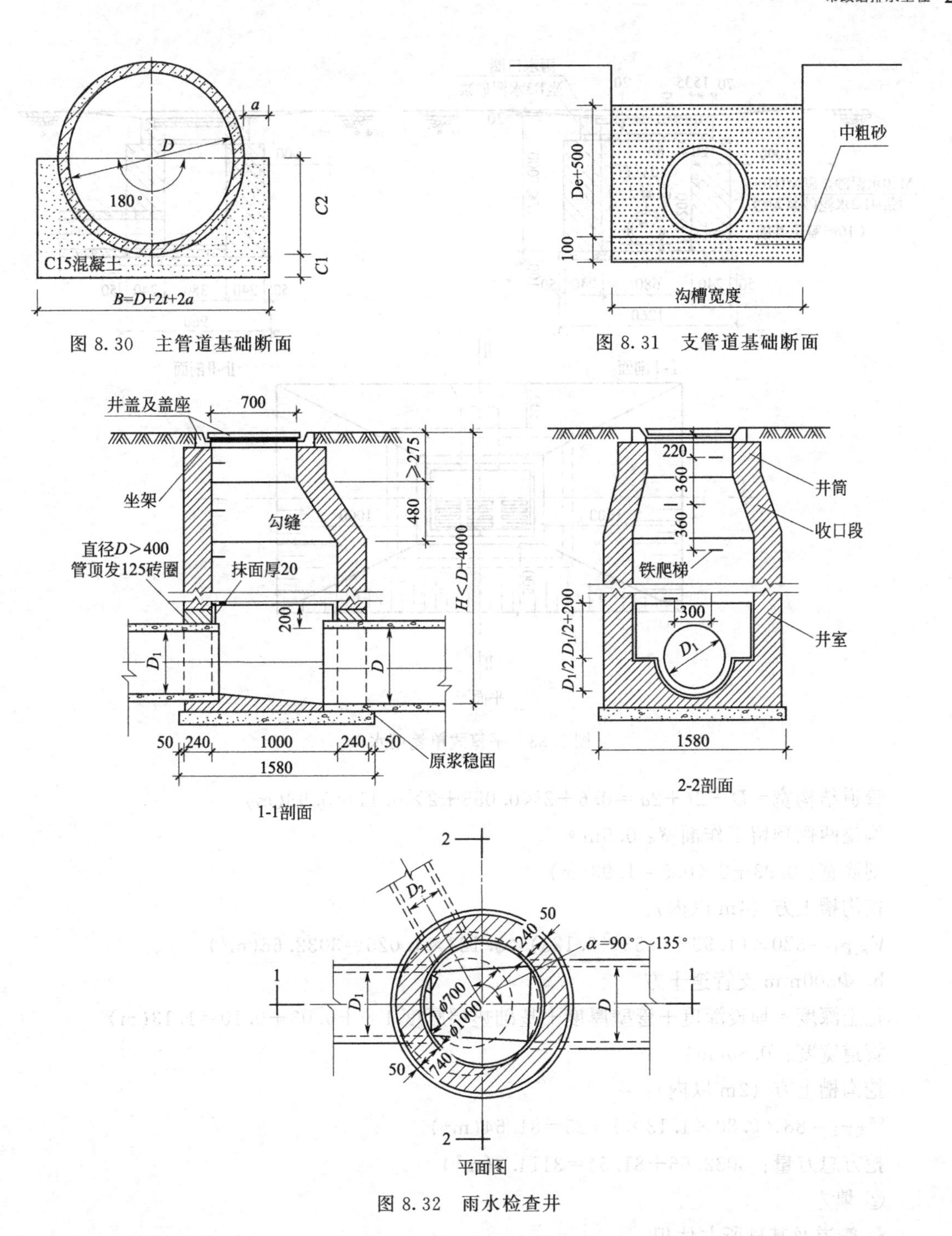

图 8.30 主管道基础断面

图 8.31 支管道基础断面

图 8.32 雨水检查井

(1) 计算清单工程量

① 挖沟槽土方

施工组织设计确定的施工方案：以机械开挖为主，人工辅助开挖。挖掘机沿沟槽方向坑上作业。主管沟槽放坡开挖，边坡系数为 0.33；支管因为挖土深度小于 1.5m，故采用不放坡的直槽。沟槽两侧预留工作面。

a. Φ600mm 主管道土方

挖土深度＝埋设深度＋管壁厚度＋基础垫层厚度＝2.958＋0.055＋0.11＝3.123(m)

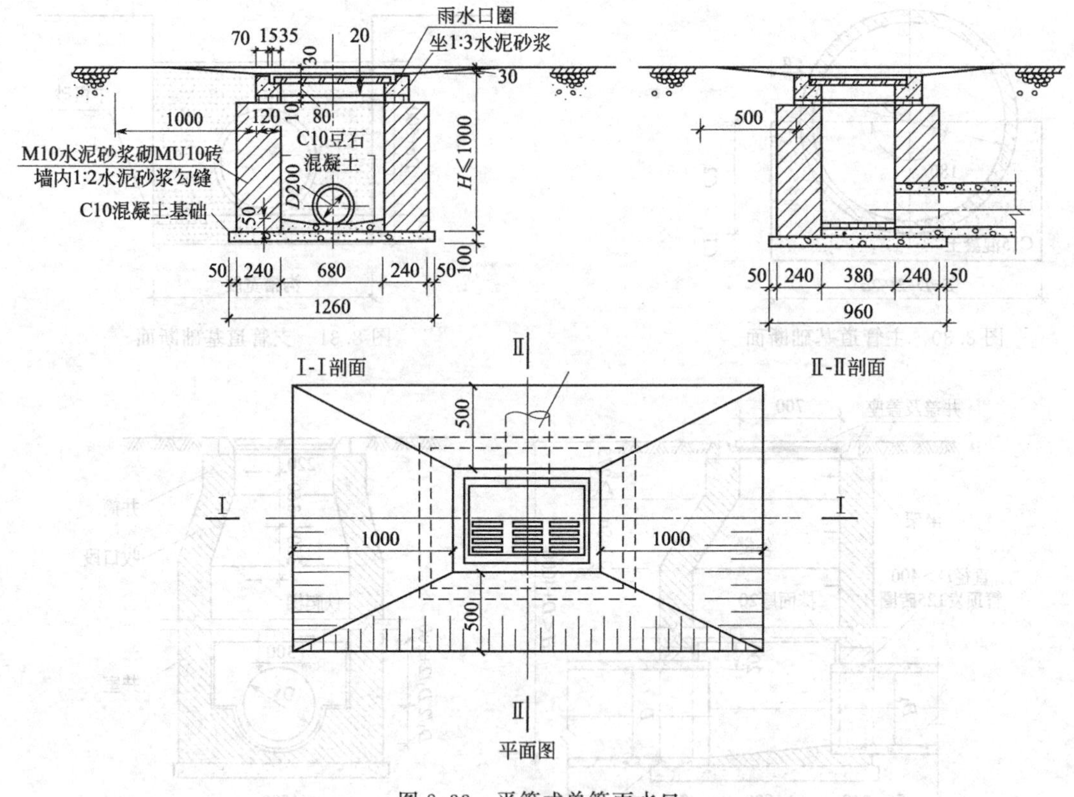

图 8.33 平箅式单箅雨水口

管道结构宽$=D+2t+2a=0.6+2\times0.055+2\times0.11=0.93$(m)

沟槽两侧预留工作面宽：0.5m

则底宽：$0.93+2\times0.5=1.93$(m)

挖沟槽土方（4m 以内）：

$V_{主管1}=320\times(1.93+0.33\times3.123)\times3.123\times1.025=3032.66(m^3)$

b. Φ300mm 支管道土方

挖土深度=埋设深度+管壁厚度+基础垫层厚度 $1.0+0.03+0.10=1.13$(m)

管道宽度：0.80(m)

挖沟槽土方（2m 以内）：

$V_{支管1}=88\times0.80\times1.13\times1.025=81.54(m^3)$

挖方总方量：$3032.66+81.54=3114.2(m^3)$

② 填方

a. 管道及基础所占体积

主管：$V_{主管2}=320\times(0.234+3.14\times0.710^2/4)=201.51(m^3)$

支管：$V_{支管2}=88\times(0.10+3.14\times0.315^2/4)=15.65(m^3)$

管道、管道基础的总体积：$201.51+15.65=217.16(m^3)$

b. 支管中粗砂体积：$88\times[0.8\times(0.315+0.50)-3.14\times0.315^2/4]=50.52(m^3)$

c. 回填方体积：$3032.66+81.54—201.51-15.65-50.52=2846.52(m^3)$

压实后的填方换算为自然方的体积：$2846.52\times1.15=3273.50(m^3)$

因为　　　　　　　　　$3114.2(m^3)<3273.50(m^3)$

故土方场内平衡后不存在余方弃置。

缺方内运：$2846.52-3114.2\times0.87=137.17(m^3)$

原土回填：$2846.67-137.17=2709.50(m^3)$

③ 管道铺设

a. Φ600mm 混凝土主管道：320m

b. de315UPVC 加筋管：88m

④ 井类砌筑

a. Φ1000mm 砖砌雨水检查井：8 座

b. 砖砌雨水进水井（680×380)：16 座

⑤ 单价措施项目

a. 轻型井点　施工组织设计确定的施工方案：沿沟槽一侧布设轻型井点降水，井点管间 1.2m，使用周期 10 天；沟槽开挖沿线设玻璃钢施工护栏。

轻型井点安装、拆除：320/1.2＝267 根

轻型井点使用：320/60＝5.33 套，取为 6 套

　　　　　　　　共计 6×10＝60(套·天)

b. 玻璃钢施工护栏：320m

c. 脚手架：井字架　8 座

分部分项工程项目清单、单价措施项目清单见分部分项工程与单价措施项目清单计价表。

(2) 计算预算（施工）工程量

① 挖沟槽土方

计算过程同上。

挖沟槽土方（4m 以内)：$V_{主管1}=3032.66(m^3)$

挖沟槽土方（2m 以内)：$V_{主管1}=81.54(m^3)$

其中机械挖土占 90%，人工挖土占 10%。

② 填方

a. 回填中粗砂：$50.52(m^3)$

b. 原土回填：$2846.67-137.17=2709.50(m^3)$

c. 缺方内运：$137.17(m^3)$

③ 管道铺设

a. Φ600mm 混凝土管道

管道铺设：$320-0.7\times7=315.10(m)$

管道基础浇筑：$320-0.7\times7=315.100(m)$

管道接口：314.4/2＝157.20，取为 158 个

闭水试验：320m

管道截断：7 根

模板工程：$(0.11+0.355)\times315.10\times2=293.04(m^2)$

b. de315PVC 管道

管道铺设：$88-0.7\times8/2=85.2(m)$

闭水试验：88m

砂垫层：0.1×0.8×85.2=6.82(m³)

④ 井类砌筑

a. Φ1000mm 砖砌雨水检查井砌筑

井砌筑：8 座

基础模板：1.58×3.14×0.1×8=3.97(m²)

b. 砖砌雨水进水井（680×380）

井砌筑：16 座

基础模板：16×(1.26+0.96)×2×0.10=7.10(m²)

⑤ 单价措施项目

a. 轻型井点

轻型井点安装、拆除：320/1.2=267 根

轻型井点使用：320/60=5.33 套，取为 6 套

共计 6×10=60(套·天)

b. 彩钢板施工护栏

彩钢板施工护栏安装：320m

彩钢板施工护栏使用：320×15=4800(m·天)

c. 脚手架：井字架 8 座

投标总价

招　　标　　人：

工 程 名 称：××雨水管道工程

投标总价(小写)：344320.76

(大写)：叁拾肆万肆仟叁佰贰拾元柒角陆分

投　　标　　人：

(单位盖章)

法 定 代 表 人

或 其 授 权 人：

(签字或盖章)

编　　制　　人：

(造价人员签字盖专用章)

编 制 时 间：2016-9-16

总 说 明

工程名称：××雨水管道工程　　　　第1页　共1页

1. 工程概况：××雨水管道工程范围包括：320m 的 D600 钢筋混凝土管，管道基础，为 180°平接式混凝土基础，水泥砂浆接口。88m de315 UPVC 加筋管，Φ1000mm 砖砌雨水检查井 8 座，砖砌雨水进水井(680×380)16 座。

2. 投标报价范围：施工图范围内的雨水管道工程。

3. 编制依据：

1)《建设工程工程量清单计价规范》(GB 50500—2013)。

2)《市政工程工程量计算规范》(GB 50857—2013)。

3)苏建价〔2016〕154 号省住房城乡建设厅关于建筑业实施营改增后江苏省建设工程计价依据调整的通知

4)××雨水管道工程设计文件。

5)《江苏省建设工程费用定额》(2014 年)。

6)《江苏省市政工程计价定额》第一、六册。

7)招标文件、招标工程量清单及其补充通知、答疑纪要。

8)施工现场情况、工程特点及拟定的投标施工组织设计。

9)与建设项目相关的标准、规范等技术资料。

10)市场价格信息或××市工程造价管理机构发布的 2015 年 12 月工程造价信息。

4. 暂列金额按招标文件规定的 15000 元计取。

5. 增值税计税采用一般计税方法。

单位工程投标报价汇总表

工程名称：××雨水管道工程　　　　标段：　　　　第1页　共1页

序号	汇总内容	金额/元	其中：暂估价/元
1	分部分项工程	216554.57	
1.1	人工费	73550.55	
1.2	材料费	90190.24	
1.3	施工机具使用费	23670.36	
1.4	企业管理费	19444.41	—
1.5	利润	9722.05	—
2	措施项目	71255.73	—
2.1	单价措施项目费	59920.26	—
2.2	总价措施项目费	11335.47	—
2.2.1	其中：安全文明施工措施费	5253.02	—
3	其他项目	15000.00	—
3.1	其中：暂列金额	15000.00	—
3.2	其中：专业工程暂估价		—
3.3	其中：计日工		
3.4	其中：总承包服务费		
4	规费	7388.58	
4.1	社会保险费	6056.21	
4.2	住房公积金	1029.56	
4.3	工程排污费	302.81	
5	税金	31019.89	
投标报价合计=1+2+3+4+5		341218.77	

分部分项工程和单价措施项目清单与计价表

工程名称：××道路雨水工程　　　　标段：　　　　第　页　共　页

序号	项目编码	项目名称	项目特征描述	计量单位	工程量	金额/元		
						综合单价	合价	其中暂估价
1	040101002001	挖沟槽土方	1. 土壤类别：三类土 2. 挖土深度：4m内	m^3	3032.66	13.22	40091.77	
2	040101002002	挖沟槽土方	1. 土壤类别：三类土 2. 挖土深度：2m内	m^3	81.54	11.93	972.77	
3	040103001001	回填方	填方材料品种：中粗砂	m^3	50.52	165.63	8367.63	
4	040103001002	回填方	1. 密实度要求：90% 2. 填方材料品种：原土 3. 填方来源、运距：场内平衡	m^3	2709.50	12.82	34735.79	
5	040103001003	回填方	1. 密实度要求：90% 2. 填方材料品种：原土 3. 填方来源、运距：外购，运距10km	m^3	137.17	45.72	6271.41	
6	040501001001	混凝土管	1. 垫层、基础材质及厚度：C15混凝土基础，110mm 2. 管座材质：C15混凝土，180° 3. 规格：D600×2000×55mm 4. 接口方式：平接式水泥砂浆接口 5. 铺设深度：2.96m 6. 混凝土强度等级：C15 7. 管道检验及试验要求：闭水试验 8. 标准图解编号：04S5516-19	m	320.00	275.16	88051.20	
7	040501004001	塑料管	1. 垫层、基础材质及厚度：砂垫层，100mm 2. 材质及规格：de315 UP-VC加筋管 3. 连接形式：胶圈接口 4. 铺设深度：1.0m 5. 管道检验及试验要求：闭水试验	m	88.00	92.56	8145.28	

续表

序号	项目编码	项目名称	项目特征描述	计量单位	工程量	金额/元		
						综合单价	合价	其中 暂估价
8	040504001001	砌筑井	1. 垫层、基础材质及厚度：C10 混凝土基础，11cm 2. 砌筑材料品种、规格、强度等级：M10 机砖 3. 勾缝、抹面要求：1∶2 防水水泥砂浆内外抹面 20mm 4. 砂浆强度等级、配合比：M7.5 水泥砂浆 5. 混凝土强度等级：C20 6. 井盖、井圈材质及规格：Φ700mm 铸铁 7. 踏步材质、规格：铸铁爬梯 8. 定型井名称、规格及图号：砖砌圆形雨水检查井（收口式）、Φ1000mm、井深 3.0m、图号 02S515-11	座	8.00	2158.88	17271.04	
9	040504009001	雨水口	1. 雨水篦子及圈口材质、型号、规格：铸铁单平箅（680×380） 2. 垫层、基础材质及厚度：混凝土基础，100mm 3. 混凝土强度等级：C10 4. 砌筑材料品种、规格：M10 机砖 5. 砂浆强度等级及配合比：M10 水泥砂浆	座	16.00	790.48	12647.68	
分部分项合计							216554.57	
10	041101005001	井字架	井深 3.0m	座	8.00	146.57	1172.56	
11	041107002001	排水、降水		昼夜	10.00	4927.57	49275.70	
12	04B001	彩钢板施工护栏		m	320.00	29.60	9472.00	
单价措施合计							59920.26	
合　　计							276474.83	

综合单价分析表

工程名称：××道路雨水工程　　　　　　第1页　共12页

<table>
<tr><td>项目编码</td><td colspan="2">040101002001</td><td colspan="2">项目名称</td><td colspan="4">挖沟槽土方</td><td>计量单位</td><td>m^3</td><td>工程量</td><td colspan="2">3032.66</td></tr>
<tr><td colspan="14">清单综合单价组成明细</td></tr>
<tr><td rowspan="2">定额编号</td><td rowspan="2">定额项目名称</td><td rowspan="2">定额单位</td><td rowspan="2">数量</td><td colspan="5">单价</td><td colspan="5">合价</td></tr>
<tr><td>人工费</td><td>材料费</td><td>机械费</td><td>管理费</td><td>利润</td><td>人工费</td><td>材料费</td><td>机械费</td><td>管理费</td><td>利润</td></tr>
<tr><td>1-222</td><td>反铲挖掘机（斗容量1.0m^3）挖三类土不装车</td><td>1000m^3</td><td>0.0009</td><td>359.64</td><td></td><td>4084.1</td><td>888.75</td><td>444.37</td><td>0.32</td><td></td><td>3.68</td><td>0.8</td><td>0.4</td></tr>
<tr><td>1-9 * 1.5</td><td>人工挖沟槽三类土方<4m</td><td>100m^3</td><td>0.001</td><td>6173.27</td><td></td><td></td><td>1234.65</td><td>617.33</td><td>6.17</td><td></td><td></td><td>1.23</td><td>0.62</td></tr>
<tr><td colspan="2">综合人工工日</td><td colspan="7">小　计</td><td>6.49</td><td></td><td>3.68</td><td>2.03</td><td>1.02</td></tr>
<tr><td colspan="2">0.0878 工日</td><td colspan="7">未计价材料费</td><td colspan="5"></td></tr>
<tr><td colspan="9">清单项目综合单价</td><td colspan="5">13.22</td></tr>
<tr><td rowspan="4">材料费明细</td><td colspan="5">主要材料名称、规格、型号</td><td>单位</td><td colspan="2">数量</td><td>单价/元</td><td>合价/元</td><td>暂估单价/元</td><td colspan="2">暂估合价/元</td></tr>
<tr><td colspan="5"></td><td></td><td colspan="2"></td><td></td><td></td><td></td><td colspan="2"></td></tr>
<tr><td colspan="8">其他材料费</td><td>—</td><td></td><td>—</td><td colspan="2"></td></tr>
<tr><td colspan="8">材料费小计</td><td>—</td><td></td><td>—</td><td colspan="2"></td></tr>
</table>

综合单价分析表

工程名称：××道路雨水工程　　　　　　　　　　　　第 2 页　共 12 页

项目编码	040101002002		项目名称		挖沟槽土方				计量单位	m³	工程量	81.54	
清单综合单价组成明细													
定额编号	定额项目名称	定额单位	数量	单价					合价				
				人工费	材料费	机械费	管理费	利润	人工费	材料费	机械费	管理费	利润
1-222	反铲挖掘机（斗容量1.0m³）挖三类土不装车	1000m³	0.0009	359.67		4084.06	888.69	444.41	0.32		3.68	0.8	0.4
1-8＊1.5	人工挖沟槽三类土方＜2m	100m³	0.001	5180.61			1036.07	518.04	5.18			1.04	0.52
综合人工工日		小　计							5.5		3.68	1.84	0.92
0.0743 工日		未计价材料费											
清单项目综合单价											11.93		
材料费明细	主要材料名称、规格、型号					单位	数量		单价/元	合价/元	暂估单价/元	暂估合价/元	
	其他材料费								—		—		
	材料费小计								—		—		

综合单价分析表

工程名称：××道路雨水工程　　　　　　　　　　　　　　　　第 3 页　共 12 页

项目编码	040103001001		项目名称		回填方				计量单位	m³	工程量	50.52	
清单综合单价组成明细													
定额编号	定额项目名称	定额单位	数量	单价					合价				
				人工费	材料费	机械费	管理费	利润	人工费	材料费	机械费	管理费	利润
6-823	非定型渠(管)道，砂垫层	$10m^3$	0.1	312.72	1229.03	15.97	65.74	32.87	31.27	122.9	1.6	6.57	3.29
综合人工工日		小　计							31.27	122.9	1.6	6.57	3.29
0.4226 工日		未计价材料费											
清单项目综合单价									165.63				
材料费明细	主要材料名称、规格、型号					单位		数量		单价/元	合价/元	暂估单价/元	暂估合价/元
	中砂					t		1.788		67.39	120.49		
	其他材料费									—	2.41	—	
	材料费小计									—	122.9	—	

综合单价分析表

工程名称：××道路雨水工程　　　　　　　　　　第 4 页　共 12 页

项目编码	040103001002			项目名称		回填方			计量单位	m³	工程量	2709.5	
清单综合单价组成明细													
定额编号	定额项目名称	定额单位	数量	单价					合价				
				人工费	材料费	机械费	管理费	利润	人工费	材料费	机械费	管理费	利润
1-389	槽、坑填土夯实	100m³	0.01	827.17		159.26	197.29	98.64	8.27		1.59	1.97	0.99
综合人工工日		小　计							8.27		1.59	1.97	0.99
0.1118 工日		未计价材料费											
清单项目综合单价											12.82		
材料费明细	主要材料名称、规格、型号					单位	数量		单价/元	合价/元	暂估单价/元	暂估合价/元	
	其他材料费								—		—		
	材料费小计								—		—		

综合单价分析表

工程名称：××道路雨水工程　　　　第 5 页　共 12 页

项目编码	040103001003		项目名称	回填方					计量单位	m³	工程量	137.17	
清单综合单价组成明细													
定额编号	定额项目名称	定额单位	数量	单价					合价				
				人工费	材料费	机械费	管理费	利润	人工费	材料费	机械费	管理费	利润
1-389	槽、坑填土夯实	100m³	0.01	827.17		159.26	197.29	98.64	8.27		1.59	1.97	0.99
1-245 * 1.5	装载机(1m³)装松散土	1000m³	0.001	539.43		2569.97	621.87	310.93	0.54		2.57	0.62	0.31
1-292 * 1.15	自卸汽车(载重<10t)运土运距<10km	1000m³	0.001		63.05	22139.07	4427.84	2213.92		0.06	22.14	4.43	2.21
综合人工工日		小　计							8.81	0.06	26.3	7.02	3.51
0.1191 工日		未计价材料费											
清单项目综合单价									45.72				
材料费明细	主要材料名称、规格、型号				单位		数量		单价/元	合价/元	暂估单价/元	暂估合价/元	
	水				m³		0.0138		4.57	0.06			
	其他材料费								—		—		
	材料费小计								—	0.06	—		

综合单价分析表

工程名称：××道路雨水工程　　　　第 6 页　共 12 页

项目编码	040501001001			项目名称	混凝土管				计量单位	m	工程量	320	
清单综合单价组成明细													
定额编号	定额项目名称	定额单位	数量	单价					合价				
				人工费	材料费	机械费	管理费	利润	人工费	材料费	机械费	管理费	利润
6-15	平接(企口)式混凝土管道基础(180°)Φ<600mm	100m	0.009847	3692.16	5717.81	650.28	868.49	434.24	36.36	56.3	6.4	8.55	4.28
6-1574	管平基复合木模板	$100m^2$	0.009158	1395.12	1236.38	134.21	305.87	152.93	12.78	11.32	1.23	2.8	1.4
6-135	平接(企口)式混凝土管道铺设 Φ<600mm	100m	0.009847	1000.85		439.84	288.14	144.07	9.86		4.33	2.84	1.42
6-241	平(企)水泥砂浆接口(180°管基)Φ<600mm	10 个口	0.049375	68.38	16.36		13.68	6.84	3.38	0.81		0.68	0.34
6-343	管道闭水试验 Φ<600mm	100m	0.01	183.15	267.03		36.63	18.32	1.83	2.67		0.37	0.18
6-898	有筋混凝土管截断 Φ<600mm	10 根	0.002188	219.56			43.91	21.96	0.48			0.1	0.05
综合人工工日		小　计							64.69	71.1	11.96	15.34	7.67
0.874 工日		未计价材料费							104.43				
清单项目综合单价									275.16				
材料费明细	主要材料名称、规格、型号					单位	数量		单价/元	合价/元	暂估单价/元	暂估合价/元	
	钢筋混凝土管　Φ600					m	0.9945		105	104.42			
	其他材料费								—	71.13	—		
	材料费小计								—	175.53	—		

综合单价分析表

工程名称：××道路雨水工程　　　　第7页　共12页

项目编码	040503004001			项目名称		塑料管			计量单位	m	工程量		88
清单综合单价组成明细													
定额编号	定额项目名称	定额单位	数量	单价					合价				
				人工费	材料费	机械费	管理费	利润	人工费	材料费	机械费	管理费	利润
6-190	UPVC加筋管铺设 DN300（胶圈接口）	100m	0.009682	311.02	414.23		62.19	31.1	3.01	4.01		0.6	0.3
6-342	管道闭水试验 Φ<400mm	100m	0.01	110.93	122.67		22.19	11.09	1.11	1.23		0.22	0.11
6-823	非定型渠(管)道砂垫层	$10m^3$	0.00775	312.73	1229.03	15.97	65.73	32.87	2.42	9.52	0.12	0.51	0.25
综合人工工日		小　计							6.54	14.76	0.12	1.33	0.66
0.0884 工日		未计价材料费							69.13				
清单项目综合单价									92.56				
材料费明细	主要材料名称、规格、型号					单位	数量		单价/元	合价/元	暂估单价/元	暂估合价/元	
	UPVC加筋管　DN300					m	0.9875		70	69.13			
	其他材料费								—	14.76	—		
	材料费小计								—	83.89	—		

综合单价分析表

工程名称：××道路雨水工程　　　　第 8 页　共 12 页

项目编码	040504001001			项目名称	砌筑井				计量单位	座	工程量	8	
清单综合单价组成明细													
定额编号	定额项目名称	定额单位	数量	单价					合价				
				人工费	材料费	机械费	管理费	利润	人工费	材料费	机械费	管理费	利润
6-457	圆形收口雨水检查井径1000 深<3m	座	1	559.51	1368.27	31.6	118.22	59.11	559.51	1368.27	31.6	118.22	59.11
6-1520	混凝土基础垫层复合木模板	$100m^2$	0.004963	2227.2	1462.97	83.12	461.96	230.98	11.05	7.26	0.41	2.29	1.15
综合人工工日		小　计							570.56	1375.53	32.01	120.51	60.26
7.7104 工日		未计价材料费											
清单项目综合单价											2158.88		
材料费明细	主要材料名称、规格、型号					单位	数量		单价/元	合价/元	暂估单价/元	暂估合价/元	
	铸铁井盖井座					套	1		370.46	370.46			
	其他材料费								—	1005.07	—		
	材料费小计								—	1375.53	—		

综合单价分析表

工程名称：××道路雨水工程　　　　第 9 页　共 12 页

项目编码	040504009001		项目名称	雨水口					计量单位	座	工程量	16	
清单综合单价组成明细													
定额编号	定额项目名称	定额单位	数量	单价					合价				
				人工费	材料费	机械费	管理费	利润	人工费	材料费	机械费	管理费	利润
6-590	砖砌雨水进水井单平篦 680×380 深 1.0m	座	1	137.71	582.05	7.37	29.02	14.51	137.71	582.05	7.37	29.02	14.51
6-1520	混凝土基础垫层复合木模板	$100m^2$	0.004438	2227.04	1463.1	83.24	462.11	230.99	9.88	6.49	0.37	2.05	1.03
综合人工工日		小计							147.59	588.54	7.74	31.07	15.54
1.9946 工日		未计价材料费											
清单项目综合单价									790.48				
材料费明细	主要材料名称、规格、型号					单位	数量		单价/元	合价/元	暂估单价/元	暂估合价/元	
	铸铁雨水井箅					套	1.01		343.88	347.32			
	其他材料费								—	241.22	—		
	材料费小计								—	588.54	—		

综合单价分析表

工程名称：××道路雨水工程　　　　第10页　共12页

项目编码	041101005001			项目名称	井字架				计量单位	座	工程量	8	
清单综合单价组成明细													
定额编号	定额项目名称	定额单位	数量	单价					合价				
				人工费	材料费	机械费	管理费	利润	人工费	材料费	机械费	管理费	利润
6-1631	钢管井字架井深<4m	座	1	106.49	8.13		21.3	10.65	106.49	8.13		21.3	10.65
综合人工工日		小计							106.49	8.13		21.3	10.65
1.439 工日		未计价材料费											
清单项目综合单价									146.57				
材料费明细	主要材料名称、规格、型号					单位	数量		单价/元	合价/元	暂估单价/元	暂估合价/元	
	其他材料费								—	8.13	—		
	材料费小计								—	8.13	—		

综合单价分析表

工程名称：××道路雨水工程　　　　第11页　共12页

项目编码	041107002001		项目名称	排水、降水				计量单位	昼夜	工程量	10		
清单综合单价组成明细													
定额编号	定额项目名称	定额单位	数量	单价					合价				
				人工费	材料费	机械费	管理费	利润	人工费	材料费	机械费	管理费	利润
1-677	安装轻型井点设备	10根	2.67	220.59	203.25	150.19	74.16	37.08	588.98	542.68	401.01	198.01	99
1—679	井点设备拆除	10根	2.67	153.18		46.94	40.02	20.01	408.99		125.33	106.85	53.43
1—680	轻型井点设备使用费	套·天	6	199.8	13.52	97.92	59.54	29.77	1198.8	81.12	587.52	357.24	178.62
综合人工工日		小　计							2196.77	623.8	1113.86	662.1	331.05
29.6862工日		未计价材料费											
清单项目综合单价									4927.57				
材料费明细	主要材料名称、规格、型号					单位	数量		单价/元	合价/元	暂估单价/元	暂估合价/元	
	轻型井点总管　Φ100					m	0.2694		40.94	15.12			
	轻型井点井管　Φ40					m	5.5674		13.21	73.55			
	其他材料费								—	535.13	—		
	材料费小计								—	623.8	—		

综合单价分析表

工程名称：××道路雨水工程　　　　　第12页　共12页

<table>
<tr><td>项目编码</td><td colspan="2">04B001</td><td colspan="2">项目名称</td><td colspan="4">彩钢板施工护栏</td><td>计量单位</td><td>m</td><td>工程量</td><td colspan="2">320</td></tr>
<tr><td colspan="14">清单综合单价组成明细</td></tr>
<tr><td rowspan="2">定额编号</td><td rowspan="2">定额项目名称</td><td rowspan="2">定额单位</td><td rowspan="2">数量</td><td colspan="5">单价</td><td colspan="5">合价</td></tr>
<tr><td>人工费</td><td>材料费</td><td>机械费</td><td>管理费</td><td>利润</td><td>人工费</td><td>材料费</td><td>机械费</td><td>管理费</td><td>利润</td></tr>
<tr><td>1-814</td><td>彩钢板施工围栏搭拆</td><td>100m</td><td>0.01</td><td>479.52</td><td>1772.13</td><td></td><td>95.9</td><td>47.95</td><td>4.8</td><td>17.72</td><td></td><td>0.96</td><td>0.48</td></tr>
<tr><td>1-815</td><td>移动式钢护栏</td><td>100m・天</td><td>0.15</td><td>6.96</td><td>19.49</td><td>6.97</td><td>2.79</td><td>1.39</td><td>1.04</td><td>2.92</td><td>1.05</td><td>0.42</td><td>0.21</td></tr>
<tr><td colspan="3">综合人工工日</td><td colspan="6">小　计</td><td>5.84</td><td>20.64</td><td>1.05</td><td>1.38</td><td>0.69</td></tr>
<tr><td colspan="3">0.0789 工日</td><td colspan="6">未计价材料费</td><td colspan="5"></td></tr>
<tr><td colspan="9">清单项目综合单价</td><td colspan="5">29.6</td></tr>
<tr><td rowspan="3">材料费明细</td><td colspan="5">主要材料名称、规格、型号</td><td>单位</td><td colspan="2">数量</td><td>单价/元</td><td>合价/元</td><td>暂估单价/元</td><td colspan="2">暂估合价/元</td></tr>
<tr><td colspan="8">其他材料费</td><td>—</td><td>20.64</td><td>—</td><td colspan="2"></td></tr>
<tr><td colspan="8">材料费小计</td><td>—</td><td>20.64</td><td>—</td><td colspan="2"></td></tr>
</table>

总价措施项目清单与计价表

工程名称：××道路雨水工程　　　　标段：　　　　第1页 共1页

序号	项目编码	项目名称	计算基础	费率/%	金额/元	调整费率/%	调整后金额/元	备注
1	041109001001	安全文明施工			5253.02			
1.1		基本费	分部分项工程费＋单价措施清单合价－分部分项工程设备费－单价措施工程设备费	1.5	4147.12			
1.2		增加费		0.4	1105.90			
2	041109002001	夜间施工						
3	041109004001	冬雨季施工	分部分项工程费＋单价措施清单合价－分部分项工程设备费－单价措施工程设备费	0.2	552.95			
4	041109005001	行车、行人干扰						
5	041109006001	地上、地下设施、建筑物的临时保护设施						
6	041109007001	已完工程及设备保护						
7	041109008001	临时设施	分部分项工程费＋单价措施清单合价－分部分项工程设备费－单价措施工程设备费	2	5529.50			
8	041109009001	赶工措施						
9	041109010001	工程按质论价						
合　计					11335.47			

其他项目清单与计价汇总表

工程名称：××道路雨水工程　　　　标段：　　　　第1页　共1页

序号	项目名称	金额/元	结算金额/元	备注
1	暂列金额	15000		
2	暂估价			
2.1	材料(工程设备)暂估价	—		
2.2	专业工程暂估价			
3	计日工			
4	总承包服务费			
合　计		15000		—

规费、税金项目计价表

工程名称：××道路雨水工程　　　　　　　　标段：　　　　　　　　　　　　　第1页　共1页

序号	项目名称	计算基础	计算基数/元	计算费率/%	金额/元
1	规费	分部分项工程费＋措施项目费＋其他项目费－除税工程设备费	7388.58		7388.58
1.1	社会保险费		302810.30	2.0	6056.21
1.2	住房公积金		302810.30	0.34	1029.56
1.3	工程排污费		302810.30	0.1	302.81
2	税金	分部分项工程费＋措施项目费＋其他项目费＋规费－(甲供材料费＋甲供设备费)/1.01	310198.88	10.0	31019.89
合计					38408.47

承包人供应材料一览表

工程名称：××道路雨水工程　　　　　　　　标段：　　　　　　　　　　　　　第1页　共1页

序号	材料编码	材料名称	规格型号等特殊要求	单位	数量	单价/元	合价/元	备注
1	14310906	UPVC加筋管	DN300	m	86.904	70.00	6083.28	
2	14450512	钢筋混凝土管	Φ600	m	318.251	105.00	33416.36	

附录

投资概算表

工程名称：××镇污水处理厂工程

序号	工程或费用名称	概算金额/万元				合计/万元	技术经济指标			占投资额/%	备注
		建筑工程费用	安装工程费用	设备购置费用	其他费用		单位	数量	单位价值/元		
1	第一部分工程费用										
1.1	厂区管网		46.40			46.40					
1.2	格栅井		7.12	35.51		42.63					
1.3	沉砂池	3.67	2.81	27.72		34.20					
1.4	生化池	143.59	24.65	65.42		233.66					
1.5	二沉池	54.80	14.69	24.50		93.99					
1.6	滤布滤池	23.44	5.59	66.57		95.60					
1.7	污泥浓缩池	14.04	2.55			16.59					
1.8	计量槽、消毒槽、冲洗水池	12.91	7.43	41.41		61.75					
1.9	风机房、配电房、机修间	48.95	7.53	15.80	13.50	85.77					
1.10	污泥脱水机房	37.24	2.81	42.96		83.01					
1.11	厂区配电及照明工程		56.38	27.95		84.33					
1.12	综合楼	69.05	1.50			70.55					
1.13	传达室	13.63	0.35			13.98					
1.14	道路、围墙	40.73				40.73					
1.15	绿化	10.00				10.00					
1.16	自控、仪表工程		18.95	110.49		129.44					
1.17	化验			27.00		27.00					
	第一部分工程费用合计	472.03	198.76	485.33	13.50	1169.62				79.16	
2	第二部分工程建设其他费用										
2.1	征地拆迁费用				40.90	40.90					

续表

序号	工程或费用名称	概算金额/万元				合计/万元	技术经济指标			占投资额/%	备注
		建筑工程费用	安装工程费用	设备购置费用	其他费用		单位	数量	单位价值/元		
2.2	外电线路				10.00	10.00					
2.3	建设单位管理费				11.70	11.70					
2.4	工程监理费				17.54	17.54					
2.5	工程保险费				3.51	3.51					
2.6	联合试运转费				5.04	5.04					
2.7	前期咨询费				5.85	5.85					
2.8	办公和生活家具购置费				1.00	1.00					
2.9	生产职工培训费				9.00	9.00					
2.10	工程设计费				29.24	29.24					
2.11	勘察费				6.93	6.93					
2.12	招标代理费				2.92	2.92					
2.13	施工图审查费				2.34	2.34					
2.14	环境影响评价费				5.00	5.00					
2.15	临时设施费				11.70	11.70					
2.16	劳动卫生评审费				3.51	3.51					
	第二部分工程建设其他费用合计				166.18	166.18				11.25	
3	工程预备费										
3.1	基本预备费					66.79				4.52	
3.2	涨价预备费										
4	固定资产投资方向调节税					0.00					
5	建设期贷款利息					0.00					
6	铺底流动资金					75.00				5.08	
	工程总投资					1477.59				100.00	

参考文献

[1] 建设工程工程量清单计价规范 GB 50500—2013．北京：中国计划出版社，2013.

[2] 市政工程工程量计算规范 GB 50857—2013．北京：中国计划出版社，2013.

[3] 安装工程工程量计算规范 GB 50855—2013．北京：中国计划出版社，2013.

[4] 规范编制组．2013 年建设工程计价计量规范辅导．北京：中国计划出版社，2013.

[5] 江苏省住房和城乡建设厅．江苏省安装工程计价定额．南京：江苏凤凰科学技术出版社，2014.

[6] 江苏省住房和城乡建设厅．江苏省市政工程计价定额．南京：江苏凤凰科学技术出版社，2014.

[7] 朱永恒，王宏编著．给水排水工程造价．北京：化学工业出版社，2011.

[8] 朱永恒．环境工程工程量清单与投标报价．北京：机械工业出版社，2006.

[9] 朱永恒，李俊等编著．安装工程工程量清单计价．第 2 版．南京：东南大学出版社，2011.

[10] 财税〔2016〕36 号关于全面推开营业税改征增值税试点的通知．

[11] 苏建价〔2016〕154 号省住房城乡建设厅关于建筑业实施营改增后江苏省建设工程计价依据调整的通知．

[12] 刘钟莹．工程估价．南京：东南大学出版社，2002.

[13] 建设部标准定额研究所．市政工程定额与预算．北京：中国计划出版社，1993.

[14] 建设部标准定额司．全国统一安装工程预算工程量计算规则．北京：中国计划出版社，2000.

[15] 栋梁工作室．给水工程预算定额与工程量清单计价应用手册．北京：中国建筑工业出版社，2004.

[16] 栋梁工作室．排水工程预算定额与工程量清单计价应用手册．北京：中国建筑工业出版社，2004.

[17] 徐伟等．土木工程概预算与招投标．上海：同济大学出版社，2002.

[18] 周树琴．建筑工程造价与招标投标．成都：成都科技大学出版社，1998.

[19] 管锡琚，夏宪成主编．安装工程计量与计价．北京：中国电力出版社．2009.

[20] 谭大璐．建筑工程估价．北京：中国计划出版社，2002.

[21] 吴心伦．安装工程定额与预算．重庆：重庆大学出版社，2002.

[22] 唐联玉．工程造价的确定与控制．北京：中国建材工业出版社，2000.

[23] 黄伟典主编．工程定额原理．北京：中国电力出版社，2008.

[24] 屈翔，彭涛主编．给排水工程预算知识问答．北京：机械工业出版社，2004.

[25] 刘婧娟主编．工程造价管理．北京：清华大学出版社，2008.

[26] 苑辉主编．安装工程工程量清单计价实施指南．北京：中国电力出版社，2009．

[27] 蔡红新，闫石，樊淳华主编．建设工程计量与计价．北京：北京理工大学出版社，2009.

[28] 宋景智，张生录主编．给排水、采暖、燃气工程工程量清单计价．北京：中国建筑工业出版社，2008.

[29] 刘玉国主编．建设设备安装工程概预算．北京：北京理工大学出版社，2009.